解读建筑

［英］欧文·霍普金斯　著
邢真　译

北京出版集团公司
北京美术摄影出版社

图书在版编目（CIP）数据

解读建筑 /（英）霍普金斯（Hopkins, O.）著；邢真译. — 北京：北京美术摄影出版社，2014. 5
书名原文：Reading architecture
ISBN 978-7-80501-587-3

I. ①解… II. ①霍… ②邢… III. ①建筑学—研究 IV. ① TU

中国版本图书馆 CIP 数据核字 (2013) 第 301293 号

北京市版权局著作权合同登记号：01-2012-3860

责任编辑：董维东

助理编辑：鲍思佳

责任印制：彭军芳

解读建筑

JIEDU JIANZHU

[英] 欧文·霍普金斯　著　邢真　译

出　版　北京出版集团公司
　　　　北京美术摄影出版社
地　址　北京北三环中路 6 号
邮　编　100120
网　址　www.bph.com.cn
总发行　北京出版集团公司
发　行　京版北美（北京）文化艺术传媒有限公司
经　销　新华书店
印　刷　鸿博昊天科技有限公司
版印次　2014 年 5 月第 1 版　2021 年 8 月第 11 次印刷
开　本　889 毫米 ×1194 毫米 1/16
印　张　10.5
字　数　80 千字
书　号　ISBN 978-7-80501-587-3
定　价　79.00 元
质量监督电话　010-58572393

如有印装质量问题，由本社负责调换

目录

前言

怎样才能称得上一座建筑？伟大的建筑历史学家尼古拉斯·佩夫斯纳在其1943年出版的划时代名著《欧洲建筑纲要》中，曾经给出这样一个著名论断："自行车棚是一处房屋，林肯大教堂才能被称为建筑。几乎任何事物，只要围绕空间而建，其空间大小足够容纳一个人，那就是一座建筑物；建筑这个词，只适用于从审美角度出发设计的建筑物。"

建筑物外观是建筑师最注重的方面之一，这一点是公认的。但是，是否应将"审美诉求"这一主观概念作为评判建筑的决定性特征却一直存在争议，因为这建立在建筑的受众是统一层次的，且对建筑的审美反应在某种意义上是始终一致的假设基础之上。而实际上，人们对建筑的反应往往是多种多样的。一个生动的例子就是20世纪六七十年代的英国野兽派建筑，人们对此的审美反应大相径庭，至今争论不休。尽管如此，野兽派作为一种独特建筑风格的地位是不容置疑的。此外，佩夫斯纳提出的建筑物和建筑的区别在实际应用中过于刻板。佩夫斯纳认为，建筑物只注重功能性，所用形式和建材都仅由其预期功能决定。即使设计师声称完全遵循了功能主义原则的建筑物——浓缩成一句话，即"形式追随功能"——也是经过设计才能通过其外观实现预期的建筑功能。

不管建筑物的设计目的是不是为了唤起"审美诉求"，所有建筑样式都能够传达建筑师的观点和情感。因此，我认为建筑最典型的特征应该是能够与受众沟通，并且传达意义。实际上，我们可以将建筑称为有意义的建筑物。建筑本身承载并传达着意义，这种方式是十分独特的，远非文字艺术传达意义的方式，比如不同于如何"阅读"一幅绘画作品。建筑的意义能够通过多种方式得以建构，如通过形态、材料、规模、装饰或者标牌（这是最明确的方式）。所以，在极大程度上，建筑所承载的意义必然是抽象的：例如通过最流行的建筑风格体现出资人的社会地位和文化地位；通过重现某种古老的建筑风格来勾起人们的回忆和联想；或者通过宏大的建筑规模、昂贵的建材和惹人注目的装饰来展示财力和实力。此外，从很多方面来看，建筑的核心意义都是其出资人的代表，或者在不同程度上，也是建筑师的代表，建筑的意义必然与建设者个人、家庭、宗教、集团或公民利益联系在一起。因此，这本书在很大程度上讨论的是意义是如何被构建在建筑中的。

建筑学词典或术语表起源于17至18世纪，为了适应建筑专业人士和业余爱好者的需求，大量出版物在那时应运而生。虽然本书不属于这样的图书类型，但是究其根源也受益于这些先驱。建筑学词典或术语表过去往往只是一本大部头的附录，这种情况至今也没有很大变化。从最早的作品中，我们就可以发现，即使它们不是附录而是独立的作品，也不外乎是按照字母排列的文字，图片不受重视。

有些作品也曾试图在图片方面多下功夫，最著名的是吉尔·利夫（Jill Lever）和约翰·哈里斯（John Harris）的《建筑插图词典》(*Illustrated Dictionary of Architecture*)，［1991年；初版于1969年，名为《建筑插图术语表》（*Illustrated Glossary of Architecture*）］。但是，就算是这本书，如果读者对建筑物或图纸中的元素不够熟悉，也很难在书中找到恰当的名称和描述。与此同时，跟利夫和哈里斯的著作一样，罕有著作会涉及20世纪和21世纪的建筑，即使提到，也只是只言片语。其中缘由倒也不难理解。古典建筑和哥特式建筑称得上是集各种建筑细节之大成，极其适合进行分类说明，而大部分的现代建筑却主动拒绝甚至试图否定装饰元素，并且相关的描述性术语也不固定。在前人的巨大贡献基础上，本书试图打破樊笼，在结构和内容方面都力求有所突破。

围绕着西方建筑，本书希望用多种角度为读者提供视觉向导，讨论的内容涵盖了建筑物的方方面面，从古希腊时期到现代，从墙壁粉刷到屋顶结构，从柱式类型到装饰线脚。这本书插图十分丰富，几乎每个元素都有带注释的照片或线条画的呈现。从一开始，本书一直尝试摒除传统字母排序的建筑学词典中所存在的固有问题。因此，本书通过大量图片和注释，给予建筑物本身极大的关注，并且在结构方面，将建筑拆解为基础的构想和组件。

本书共有四个部分，并且相互交叉参照。第一章介绍了十种建筑类型，这十种类型及其变体贯穿了整个建筑史。虽然书中选取的类型范例出现的时间和地点不尽相同，但是都体现了该类型的某些特点。本章中的其他建筑类型分组标准是：这些建筑类型和形态必须经得起时间的考验，并且对很多不同的建筑类型产生了影响。通过这种方式，作者希望本书的第一章能够成为读者的“第一停靠站”，换句话说，当读者面对一种建筑类型，如公共建筑时，他能够翻到书中相关部分，并且找到最匹配的建筑特征。从那里开始，读者能够按照各种“指示牌”，在第二章和第三章中找到特定的建筑元素及其细节。

第二章讨论了建筑的结构，前提是几乎所有的建筑语言在某种程度上都是来源于对建筑结构的基本表达。就这点而论，结构超越了特定的建筑风格，并且集中在一些基础的结构元素——圆柱和墩柱、拱券、混凝土和钢的现代结构，这些元素以各种形式出现在不同的建筑类型中，并且成为了不同建筑语言的关键组成部分。这一章的作用类似于“指路系统”，可以帮助读者在其他章节找到相关信息，并且因为对部分建筑元素的解释相当详细，这一章也是部分内容的“终点站”。

第三章讲解了建筑元素。这些元素是所有建筑物的关键组成部分，无论是哪种建筑风格、规模或形式。它们是墙体和表皮、窗和门、屋顶、楼梯和电梯。除了建筑物的整体形式和规模，特殊建筑元素的运用方式也是帮助建筑物传达意义的主要手段之一。因此，这些元素的运用方法可能极其迥异，如墙壁的粉刷、窗户的间隔和特殊风格、屋顶包层材料的选择，等等。本章力求最大可能地介绍更多建筑元素。

本书最后列出了一个标准的术语表，可与本书中出现的插图词条交叉参考。这个术语表只包含了前三章中出现的词条，虽然比较综合，但也绝不是百科全书性质，整本书也是如此。此书的着力点是明显的建筑元素和特征，很多有关建筑物结构的较模糊的构件并没有涉及。另外，为了更加清晰简洁，一些特别陈旧的术语也被省去了。还有值得一提的是，虽然从20世纪后期开始，建筑已经越发国际化并且有些近期的例子超出了欧洲或其影响范围之外，但是本书的讨论仍主要集中在西方建筑传统。希望了解非西方建筑的读者，可以参考更多专业书籍。

克里斯多佛·雷恩（Christopher Wren，17世纪和18世纪早期活跃在伦敦的英国著名建筑师）说过：“建筑的价值在于永恒”，他的杰作圣保罗大教堂也恰恰实践了他的名言，这座教堂已经成为了伦敦乃至英国不朽的象征。尽管并不是每个建筑师都有建设圣保罗大教堂那样的雄心壮志，但是每个地方或国家的建筑都是建设者如何看待自己的体现，无论是最普通的地方建筑还是最宏大的国家象征。因此，“解读”建筑（不论是通过看图或看到实物）并解析其中的意义，是理解我们周围的社会和世界的组成方式的基础。这也正是这本书所希望为广大读者提供的帮助。

古典神庙

巴洛克教堂

文艺复兴式教堂

防御建筑

中世纪大教堂

郊区住宅和别墅

沿街建筑

公共建筑

现代建筑物

高层建筑

第一章　建筑类型

了解建筑类型是建筑实践、理论和学习中的基础环节。凡存在相同功能的两座建筑，均可以进行分类，且这两座建筑可以据此分作一类。也可以说，如果建筑的功能和目的符合某个特定的类型，那么就可以按照类型来定义建筑。因此，以独立式住宅为例，我们可以从平面、立面、比例甚至材料等方面的一系列设定来定义任何时期的独立式住宅。建筑类型种类繁多，广义上包括住宅、教堂等，相对狭义上包括科学实验室或天文台等。另外，在某个特殊类型中，也会包含一系列子类型。比如说，可以把用于人类居住的建筑物分类为住宅，当然，住宅的类型是多种多样的。

尽管有些建筑类型会延续几百年，但也并不是一成不变的，而是受到特定时期或地点的政治、经济、宗教和社会条件因素的影响。举例来说，中世纪大教堂、文艺复兴式教堂和巴洛克教堂部分中介绍的多间教堂实例充分说明，宗教仪式和理论在不同时期的变化触发了新式大教堂或教堂类型的变革，甚至形成。不仅如此，深层次的社会变革也为新建筑类型的创造奠定了基础。随着现代时期的到来，各种不论在结构还是美学角度都是全新的，甚至革命性的建筑类型不断出现，以适应工业生产手段的需要。当然，新类型的形成除了上述方式，也可以通过改造或吸取现有建筑类型，两者并不相互妨碍。一个很能说明问题的例子是18至19世纪宏伟的公共建筑的兴起，它们无一例外地都汲取了大量古代罗马建筑和类型的精华。

本章选取了若干建筑类型，如**古典神庙**、**中世纪大教堂**、**文艺复兴式教堂**和**巴洛克教堂**，因为它们代表了整个建筑史中的一些基本类型。另外，作者从大量“变型”中选取了几种，分别是**防御建筑**、**郊区住宅**和**别墅**以及**公共建筑**，因为这几种建筑类型中存在着某些超越了建筑风格的固有特征，并且与其位置和必然会体现出的功能的联系更加紧密。

随着建筑功能的不断增加、多样并更加细化，一些现有的建筑类型已经被取代，并且不断有新的类型涌现出来，正如前文所述。虽然类型研究在历史背景下的建筑研究中仍然占中心地位，但是由于建筑类型及子类型的数量过多，这种方法无法成为分类并定义建筑的完全有效的方式。所以，本章中介绍的若干分类以及标准建筑类型，是从高于类型层面的抽象层面来对建筑进行分组和区分的：换言之，抽象层面指的是存在了很长时间的原型形式或形态。在这一部分中，作者根据基本的建筑形状或特征对建筑物进行分类：**现代建筑物**是借助现代材料的特殊结构性能实现的立方体形状的建筑物；类似地，根据共同的形式特点分类了**高层建筑**；对**沿街建筑**的分类主要考虑了沿街地段的基本限制条件，超越了一般时代特征限制。

不可避免的是，在这些建筑类型和实例中，讨论更多的是外部立面而非内部空间。虽然在有些例子中涉及了内部元素，但是各个建筑的内部元素差异很大，无法形成一个宽泛的归类。另外，完成这些重点分类的目的是更好地讲解特定建筑类型的各个元素，并且为后面集中讨论不同建筑组成部分的章节提供查询线索，因此也并不是面面俱到的。

古典神庙 › 神庙正面

有柱廊的希腊神庙出现于公元前10世纪至公元前7世纪，建筑史上有大量效仿希腊神庙的建筑，衍生出多种罗马建筑类型。早期的神庙建材是泥砖块，后来加入了木制圆柱和上层构造，由此形成了众所周知但是变化极丰富的神庙原型。公元前6世纪至公元前4世纪，古典文明达到高峰，石材被广泛采用，希腊半岛建成了大量神庙。

三角山墙
坡度较小的三角形山墙端头；古典神庙正面的关键元素。*另见“窗和门”一节，第121页。*

山墙饰内三角面
古典建筑中的三角形（或弓形）区域，由三角山墙（Pediment）构成，一般为内凹形，带有装饰，并饰以造型丰富的雕像。*另见“窗和门”一节，第121页。*

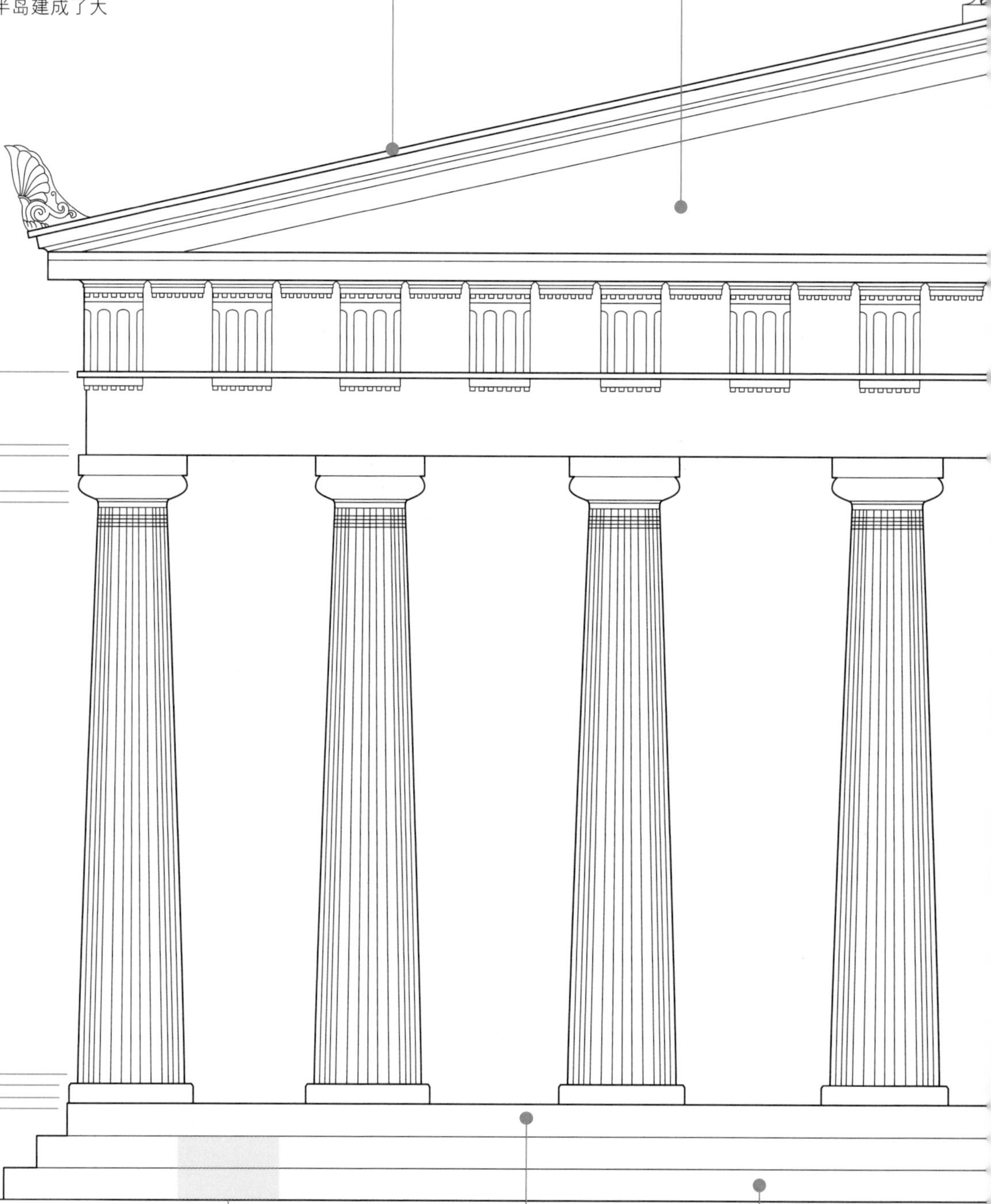

柱顶过梁
直接搁置在柱头（Capitals）上的一条大横梁，是檐部（Entablature）组成部分中最低的一个。*另见“圆柱和墩柱（Columns and Piers）”一节，第64—69页。*

柱头
檐部（Entablature）以下的圆柱最上端部分，通常是外倾并且带有装饰的。*另见“圆柱和墩柱”一节，第64—69页。*

柱身
圆柱上柱础（Base）与柱头（Capital）之间细长的部分。*另见“圆柱和墩柱”一节，第64—69页。*

柱础
立于柱基（Stylobate）、基座（Pedestal）或基脚（Plinth）之上的圆柱最下端部分。*另见“圆柱和墩柱”一节，第64—69页。*

台阶式基座
三阶式基座，庙宇或庙宇正面立于其上。在古典神庙中，包括最底基（Euthynteria）、底基（Stereobate）和柱基（*Stylobate*）。

底基
从最底基（Euthynteria）开始的两级台阶，构成上层结构的可见基础。在非庙宇建筑中，“Stereobate”是指直接承载建筑物的底部或地基。*另见“文艺复兴式教堂”一节，第22、24页。*

柱基
台阶式基座的最上面一层台阶，直接承载柱列。也指任何支撑柱列的连续的基础。

最底层
直接建在地面之上的底基（Stereobate）的最低一层台阶。

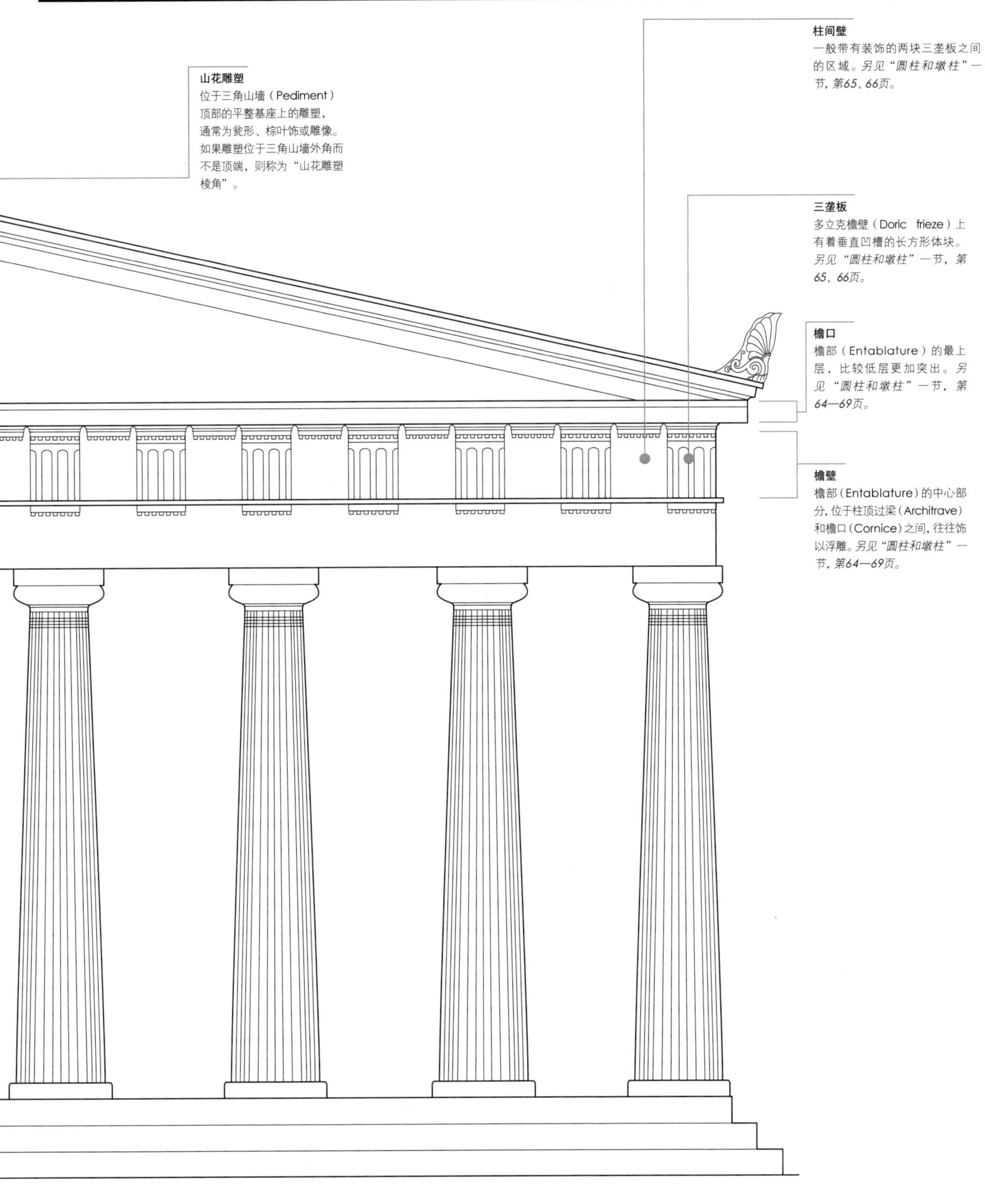
山花雕塑
位于三角山墙（Pediment）顶部的平整基座上的雕塑，通常为瓮形、棕叶饰或雕像。如果雕塑位于三角山墙外角而不是顶端，则称为“山花雕塑棱角”。

柱间壁
一般带有装饰的两块三垄板之间的区域。*另见“圆柱和墩柱”一节，第65、66页。*

三垄板
多立克檐壁（Doric frieze）上有着垂直凹槽的长方形体块。*另见“圆柱和墩柱”一节，第65、66页。*

檐口
檐部（Entablature）的最上层，比较低层更加突出。*另见“圆柱和墩柱”一节，第64—69页。*

檐壁
檐部（Entablature）的中心部分，位于柱顶过梁（Architrave）和檐口（Cornice）之间，往往饰以浮雕。*另见“圆柱和墩柱”一节，第64—69页。*

古典神庙 › 神庙正面宽度

除了特定的古典柱式类型，神庙正面也可以根据不同的柱子数量和它们之间的距离［即“柱距”（Intercolumniation）］而划分成不同类型。由于其固有的可变性，神庙正面结构（双柱式、四柱式、六柱式、八柱式或十柱式）被广泛用于不同时期、不同类型的建筑。按照古典建筑的规范，圆柱的数量必须为偶数，以保证中间的入口没有柱子（与实体柱相反）。

双柱式门廊 ›
神庙正面有两根圆柱［*或壁柱（Pilaster）*］。另见“公共建筑”一节，第47、50页。

四柱式门廊 ››
四根圆柱。*另见“公共建筑”一节，第47页。*

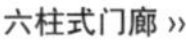

六柱式门廊 ››
六根圆柱。*另见“郊区住宅和别墅”一节，第35页；“公共建筑”一节，第50页。*

八柱式门廊 ›
八根圆柱。

十柱式门廊 ›
十根圆柱。

中空的环形柱廊式 ››
环形排列的柱子，*没有［内殿（Naos）或核心］。另见（绕柱式）索洛斯，第12页。*

古典神庙 › 柱距

两根相邻圆柱之间的距离，即柱距，不仅取决于特别的古典柱式式样，而且必须依照严格的比例系统参数。最著名的定义是由公元前1世纪的罗马建筑师维特鲁威提出的，此后被众多文艺复兴时期理论家所接受。

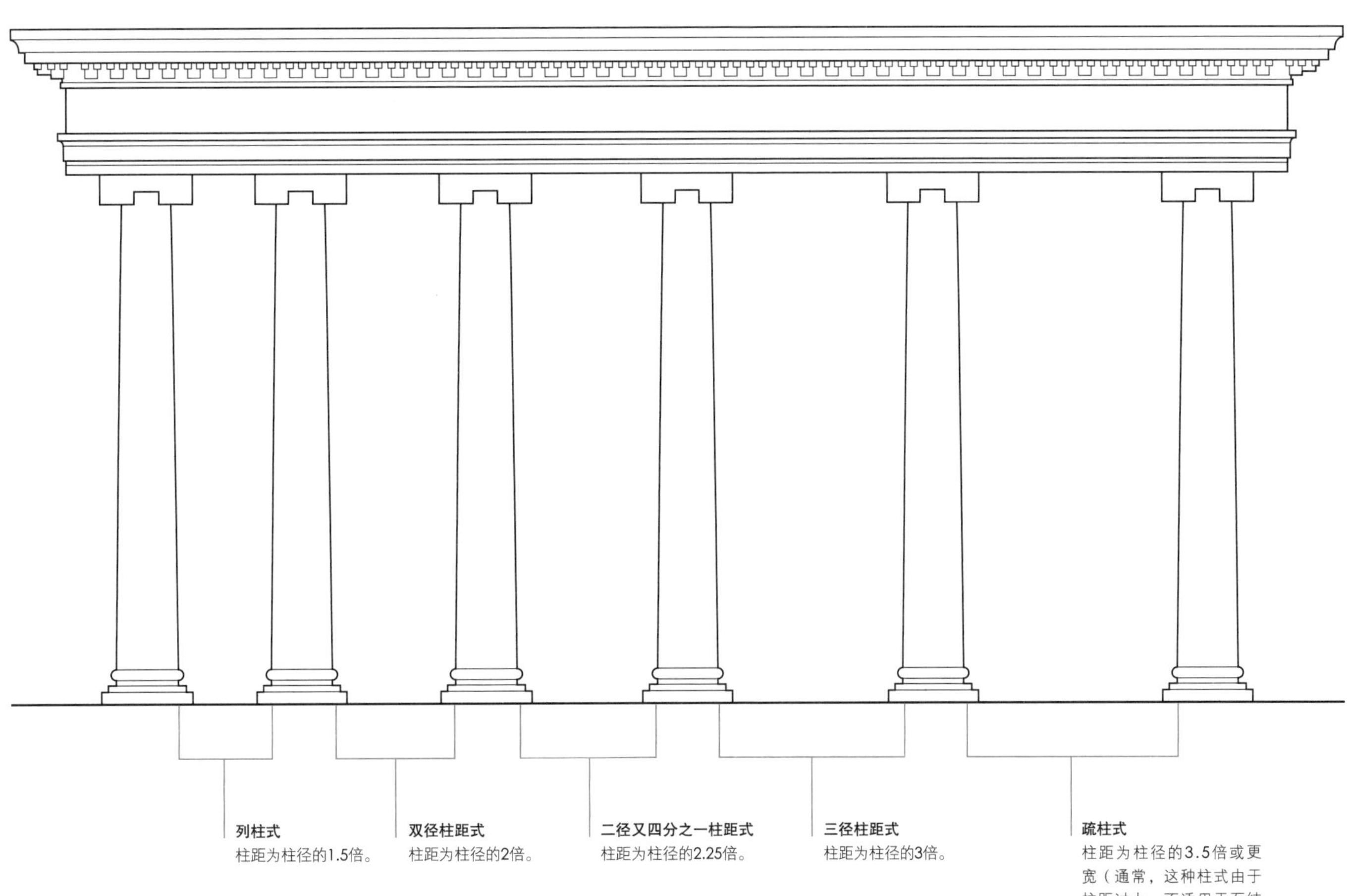

列柱式
柱距为柱径的1.5倍。

双径柱距式
柱距为柱径的2倍。

二径又四分之一柱距式
柱距为柱径的2.25倍。

三径柱距式
柱距为柱径的3倍。

疏柱式
柱距为柱径的3.5倍或更宽（通常，这种柱式由于柱距过大，不适用于石结构，只用于木结构）。

古典神庙 › 类型

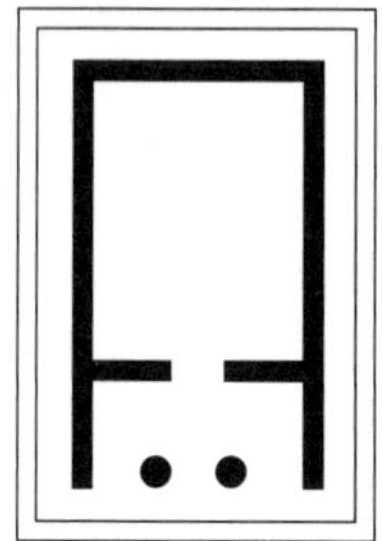

双柱神庙
最简单的神庙样式，在*内堂*（*Cella*）外两片出挑的墙面［即*壁角柱*（*Antae*）］正面没有*绕柱*（*Peristasis*），*门廊*（*Pronaos*）的两根柱子强调了神庙正面。

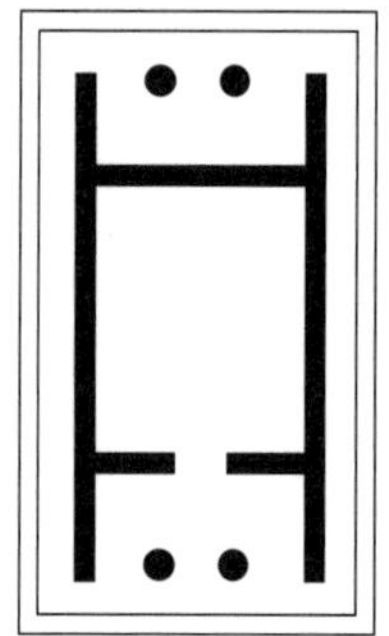

双重双柱神庙
带有*后室*（*Opisthodomos*）的双柱神庙。

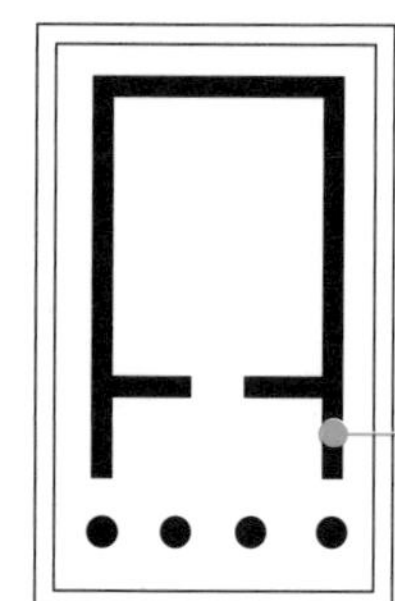

前柱式
如果有独立的柱子（通常是四根或六根）设立在门廊前面，这种形式被称作前柱式。

壁角柱
在古典神庙中，*内堂*外会突出两片连接自内堂的墙，（与内堂入口）围合形成*内堂前门廊*（或*后室门廊*），这两片突出的墙体正面通常连接着*壁柱*（*Pilaster*）或采用半身柱的形式，被称为壁角柱。

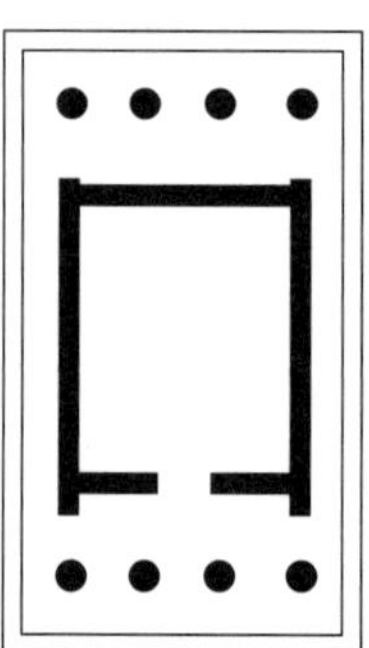

双前柱式风格
如果*后室*和*内殿门廊*都是前柱式排列，则称为双前柱式风格。

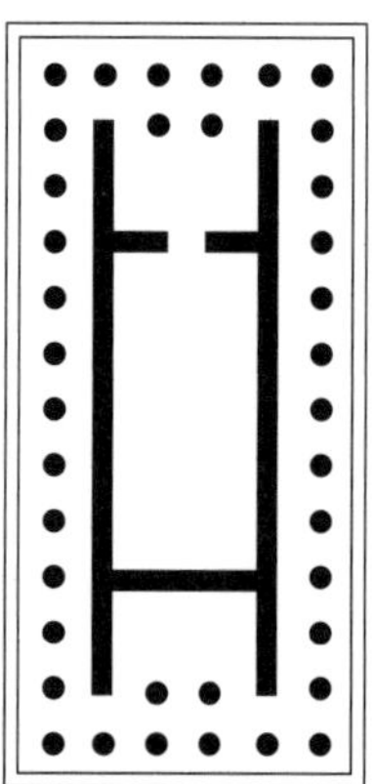

绕柱式
如果内殿被柱廊环绕，称为绕柱式。

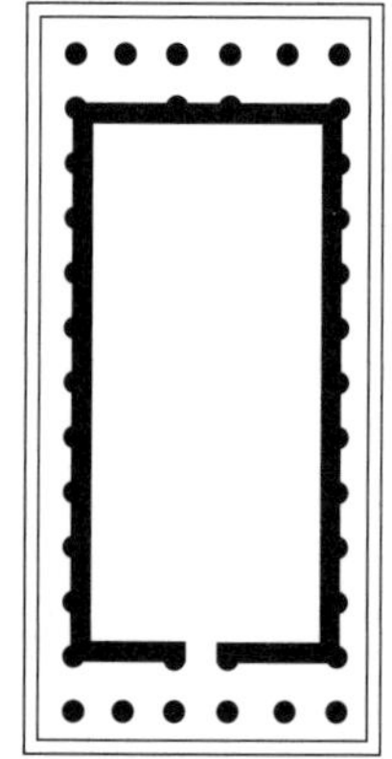

仿绕柱式
如果环绕内殿的是*附墙柱*（*Engaged Columns*）或*壁柱*（*Pilasters*），而不是独立的柱子，称为仿绕柱式。

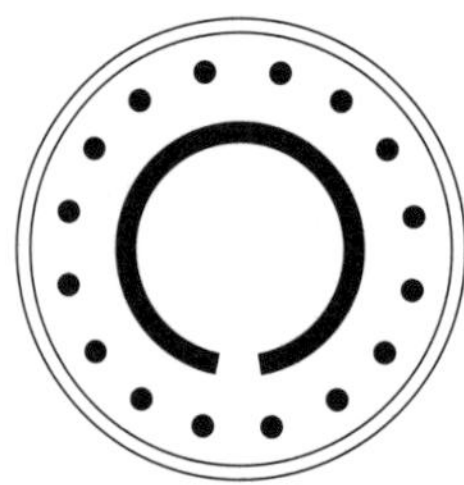

（绕柱式）索洛斯
如果柱子是围绕圆形*内堂*而排列成环形的，称为（绕柱式）索洛斯。*另见中空的环形柱廊式，第10页。*

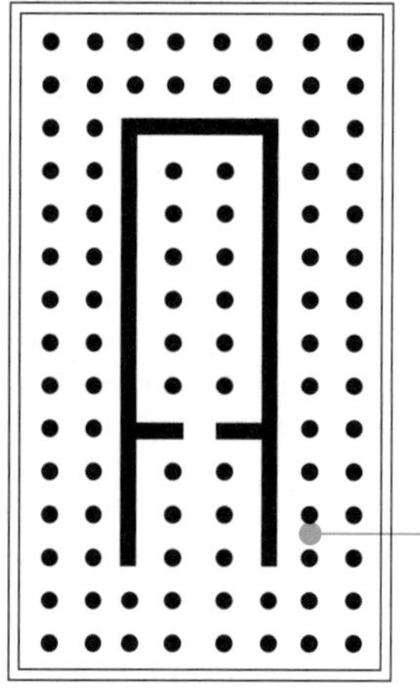

双廊式
如果神庙四周由两排柱子环绕——即双重绕柱，称为双廊式。

绕柱
围绕神庙外部一圈的单排或双排柱子，并且有结构支撑的作用。

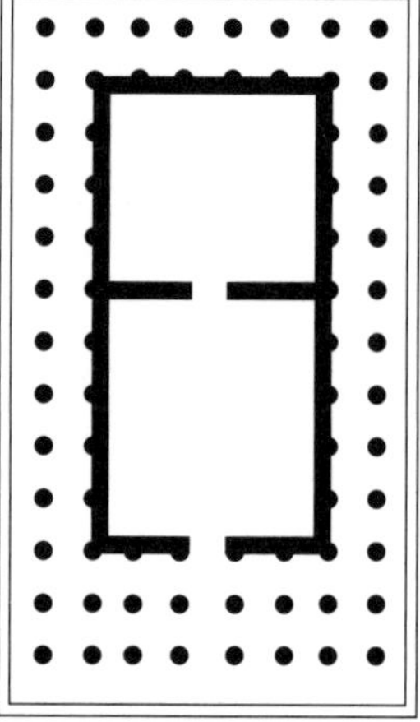

仿双廊式
如果神庙*门廊*环接着两排独立的柱子，并且侧边和后面有一个单独的柱廊［可以与*内殿*（*Naos*）的*附墙柱*（*Engaged Columns*）或*壁柱*（*Pilasters*）相呼应］，被称为仿双廊式。

古典神庙 › 内部空间

希腊神庙是神祇的居所，是其神像的安设之处。最著名的神像当属帕提农神庙内的雅典娜巨像。这座不朽的神像是由希腊雕塑家菲迪亚斯（Phidias）设计的，用黄金装饰，可惜遗失已久。由于一些独立的空间元素的数量设置，这些神庙的平面看起来相当一致。虽然神庙的平面设计必须考虑神庙类型的不同功能，但是平面和立面的紧密结合意味着其设计还是主要基于类型的。比如说，19世纪的公共建筑通常保留了神庙类型遗留下来的部分设计手法。

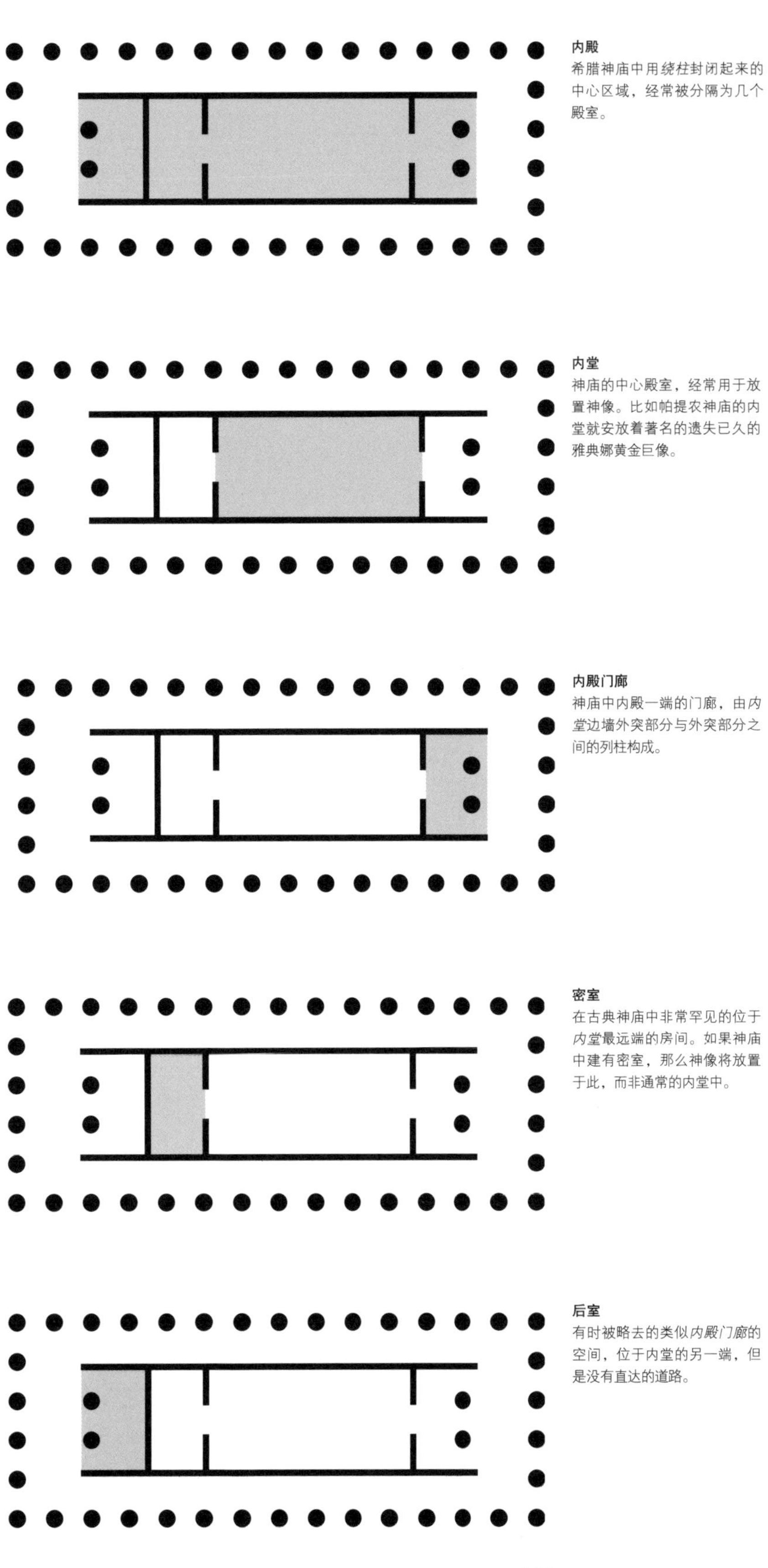

中世纪大教堂 › 西端大门

为了增加宏伟的气势，营造一种超世的氛围，在中世纪大教堂的西端和十字翼殿的正面经常建造三重大门，其周边装饰极其复杂恢宏。

图中所示的沙特尔（Chartres）大教堂，被认为是哥特式大教堂的巅峰之作之一。其西端正面和南边的尖塔建成于20世纪中期，而北部更高、更华丽的尖塔则是16世纪完成的。南部大门及其丰富的装饰雕像是19世纪早期完成的。

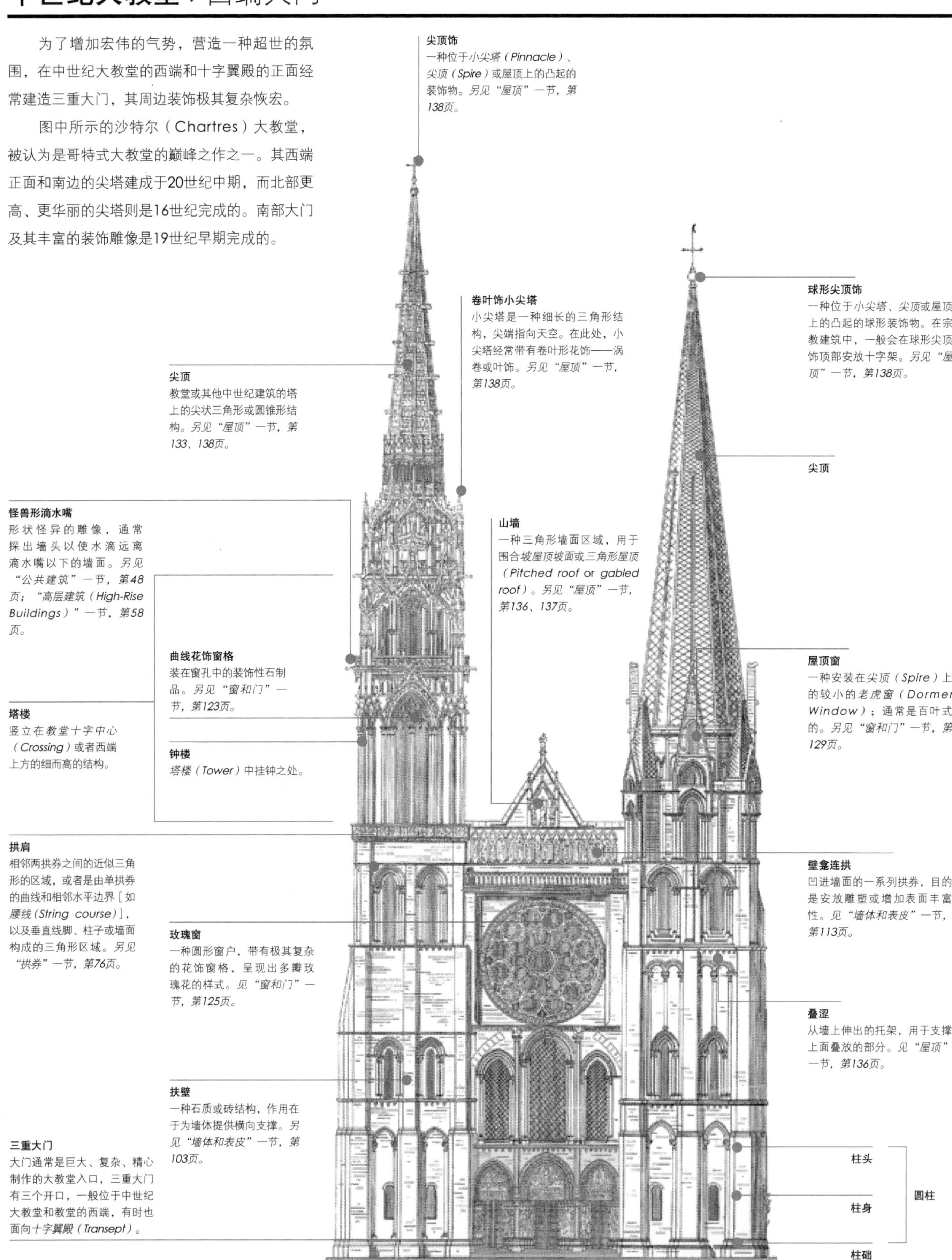

中世纪大教堂 › 南十字翼殿大门

小尖塔
小尖塔是一种细长的三角形结构，尖端指向天空。*另见“屋顶”一节，第138页。*

束柱
由多个柱身组合而成的圆柱。*另见“圆柱和墩柱”一节，第63页。*

女儿墙
位于屋顶、*阳台*（*Balcony*）或桥面边缘的起保护作用的矮墙或*栏杆*（*Balustrade*）。*另见“屋顶”一节，第136页。*

山墙
一种三角形墙面区域，用于围合坡屋顶坡面或三角形屋顶。*另见“屋顶”一节，第136、137页。*

扶壁
一种石质或砖结构，作用在于为墙体提供横向支撑。*另见“墙体和表皮”一节，第103页。*

坡屋顶
有两个斜面的单屋脊屋顶，两端有山墙。这个术语有时也可以指代任何斜面屋顶。*另见“屋顶”一节，第132、136页。*

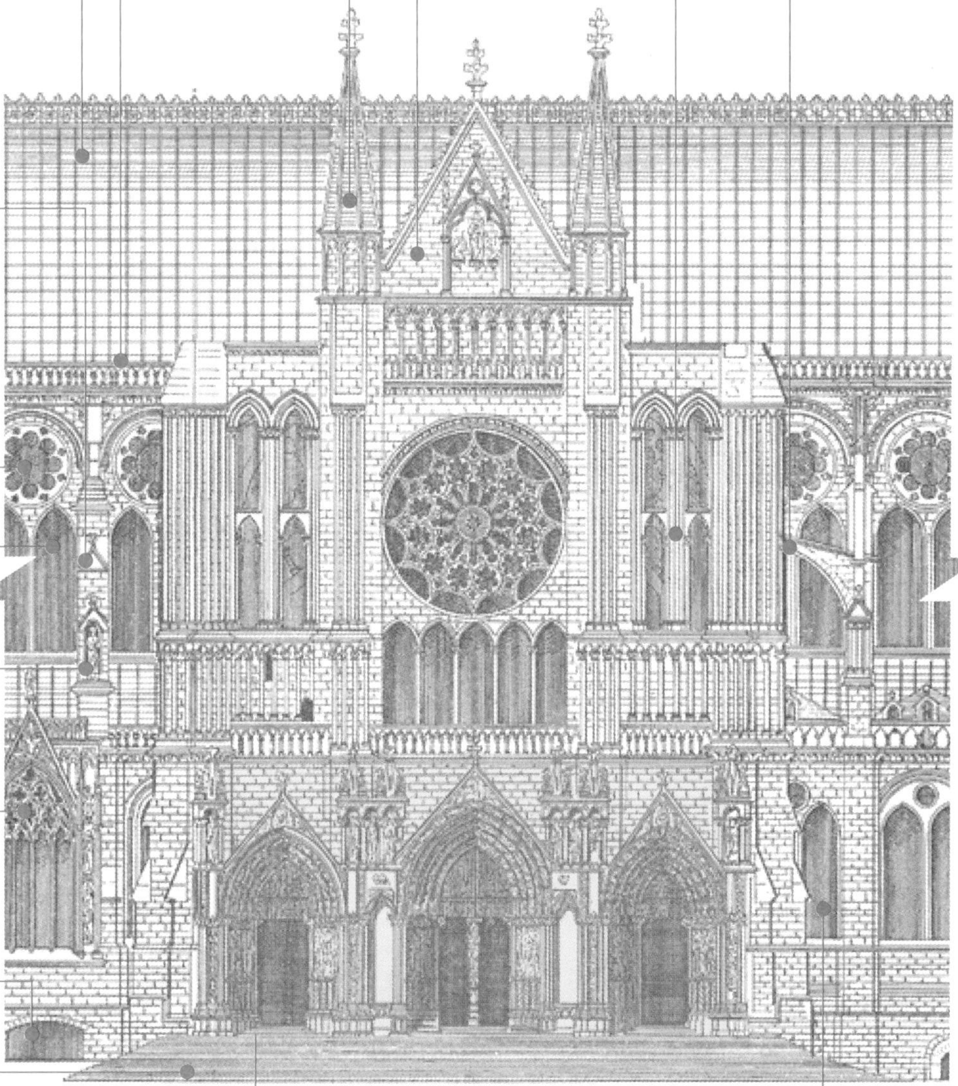

小山墙
扶壁（*Buttress*）上方的小型*山墙*（*Gable*）。*另见“屋顶”一节，第137页。*

八瓣形圆窗
带有八片花瓣形状——［两个*尖瓣*（*Cusp*）之间形成的弯曲空间］花饰窗格的圆窗。

高侧窗
贯穿*中殿*（*Nave*）、*十字翼殿*（*Transept*）或*唱诗厢*（*Choir*）上层的窗，能够看到*侧廊*（*Aisle*）屋顶。

带雕像的壁龛
安放在墙面拱形凹处的雕像。*另见“墙体和表皮”一节，第113页。*

曲线花饰窗格
由连续的曲线和交叉的*扁条*（*Bars*）组成的花饰窗格（装在窗孔中的装饰性石制品）。*另见“窗和门”一节，第123页。*

地下室窗
地下室的采光窗。

门阶
通向大门（*Portal*）的外部台阶。

三重大门
大门通常是巨大、复杂、精心制作的大教堂入口，三重大门有三个开口，一般位于中世纪大教堂和教堂的西端，有时也面向*十字翼殿*（*Transept*）。

侧廊窗
贯穿侧廊［在大教堂或教堂中，主要*连拱*（*Arcades*）后的*中殿*（*Nave*）的两侧空间］外墙的窗。

中世纪大教堂 › 平面

中世纪大教堂的平面脱胎于拉丁十字，中殿狭长，十字翼殿的两翼从两侧伸出，另有一翼延伸到更远处的圣坛区。虽然大教堂平面都基本遵循了这一模式，但是变体也极其丰富，可以说每一座大教堂都是一个变体。根据特别的礼拜仪式和实际要求，大教堂变体包括次十字翼殿、双侧廊、沿中殿的其他入口、东端的附加礼拜堂以及大量附属结构，如牧师会礼堂、大教堂外的回廊。

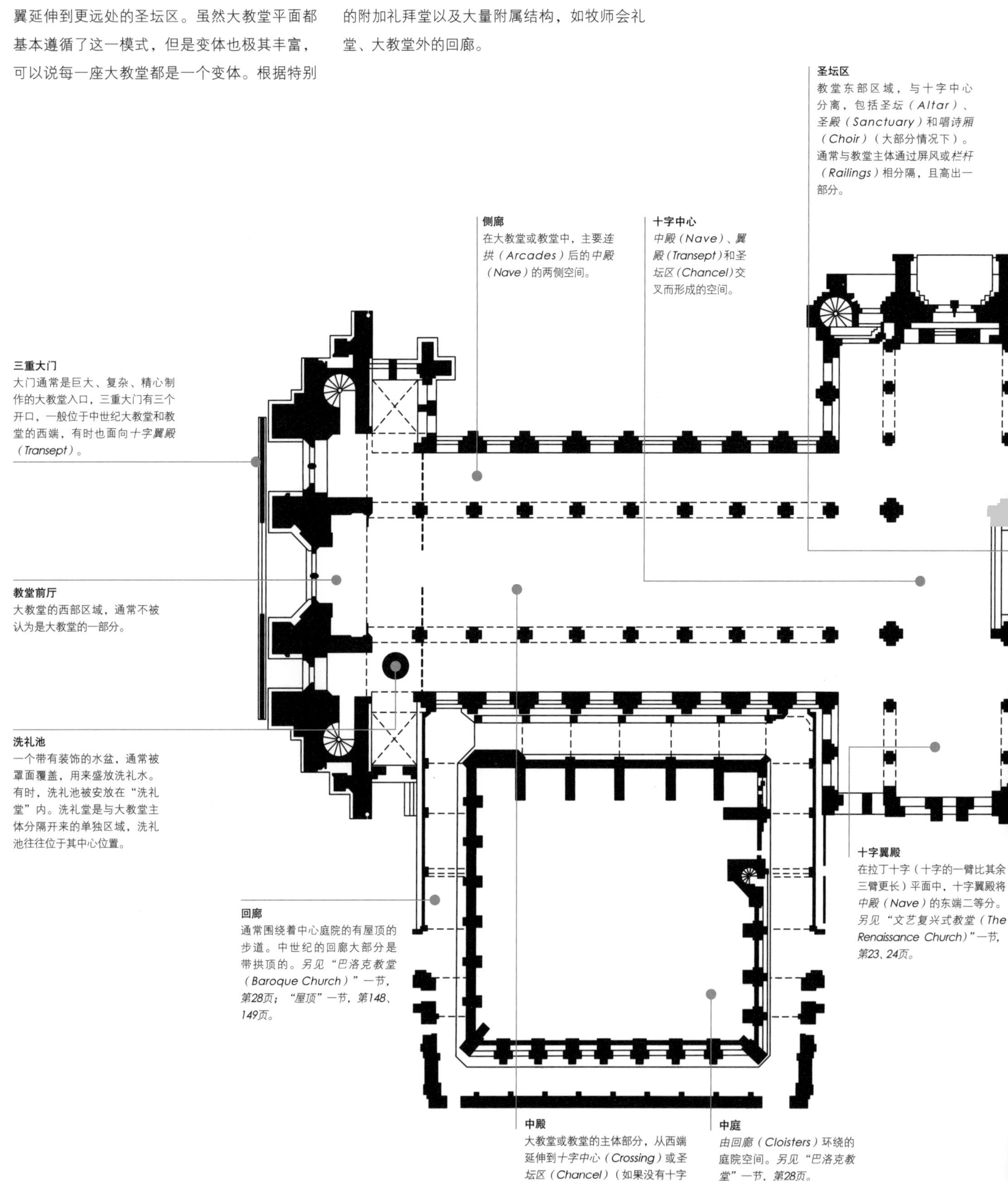

圣坛区
教堂东部区域，与十字中心分离，包括圣坛（*Altar*）、*圣殿*（*Sanctuary*）和*唱诗厢*（*Choir*）（大部分情况下）。通常与教堂主体通过屏风或*栏杆*（*Railings*）相分隔，且高出一部分。

侧廊
在大教堂或教堂中，主要连*拱*（*Arcades*）后的*中殿*（*Nave*）的两侧空间。

十字中心
中殿（*Nave*）、*翼殿*（*Transept*）和*圣坛区*（*Chancel*）交叉而形成的空间。

三重大门
大门通常是巨大、复杂、精心制作的大教堂入口，三重大门有三个开口，一般位于中世纪大教堂和教堂的西端，有时也面向*十字翼殿*（*Transept*）。

教堂前厅
大教堂的西部区域，通常不被认为是大教堂的一部分。

洗礼池
一个带有装饰的水盆，通常被罩面覆盖，用来盛放洗礼水。有时，洗礼池被安放在“洗礼堂”内。洗礼堂是与大教堂主体分隔开来的单独区域，洗礼池往往位于其中心位置。

十字翼殿
在拉丁十字（十字的一臂比其余三臂更长）平面中，十字翼殿将*中殿*（*Nave*）的东端二等分。*另见“文艺复兴式教堂（The Renaissance Church）”一节，第23、24页。*

回廊
通常围绕着中心庭院的有屋顶的步道。中世纪的回廊大部分是带拱顶的。*另见“巴洛克教堂（Baroque Church）”一节，第28页；“屋顶”一节，第148、149页。*

中殿
大教堂或教堂的主体部分，从西端延伸到*十字中心*（*Crossing*）或*圣坛区*（*Chancel*）（如果没有十字翼殿）。

中庭
由*回廊*（*Cloisters*）环绕的庭院空间。*另见“巴洛克教堂”一节，第28页。*

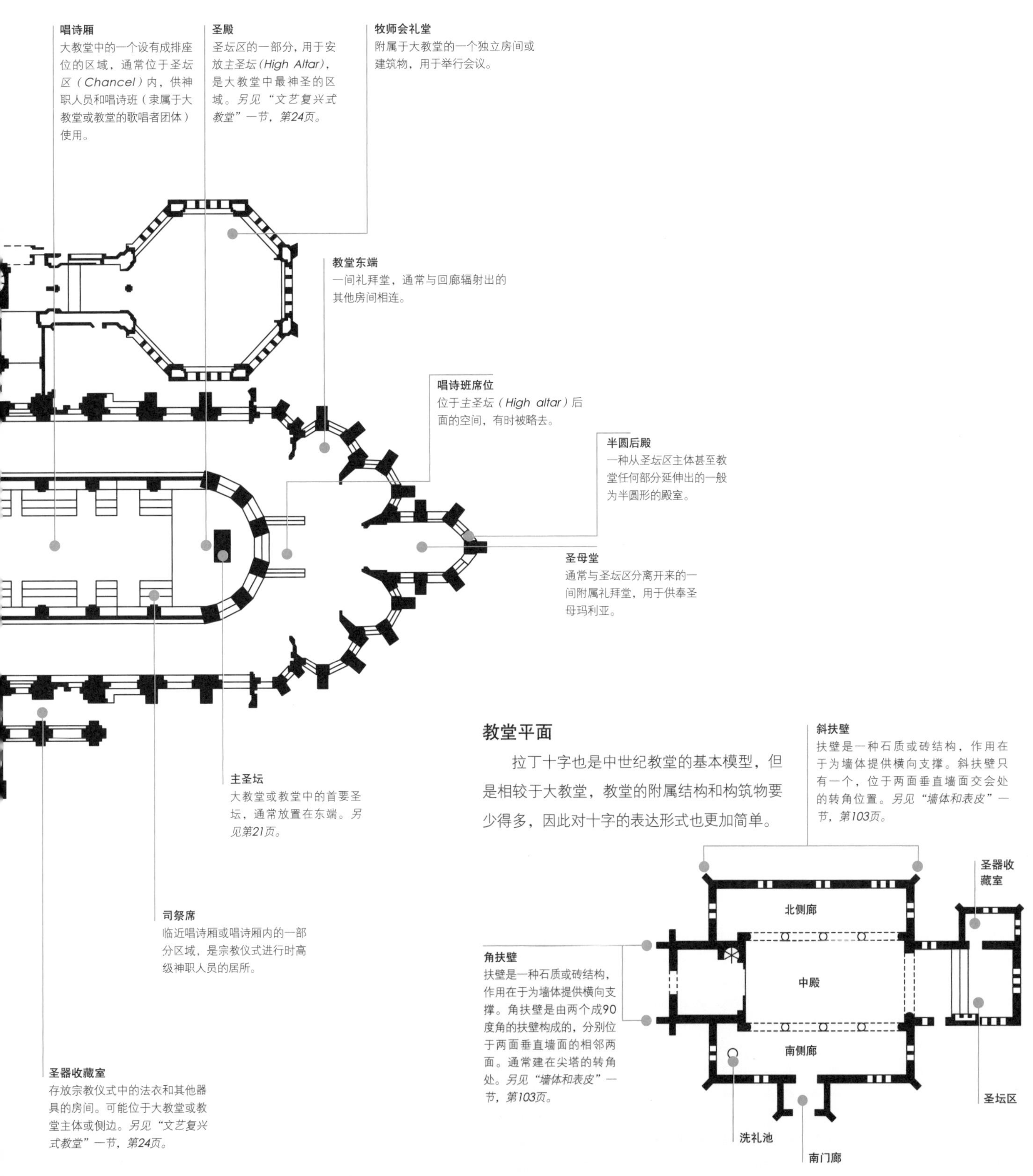

教堂平面

拉丁十字也是中世纪教堂的基本模型，但是相较于大教堂，教堂的附属结构和构筑物要少得多，因此对十字的表达形式也更加简单。

中世纪大教堂 › 剖面

连续的拱券是大教堂内部的完整结构和审美元素。由粗壮的墩柱和墙壁支撑的圆头拱券是罗马式建筑的一大特色。12世纪，哥特式尖券出现，这种结构使得建造者能够用更细的支撑建造更高耸的建筑。由于飞扶壁结构的使用，人们可以建造大型高侧窗，这不仅使进入教堂的光线更充足，更重要的是为装饰性的花饰窗格和彩色玻璃提供了创作空间。

罗马式

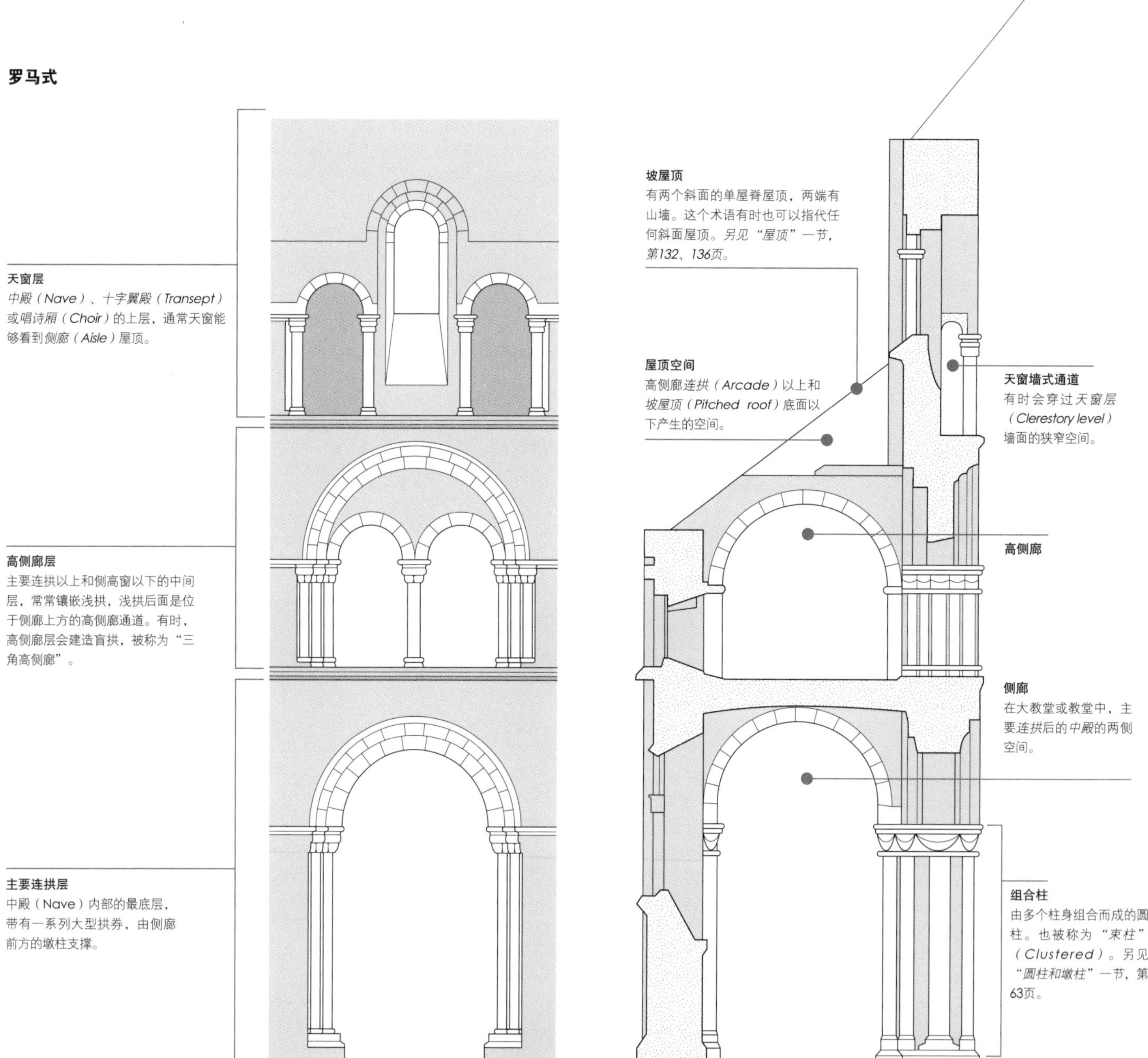

早期英国式

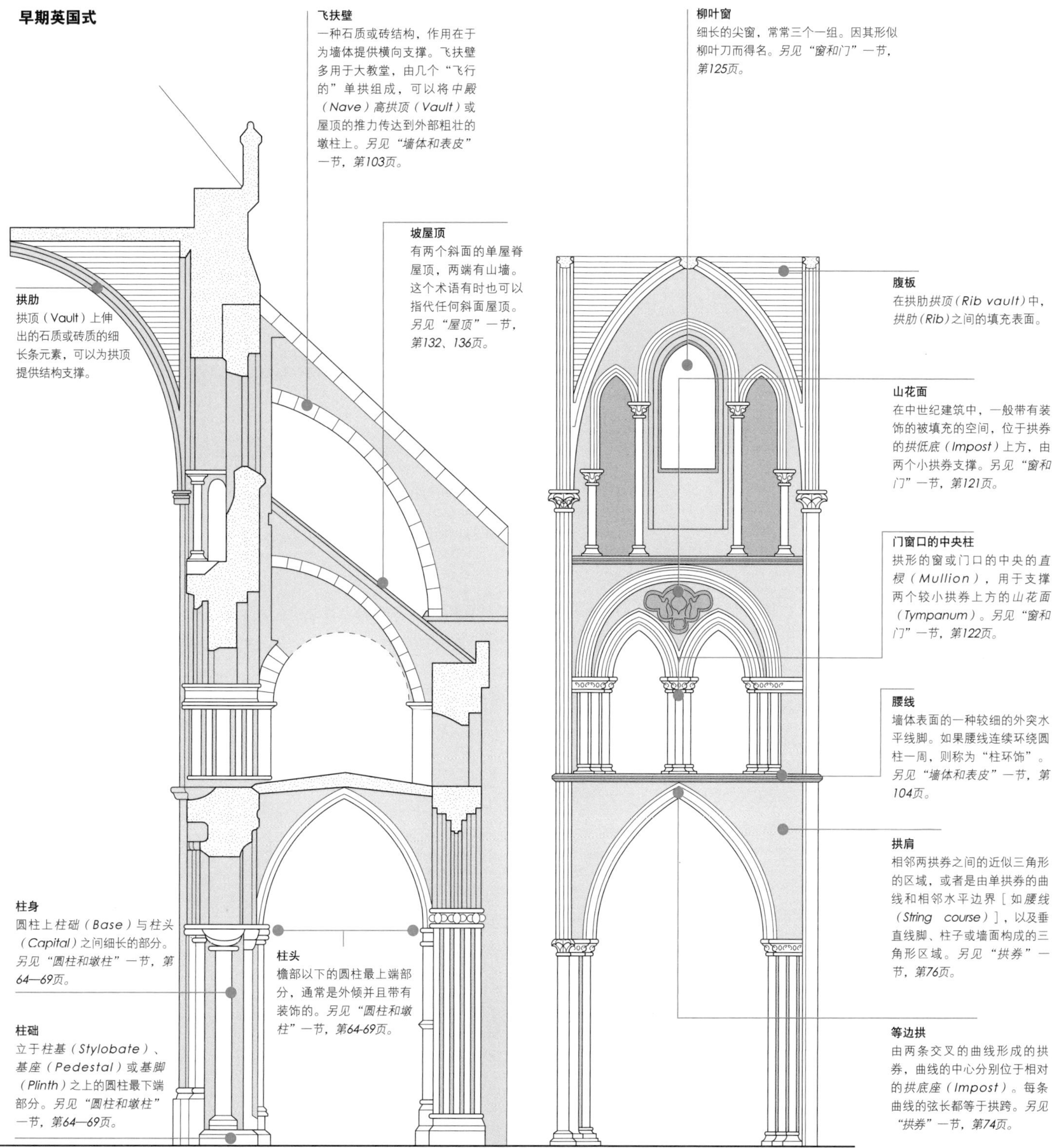
飞扶壁
一种石质或砖结构，作用在于为墙体提供横向支撑。飞扶壁多用于大教堂，由几个“飞行的”单拱组成，可以将*中殿（Nave）高拱顶（Vault）*或屋顶的推力传达到外部粗壮的墩柱上。*另见“墙体和表皮”一节，第103页。*
柳叶窗
细长的尖窗，常常三个一组。因其形似柳叶刀而得名。*另见“窗和门”一节，第125页。*
坡屋顶
有两个斜面的单屋脊屋顶，两端有山墙。这个术语有时也可以指代任何斜面屋顶。*另见“屋顶”一节，第132、136页。*
拱肋
拱顶（Vault）上伸出的石质或砖质的细长条元素，可以为拱顶提供结构支撑。
腹板
在*拱肋拱顶（Rib vault）*中，*拱肋（Rib）*之间的填充表面。
山花面
在中世纪建筑中，一般带有装饰的被填充的空间，位于拱券的*拱低底（Impost）*上方，由两个小拱券支撑。*另见“窗和门”一节，第121页。*
门窗口的中央柱
拱形的窗或门口的中央的*直棂（Mullion）*，用于支撑两个较小拱券上方的*山花面（Tympanum）*。*另见“窗和门”一节，第122页。*
腰线
墙体表面的一种较细的外突水平线脚。如果腰线连续环绕圆柱一周，则称为“柱环饰”。*另见“墙体和表皮”一节，第104页。*
拱肩
相邻两拱券之间的近似三角形的区域，或者是由单拱券的曲线和相邻水平边界［如*腰线（String course）*］，以及垂直线脚、柱子或墙面构成的三角形区域。*另见“拱券”一节，第76页。*
柱身
圆柱上*柱础（Base）*与*柱头（Capital）*之间细长的部分。*另见“圆柱和墩柱”一节，第64—69页。*
柱头
檐部以下的圆柱最上端部分，通常是外倾并且带有装饰的。*另见“圆柱和墩柱”一节，第64-69页。*
柱础
立于*柱基（Stylobate）、基座（Pedestal）*或*基脚（Plinth）*之上的圆柱最下端部分。*另见“圆柱和墩柱”一节，第64—69页。*
等边拱
由两条交叉的曲线形成的拱券，曲线的中心分别位于相对的*拱底座（Impost）*。每条曲线的弦长都等于拱跨。*另见“拱券”一节，第74页。*
剖面
立面

中世纪大教堂 › 室内陈设

洗礼池 ›
一种带有装饰的水盆，通常被罩面覆盖，用来盛放洗礼水。

圣水钵 ››
一种用于盛放圣水的小水盆，通常设在靠近大教堂或教堂入口处的墙壁上。特别是在罗马天主教堂中，一些圣会成员会在进入和离开教堂时用手指蘸圣水并画十字。

圣坛屏 ›
分隔唱诗厢与十字中心或中殿的屏风。*十字架（Rood）*是特指悬挂在十字架横梁上的有木刻耶稣受难像的十字架。有时还有一道“讲坛屏”，用来分隔唱诗厢与十字中心或中殿，则圣坛屏西移。

讲坛 ››
布道用的高出地面的、带装饰的平台。

共鸣板 ›
悬在圣坛或讲坛上方的木板，用来反射神父或传教士的声音。

华盖››
独立的礼仪用的*顶棚（Canopy）*，通常是木制的，有时悬挂有帏布。

唱诗班席位 ›
成排的座位，通常位于唱诗厢内，有时也散布在教堂内其他位置。一般装有高扶手和后背。

圣坛围栏 ››
将*圣殿（Sanctuary）*与大教堂或教堂的其余部分分隔开来的一组*栏杆（Railings）*。*另见“文艺复兴式大教堂”一节，第24、25页。*

圣坛›
在大教堂或教堂最东端的*圣殿*（*Sanctuary*）中的一种桌子式的构筑物，用于圣餐仪式。在新教教堂中，这种固定的圣坛被一张桌子代替。

圣坛台阶›
安放圣坛的台阶，使圣坛高于圣坛区（*Chancel*）的其他部分。这个术语也可以指*圣坛装饰品*（*Altarpiece*）或*圣坛后屏风*（*Reredos*）底部的绘画或雕塑。*另见“文艺复兴式大教堂”一节，第25页；“巴洛克教堂”一节，第29页。*

圣坛上华盖›
圣坛（*Altar*）顶部的、通常用四根柱子支撑的*顶棚*（*Canopy*）。

圣坛的装饰品››
在大教堂或教堂中，安放在圣坛（*Altar*）后面的绘画或雕塑。*另见“文艺复兴式大教堂”一节，第25页；“巴洛克教堂”一节，第29页。*

圣坛后屏风›
放置在*主圣坛*（*High Altar*）后面的屏风，通常是木制的，刻画着宗教圣像或《圣经》场景。

圣所››
精心装饰的容器，用来保存圣餐。

文艺复兴式教堂 › 外部

古典建筑的复兴出现在15世纪早期的意大利，也许是古典文化重生的最显著、持久的象征，也成为文艺复兴运动的标志之一。虽然在文艺复兴时期，古罗马建筑被注入了新的活力，但是显然古罗马建造的教堂或大教堂已经不能满足那时的需要了。因此，可供文艺复兴时期建筑师们参考的古典模型实在少之又少。于是建筑师们重新诠释了古典建筑语言，抽取了它的比例系统，并根据他们的时代的需要重新布置了各种装饰元素。

如图中的朱利亚诺·达·桑迦洛在意大利普拉托（1486—1495）建造的圣玛利亚·德莱·卡尔切里教堂，即使在未完工阶段，教堂外部古典风格的对称与和谐之美已经非常明显了。这座建筑是对古典建筑元素理论及应用的合理方式的研究。

朱利亚诺·达·桑迦洛，圣玛利亚·德莱·卡尔切里教堂，意大利，普拉托，1486—1495

穹顶
通常在平面上呈圆形或八边形的构筑物，位于穹隆（*Dome*）顶部，总是镶嵌着大面积玻璃，使得光线可以进入下面的空间。也被称为*“灯亭”*（*Lantern*）。*另见“屋顶”一节，第141页。*

圆形柱廊
支撑檐部的一系列圆柱，此处被排列成圆形。

鼓座
支持穹隆的圆柱形墙体，又称为圆形屋顶的柱间墙“tambour”。*另见“屋顶”一节，第141页。*

三角山墙
坡度较小的三角形山墙端头，古典神庙正面的关键元素。*另见“窗和门”一节，第121页。*

山墙饰内三角面眼窗
山墙饰内三角面上的圆形窗户。山墙饰内三角面是指由三角山墙构成的三角形区域。

爱奥尼檐部
檐部是指*柱头*（*Capital*）以上的上部构造，由*柱顶过梁*（*Architrave*）、*檐壁*（*Frieze*）和*檐口*（*Cornice*）组成。关于爱奥尼柱式，*另见“圆柱与墩柱”一节，第67页。*

成对的爱奥尼壁柱
壁柱是平的圆柱，从墙面上略微突出。如果两根柱子并排排列，称为“对柱”。关于爱奥尼柱式，*另见“圆柱与墩柱”一节，第67页。*

罗马多立克檐部
檐部是指*柱头*（*Capital*）以上的上部构造，由*柱顶过梁*（*Architrave*）、*檐壁*（*Frieze*）和*檐口*（*Cornice*）组成。关于罗马多立克柱式，*另见“圆柱与墩柱”一节，第65页。*

球形尖顶饰
一种位于小尖塔（*Pinnacle*）、尖顶（*Spire*）或屋顶上的凸起的球形装饰物。在宗教建筑中，一般会在球形尖顶饰顶部安放十字架。*另见“屋顶”一节，第138页。*

圆锥形屋顶
圆锥形的屋顶，通常出现在塔顶，或者覆盖着穹隆。*另见“屋顶”一节，第133页。*

眼窗
一种没有花饰窗格（Tracery）的圆形窗户。*另见“窗和门”一节，第125页；“屋顶”一节，第141、142页。*

有三角山墙的门口
三角山墙（Pediment）是指坡度较小的三角形山墙端头；古典神庙正面的关键元素，经常用在开口的顶部，如此处。*另见“窗和门”一节，第121页。*

双色大理石饰面
另见“墙体和表皮”一节，第84页。

成对的罗马多立克壁柱
壁柱是平的圆柱，从墙面上略微突出。如果两根柱子并排排列，称为“对柱”。关于罗马多立克柱式，*另见“圆柱与墩柱”一节，第65页。*

十字翼殿
在希腊十字平面中，从教堂中央核心伸出的一翼。*另见“中世纪大教堂”一节，第16页。*

文艺复兴式教堂 › 平面

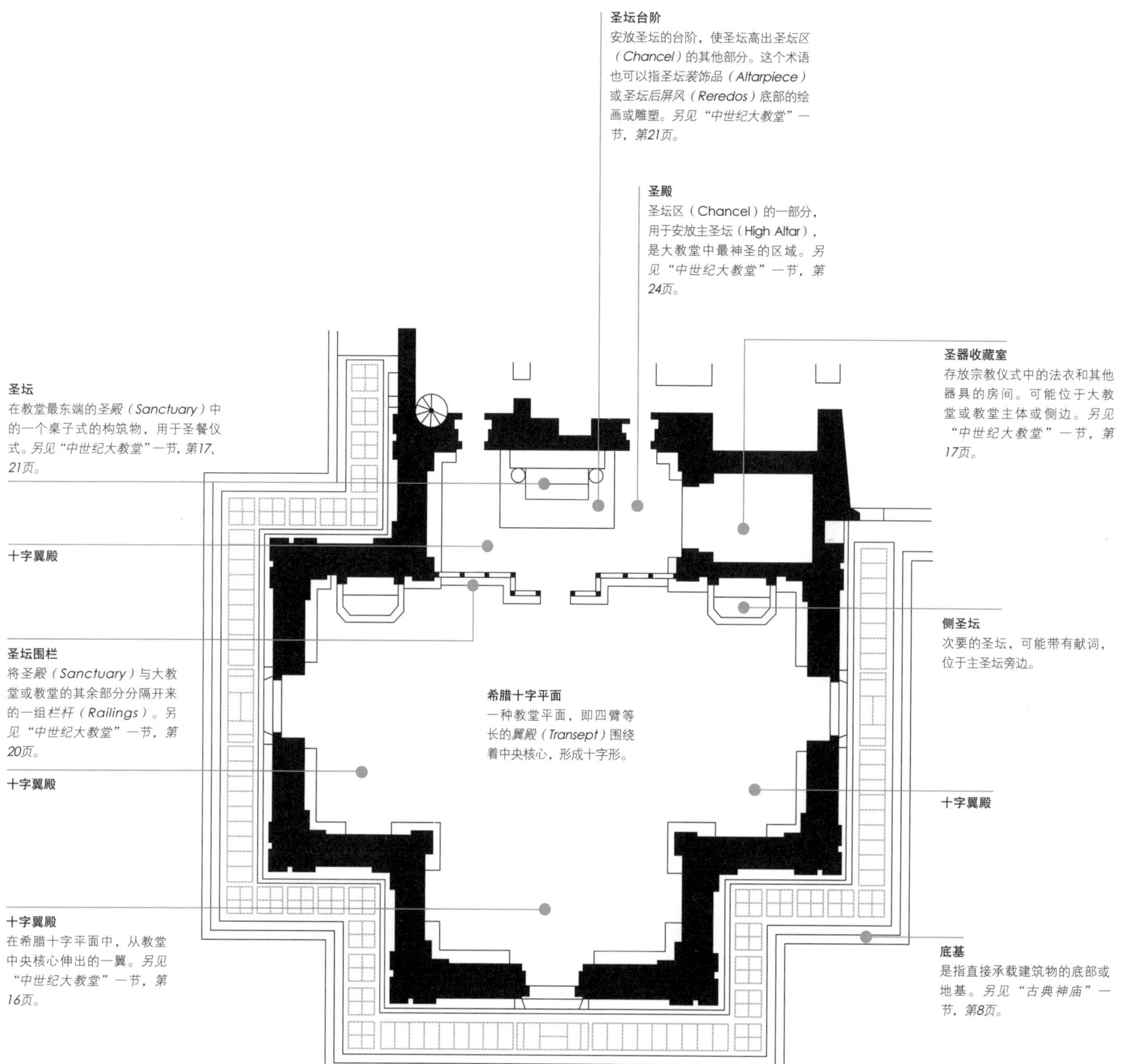

圣坛台阶
安放圣坛的台阶，使圣坛高出圣坛区（*Chancel*）的其他部分。这个术语也可以指圣坛装饰品（*Altarpiece*）或圣坛后屏风（*Reredos*）底部的绘画或雕塑。*另见“中世纪大教堂”一节，第21页。*

圣殿
圣坛区（Chancel）的一部分，用于安放主圣坛（High Altar），是大教堂中最神圣的区域。*另见“中世纪大教堂”一节，第24页。*

圣器收藏室
存放宗教仪式中的法衣和其他器具的房间。可能位于大教堂或教堂主体或侧边。*另见“中世纪大教堂”一节，第17页。*

圣坛
在教堂最东端的*圣殿*（*Sanctuary*）中的一个桌子式的构筑物，用于圣餐仪式。*另见“中世纪大教堂”一节，第17、21页。*

十字翼殿

侧圣坛
次要的圣坛，可能带有献词，位于主圣坛旁边。

圣坛围栏
将*圣殿*（*Sanctuary*）与大教堂或教堂的其余部分分隔开来的一组*栏杆*（*Railings*）。*另见“中世纪大教堂”一节，第20页。*

希腊十字平面
一种教堂平面，即四臂等长的*翼殿*（*Transept*）围绕着中央核心，形成十字形。

十字翼殿

十字翼殿

十字翼殿
在希腊十字平面中，从教堂中央核心伸出的一翼。*另见“中世纪大教堂”一节，第16页。*

底基
是指直接承载建筑物的底部或地基。*另见“古典神庙”一节，第8页。*

文艺复兴式教堂 › 内部

严格的空间比例逻辑是文艺复兴时期教堂或大教堂的重要因素。虽然哥特式建筑原本是模块化设计，但是新式的哥特式建筑的平面却十分紧密、完整，一般围绕着位于中心位置的穹隆展开（有时附带传统的中殿）。这种常用的十字平面叫作希腊十字，特征是十字翼殿的四臂等长。

圣玛利亚·德莱·卡尔切里教堂的内部空间使用了若干罗马建筑的关键因素，如古典柱式、立柱山墙饰，尤其是穹隆，构成了优雅的内部逻辑。

科林斯檐口
檐口是指*檐部*（*Entablature*）的最上层，比底层更加突出。关于科林斯柱式，*另见“圆柱与墩柱”一节，第68页。*

科林斯檐壁
檐部（*Entablature*）的中心部分，位于*柱顶过梁*（*Architrave*）和*檐口*（*Cornice*）之间，往往饰以浮雕。关于科林斯柱式，*另见“圆柱与墩柱”一节，第68页。*

科林斯柱顶过梁
柱顶过梁是指直接搁置在*柱头*（*Capitals*）上的一条大横梁，是*檐部*（*Entablature*）组成部分中最低的一个。关于科林斯柱式，*另见“圆柱与墩柱”一节，第68页。*

相邻的带柱身凹槽的科林斯转角壁柱
壁柱是平的圆柱，从墙面上略微突出。在此处，壁柱上带有柱身凹槽——柱身凹槽是指圆柱或壁柱柱身上，垂直的、内凹的浅槽。关于科林斯柱式，*另见“圆柱与墩柱”一节，第68页。*

弓形山墙
类似于三角形山墙，只不过三角形被较平滑的曲线所代替。*另见“窗和门”一节，第121页。*

圣坛的装饰品
安放在*圣坛*（*Altar*）后面的绘画或雕塑。*另见“中世纪大教堂”一节，第21页。*

读经台
演讲时使用的台架，带有倾斜面，以便放置书或笔记。有些教堂会用读经台来代替*讲坛*（*Pulpit*）。

栏杆柱式圣坛围栏
将*圣殿*（*Sanctuary*）与大教堂或教堂的其余部分分隔开来的一组栏杆（Railings）。在这里，围栏是由一系列栏杆柱支撑的，因此称为栏杆柱式。*另见“中世纪大教堂”一节，第20页；“窗和门”一节，第127页。*

圣坛
在大教堂或教堂最东端的*圣殿*（*Sanctuary*）中的一个桌子式的构筑物，用于圣餐仪式。*见“中世纪大教堂”一节，第17、21页。*

巴洛克教堂 › 外部

弗朗西斯科·波洛米尼在意大利罗马（1638—1641）建造的四喷泉圣卡罗教堂晚于圣玛利亚·德莱·卡尔切里教堂半个世纪，其夸张的曲线造型是对古典建筑语言的重新诠释和振兴，成为巴洛克教堂的典型。巴洛克艺术风格影响了建筑、艺术等多个领域，追求夸张、奔放，这种艺术风格从根源上来说是与17世纪的一系列教会行为和政策的变化分不开的，特别是“反宗教运动”。

弗朗西斯科·波洛米尼（Francesco Borromini），四喷泉圣卡罗教堂（San Carlo alle Quattro Fontane），罗马，1638—1641。

科林斯檐部
檐部是指*柱头*（*Capital*）以上的上部构造，由*柱顶过梁*（*Architrave*）、*檐壁*（*Frieze*）和*檐口*（*Cornice*）组成。关于科林斯柱式，*另见“圆柱与墩柱”一节，第68页。*

成对的希腊多立克圆柱
如果两根柱子并排排列，称为“对柱”。关于希腊多立克柱式，*另见“圆柱与墩柱”一节，第66页。*

面部雕像
一种装饰母题，一般是风格化的人物或动物面部。*另见“墙体和表皮”一节，第112页。*

科林斯圆柱
圆柱是指圆柱形的竖向支撑构件，通常包括*柱础*（*Base*）、*柱身*（*Shaft*）和*柱头*（*Capital*）。关于科林斯柱式，*另见“圆柱与墩柱”一节，第68页。*

断裂山墙
水平底线中央有断开的三角山墙。

柱础镶板
位于表面的长方形的凹进或突出的平板，此处被安装在*柱础*（*Base*）部位。

栏杆
支撑围栏（*Railing*）或*压顶*（*Coping*）的一系列栏杆柱。*另见“窗和门”一节，第127页。*

门耳/窗耳
常见于门套或窗套四角上的长方形线脚，一般是垂直或水平的扁平物或突出物。

爱奥尼檐部
檐部是指*柱头*（*Capital*）以上的上部构造，由*柱顶过梁*（*Architrave*）、*檐壁*（*Frieze*）和*檐口*（*Cornice*）组成。关于爱奥尼柱式，*另见“圆柱与墩柱”一节，第67页。*

爱奥尼圆柱
圆柱是指圆柱形的竖向支撑构件，通常包括*柱础*（*Base*）、*柱身*（*Shaft*）和*柱头*（*Capital*）。关于爱奥尼柱式，*另见“圆柱与墩柱”一节，第67页。*

拱券中的雕像

凹面神庙正面
如果神庙正面不是一个平面，而是向内凹陷形成一个曲面，则称为凹面神庙正面。

栏杆柱式女儿墙
女儿墙是位于屋顶、*阳台（Balcony）*或桥面边缘起保护作用的矮墙。栏杆是指支撑围栏或压顶的一系列栏杆柱。*另见“窗和门”一节，第127页；“屋顶”一节，第136页。*

（大奖章形的）圆形装饰物
圆形或椭圆形的装饰牌匾，通常装饰有雕刻或绘画人物或场景。*另见“墙体和表皮”一节，第112页。*

科林斯檐部底面
底面是指建筑结构或表面的下表面，此处是指科林斯檐部突出部分的底面。

球形尖顶饰
一种位于*小尖塔（Pinnacle）*、*尖顶（Spire）*或屋顶上的凸起的球形装饰物。在宗教建筑中，一般会在球形尖顶饰顶部安放十字架。*另见“屋顶”一节，第138页。*

纸卷饰板
一种装饰牌匾，多为椭圆形，其边缘形状类似纸卷，通常用于镌刻文字。*另见“墙体和表皮”一节，第110页。*

凸面的立柱山墙饰
一种内凹进墙面的框架式建筑，在宗教建筑中用于放置神龛，此处意在突出某个艺术品或增加表面的多样性。*另见“墙体和表皮”一节，第103页。*

壁龛
墙面上的拱形凹处，用来放置雕像或者只是为了增加表面变化。*另见“墙体和表皮”一节，第113页。*

带雕像的壁龛
安放在墙面拱形凹处的雕像。*另见“墙体和表皮”一节，第113页。*

头像界碑
底端渐细的*雕像基座（Pedestal）*，上端是神话人物或动物的半身像。“Term”一词源自“Terminus”，指的是罗马的边界之神。如果界碑上的雕像是希腊神话中的信使神赫尔墨斯（罗马神话中的墨丘利），则使用“Term”的变体——“Herm”。*另见“墙体和表皮”一节，第112页。*

巴洛克教堂 › 平面

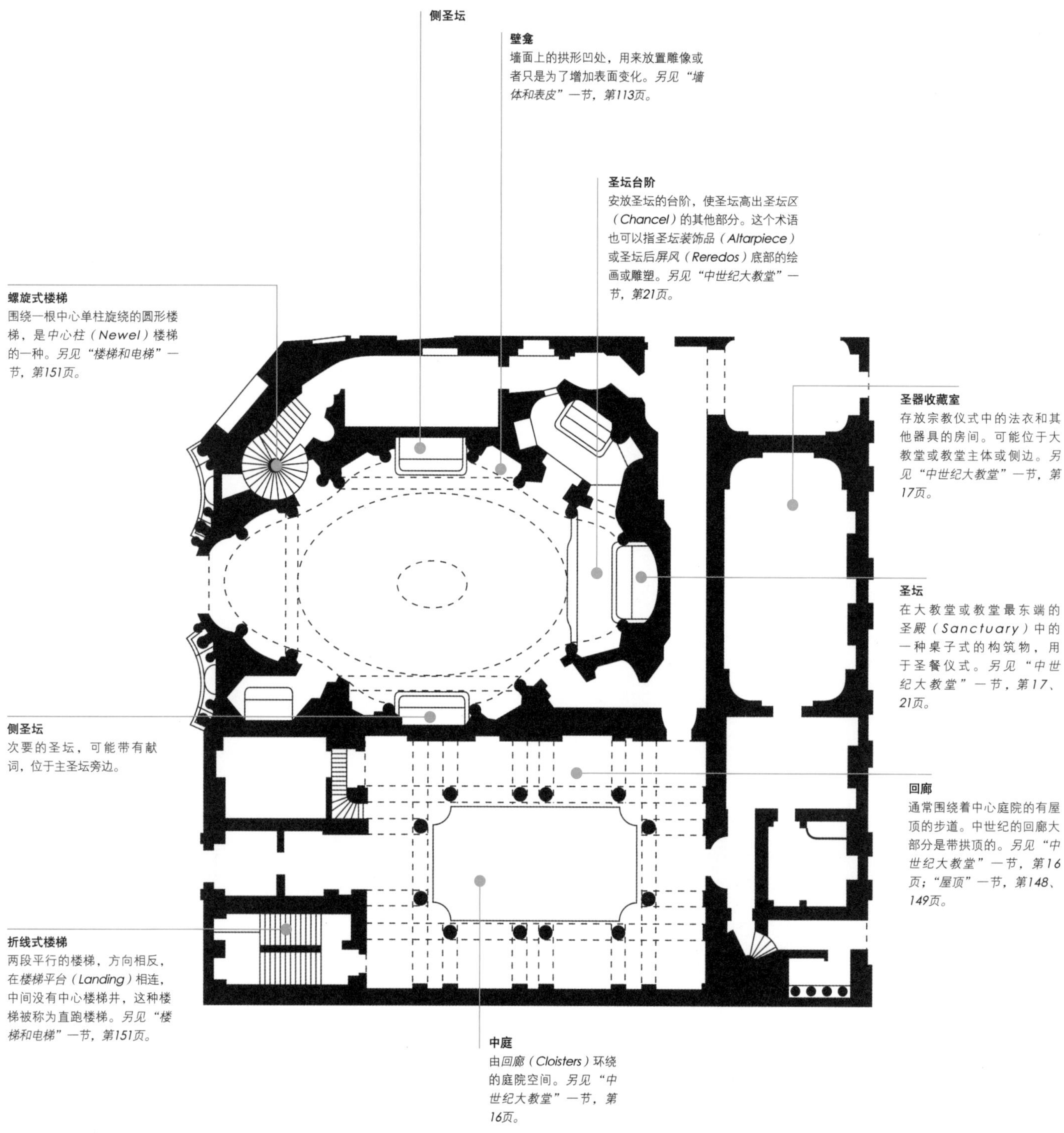
侧圣坛

壁龛
墙面上的拱形凹处，用来放置雕像或者只是为了增加表面变化。*另见“墙体和表皮”一节，第113页。*

圣坛台阶
安放圣坛的台阶，使圣坛高出圣坛区（*Chancel*）的其他部分。这个术语也可以指*圣坛装饰品*（*Altarpiece*）或圣坛后*屏风*（*Reredos*）底部的绘画或雕塑。*另见“中世纪大教堂”一节，第21页。*

螺旋式楼梯
围绕一根中心单柱旋绕的圆形楼梯，是*中心柱*（*Newel*）楼梯的一种。*另见“楼梯和电梯”一节，第151页。*

圣器收藏室
存放宗教仪式中的法衣和其他器具的房间。可能位于大教堂或教堂主体或侧边。*另见“中世纪大教堂”一节，第17页。*

圣坛
在大教堂或教堂最东端的*圣殿*（*Sanctuary*）中的一种桌子式的构筑物，用于圣餐仪式。*另见“中世纪大教堂”一节，第17、21页。*

侧圣坛
次要的圣坛，可能带有献词，位于主圣坛旁边。

回廊
通常围绕着中心庭院的有屋顶的步道。中世纪的回廊大部分是带拱顶的。*另见“中世纪大教堂”一节，第16页；“屋顶”一节，第148、149页。*

折线式楼梯
两段平行的楼梯，方向相反，在*楼梯平台*（*Landing*）相连，中间没有中心楼梯井，这种楼梯被称为直跑楼梯。*另见“楼梯和电梯”一节，第151页。*

中庭
由*回廊*（*Cloisters*）环绕的庭院空间。*另见“中世纪大教堂”一节，第16页。*

巴洛克教堂 › 内部

波洛米尼的圣卡罗教堂内部比圣玛利亚·德莱·卡尔切里教堂内部复杂得多，充满了波浪起伏的曲线和凹处，但是也保留了古典建筑的均衡。

穹隅圆形装饰物
穹隅是指由穹隆及其支持拱券交叉形成的内凹的三角形区域。此处，穹隅上装饰了圆形装饰物（圆形或椭圆形的装饰牌匾，通常装饰有雕刻或绘画人物或场景）。*另见“屋顶”一节，第142页。*

裸体小儿雕像饰
小男孩雕像，通常是裸体的小天使造型。

藻井半圆后殿
半圆后殿是一种从*圣坛区*（*Chancel*）主体甚至教堂任何部分延伸出的一般为半圆形的殿室。在这里，半圆后殿带有藻井。藻井装饰使用的是一种内凹的矩形嵌板，即*凹格天花板*（*lacunaria*）。*另见“屋顶”一节，第142页。*

复合檐部
檐部是指*柱头*（*Capital*）以上的上部构造，由*柱顶过梁*（*Architrave*）、*檐壁*（*Frieze*）和*檐口*（*Cornice*）组成。关于复合柱式，*另见“圆柱与墩柱”一节，第69页。*

凹面三角山墙
如果三角山墙向内凹陷形成曲面，则称为凹面三角山墙。

附墙复合圆柱
非独立的、贴在或嵌在墙或表面上的圆柱。关于复合柱式，*另见“圆柱与墩柱”一节，第69页。*

壁龛
墙面上的拱形凹处，用来放置雕像或者只是为了增加表面变化。*另见“墙体和表皮”一节，第113页。*

圣坛的装饰品
安放在*圣坛*（*Altar*）后面的绘画或雕塑。*另见“中世纪大教堂”一节，第21页。*

圣坛
在大教堂或教堂最东端的*圣殿*（*Sanctuary*）中的一个桌子式的构筑物，用于圣餐仪式。*另见“中世纪大教堂”一节，第17、21页。*

防御建筑 › 要塞城堡

作为防御用结构，城堡在建筑史上是一种杰出的防御建筑。城堡起源于山丘堡垒，但是也发生了各方面的变化。中世纪城堡扮演着权力要塞中心的角色，促进了某个特定区域的整合和行政管理。城堡的设计体现了其防御功能，既可以防御外敌入侵，也能够在被围困时保持长时间的自给自足状态。

虽然表面看来，城堡的功能性占主导，但是实际上城堡和其他防御建筑有同等重要的象征意义。它们是城堡领主或其他居住者的权力和威严的宏伟宣言，向同等地位者、下属和潜在入侵者传达讯息。

随着进攻性武器的发展，城堡和防御建筑的设计自然也随之发展。火药和大炮的出现极大地改变了城堡和防御建筑的设计和建造方式，并最终使其失去了军事意义，象征意义却得以加强。直至20世纪，空袭的威胁彻底结束了防御建筑的使命，而隐蔽的地下掩体登上了历史舞台。

要塞城堡
要塞（*Keep*）位于城堡中心，外围有一道或更多*幕墙*（*Curtain Walls*），这样的城堡被叫作“要塞城堡”。要塞城堡起源于并逐渐取代了*城寨城堡*（*motte-and-bailey*）。城寨城堡竖立在广阔的*土丘*（*Motte*）上，邻接低处的*防御堡场*（*Bailey*），被木栅（栅栏或木桩）包围。

城堡要塞或主楼
位于城堡中心的*大型塔楼*（*Tower*），有时建在山丘上，被壕沟围绕。要塞是城堡之中防御最为坚固的地方，是城堡主人的居住处，也包括或临近*城堡大厅*（*Great hall*）和礼拜堂。

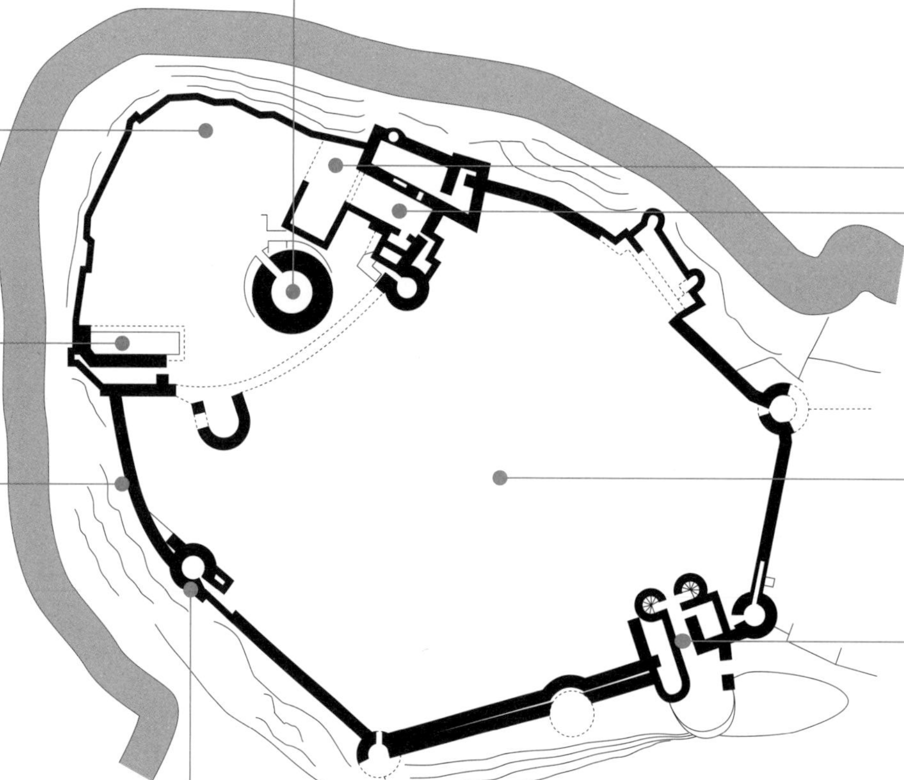

城堡内庭
围绕着*要塞*（*Keep*）的第二道高处的防御围场。内庭通常位于*城堡外庭*（*Outer ward*）（*Bailey*）内部或者与其相邻，被第二道*幕墙*（*Curtain Walls*）或木栅包围。

厨房

城堡大厅
城堡中的礼仪和行政中心。城堡大厅是聚餐、招待客人的场所，通常有繁复精致的装饰，特别是带纹章的装饰品。

礼拜堂

幕墙
围合城堡外庭或内庭的防御城墙，通常建有升高的走道并连接着一系列塔楼以加强防御。为了防止潜挖破坏，经常会在幕墙底部建造突出的外缘。部分幕墙只是简单的木栅，特别是早期的城寨城堡中，后来用石头重建。

城堡外庭
有防御的围场，城堡主人的住处，也包括马厩、工厂，有时也有兵营。

门楼
城门上的防御结构或*塔楼*（*Tower*），向内探出到城堡中。门楼是城堡防御中的潜在薄弱点，因此通常会强化此处的防御工事，包括*吊桥*（*Drawbridge*）、一个或多个*吊闸*（*portcullises*）。

棱堡
从*幕墙*（*Curtain Wall*）凸出的结构或*塔楼*（*Tower*），用来加强防御。

防御建筑 › 同心城堡

同心城堡

如果城堡有两道或者更多同一圆心的幕墙，则被称为同心城堡。通常，同心城堡没有要塞，并且根据地形特点会建成不同形状。

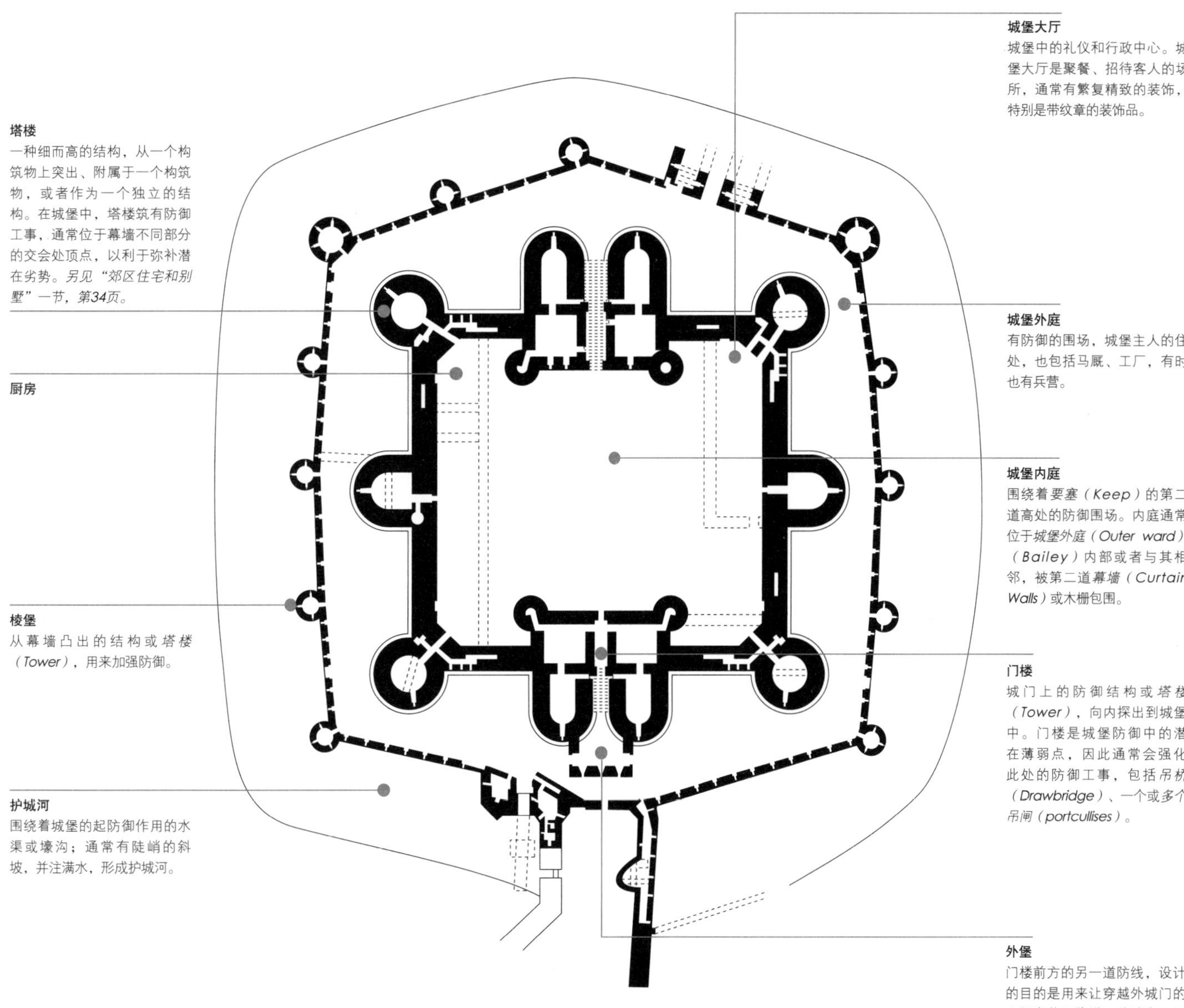

塔楼

一种细而高的结构，从一个构筑物上突出、附属于一个构筑物，或者作为一个独立的结构。在城堡中，塔楼筑有防御工事，通常位于幕墙不同部分的交会处顶点，以利于弥补潜在劣势。*另见“郊区住宅和别墅”一节，第34页。*

厨房

棱堡

从幕墙凸出的结构或*塔楼*（*Tower*），用来加强防御。

护城河

围绕着城堡的起防御作用的水渠或壕沟；通常有陡峭的斜坡，并注满水，形成护城河。

城堡大厅

城堡中的礼仪和行政中心。城堡大厅是聚餐、招待客人的场所，通常有繁复精致的装饰，特别是带纹章的装饰品。

城堡外庭

有防御的围场，城堡主人的住处，也包括马厩、工厂，有时也有兵营。

城堡内庭

围绕着*要塞*（*Keep*）的第二道高处的防御围场。内庭通常位于*城堡外庭*（*Outer ward*）（*Bailey*）内部或者与其相邻，被第二道*幕墙*（*Curtain Walls*）或木栅包围。

门楼

城门上的防御结构或*塔楼*（*Tower*），向内探出到城堡中。门楼是城堡防御中的潜在薄弱点，因此通常会强化此处的防御工事，包括*吊桥*（*Drawbridge*）、一个或多个*吊闸*（*portcullises*）。

外堡

门楼前方的另一道防线，设计的目的是用来让穿越外城门的入侵者落入陷阱。攻城者一旦到了外堡，往往沦为弓箭和其他投射武器的攻击目标。外堡也指主要防御性城墙外的有防御工事的前哨站。

防御建筑 › 外部

堞口
支撑有雉堞的女儿墙的相邻叠涩之间的墙面上的孔洞。最初设计堞口是防御之用，防卫者可以从堞口中向下方的敌人投下石块或液体，后来逐渐转向装饰目的。*另见“屋顶”一节，第140页。*

射箭孔
供弓箭手射击用的极窄的窗户。为了拓宽弓箭手的射击角度，其内部墙壁往往被切掉一部分。最常见的射箭孔的形状是十字形，这样的话弓箭手可以射击到更广更高的地方。*另见“防御建筑”一节，第32页。*

雉堞
在城墙顶部，有固定间隔的齿状凸出。凸出的片状物叫作*“城齿”（Merlons）*，它们之间的空隙叫作*“垛口”（Crenels）*。最初用于城堡或城墙的防御，后来演变为装饰元素。*另见“屋顶”一节，第140页。*

外堡
门楼前方的另一道防线，设计的目的是让穿越外城门的入侵者落入陷阱。攻城者一旦到了外堡，往往沦为弓箭和其他投射武器的攻击目标。外堡也指主要防御性城墙外的有防御工事的前哨站。

吊闸
木制或金属的格子状大门，安装在门楼或外堡门口，能够通过滑轮装置快速升起或降下。常见的做法是在门楼处安装两个或更多吊闸，前后排列，这样的话一旦敌人进入，便会被围困在两道吊闸之间，成为投射武器的攻击目标。

护城河
围绕着城堡的起防御作用的水渠或壕沟，通常有陡峭的斜坡，并注满水，形成护城河。

雉堞

射箭孔

吊桥
*护城河（Moat）*上面的可以升起或降下的可移动桥梁。一般为木制，通过配重系统操控。有些城堡有两座连续的吊桥，目的是进一步阻止或延缓敌人攻城。

雉堞

棱堡
从幕墙凸出的结构或*塔楼*（*Tower*），用来加强防御。

幕墙
围合城堡外庭或内庭的防御城墙，通常建有升高的走道并连接着一系列塔楼以加强防御。为了防止潜挖破坏，经常会在幕墙底部建造突出的外缘。部分幕墙只是简单的木栅，特别是早期的城寨城堡中，后来用石头重建。

城堡要塞或主楼
位于城堡中心的*大型塔楼*（*Tower*），有时建在山丘上，被壕沟围绕。要塞是城堡之中防御最为坚固的地方，是城堡主人的居住处，也包括或临近*城堡大厅*（*Great hall*）和礼拜堂。

幕墙

塔楼

郊区住宅和别墅 / 1

郊区住宅类型从根本上来说发源自中世纪城堡或要塞。城堡是主人军事力量的展示，而对郊区住宅来说，主人要体现的是它在材料和文化上的优越地位。表现方式可以是纹章装饰，也可以是新型的建筑表达，特别是古典主义风格或今后的新古典主义风格，如本例中的凯德尔斯顿庄园。尽管如此，其中的中世纪建筑的影响却仍然十分明显，比如直到19世纪建造的郊区住宅中依旧能看到雉堞这种结构，即使是毫无军事意义的住宅，如利希滕斯坦城堡（Lichtenstein Castle）。

别墅这种建筑类型的兴起与郊区住宅几乎是同一时期，如帕拉迪奥的卡普拉别墅（Villa Capra），就是经久不衰的典范。在现代时期早期，随着城市的合并和扩展，在乡村中寻求庇护，远离城市的“罪恶”，成为上层阶级流行的做法，并且也可以帮助他们在权力发源的土地上重新认识自己。由于所处地点相同，长久下来，郊区住宅和别墅这两种类型渐渐重叠起来，因此即使进入20世纪，勒·柯布西埃设计的著名的萨伏伊别墅也不可避免地融合了这两种建筑类型。

卡尔·亚历山大·海德洛夫（CarlAlexanderHeideloff），利希滕斯坦城堡（Lichtenstein Castle），德国，巴登-符腾堡州，施瓦本阿尔比，1840—1842（建于中世纪遗址之上）。

堞口
支撑有雉堞的女儿墙的相邻叠涩之间的墙面上的孔洞。最初的堞口设计目的是防御之用，防卫者可以从堞口中向下方的敌人投下石块或液体，后来逐渐转向装饰目的。*另见“防御建筑”一节，第32页；“屋顶”一节，第140页。*

塔楼
一种细而高的结构，从一个构筑物上突出，附属于一个构筑物，或才作为一个独立的结构，另见“防御建筑”，一节，第31页

减重拱
建在过梁上方的拱，用于分担开口两侧的重量。也叫做“relieving arch”。*另见“拱券”一节，第77页。*

乌鸦-阶梯山墙
突出在*坡屋顶（Pitched roof）*上方的呈阶梯状的山墙端。*另见“屋顶”一节，第137页。*

柳叶窗
细长的尖窗，常常三个一组。因其形似柳叶刀而得名。*另见“窗和门”一节，第125页。*

碎石砌体
使用不规则石块建造墙体的方式。这些石块通常被混在很厚的灰浆之中。*另见“墙体和表皮”一节，第86页。*

雉堞
在城墙顶部，有固定间隔的齿状突出。突出的片状物叫作*“城齿”（Merlons）*，它们之间的空隙叫作*“垛口”（Crenels）*。最初用于城堡或城墙的防御，后来演变为装饰元素。*另见“防御建筑”一节，第32页；“屋顶”一节，第140页。*

尖顶塔
一种小型*尖顶（Spire）*，通常位于*坡屋顶（Pitched roof）*的屋脊上或两个垂直的坡屋顶的屋脊交叉处。*另见“屋顶”一节，第140页。*

球形尖顶饰
一种位于*小尖塔（Pinnacle）*、*尖顶（Spire）*或屋顶上的凸起的球形装饰物。*另见“中世纪大教堂”一节，第14页；“文艺复兴式教堂”一节，第23页；“巴洛克教堂”一节，第27页；“公共建筑”一节，第47页；“屋顶”一节，第138页。*

角楼
一种从墙面或拐角处垂直探出的小型塔楼。*另见“屋顶”一节，第140页。*

凸肚窗
突出于二层或更上层墙面的窗户，但是不会延伸到底层。*另见“窗和门”一节，第128页。*

隅石
位于建筑边角上的大型石块。通常由*粗面（Rusticated）*石块组成，有时与建筑本身的材料不同。*另见“墙体和表皮”一节，第87页。*

安德烈·帕拉迪奥，圆厅别墅，意大利，维琴察，始建于1566年。

烟囱体
传导屋内壁炉产生的烟的结构，通常是砖砌的。伸出屋顶的部分往往带有装饰。烟囱体通常位于烟囱管帽的顶部。*另见“屋顶”一节，第136页。*

穹顶
小型穹隆（*Dome*）状结构，通常位于大屋顶上方，有时被用作观景台。*另见“屋顶”一节，第141页。*

屋顶通风窗
檐部以上墙面上的窗户。

四坡屋顶
四面都有坡面的屋顶。*另见“屋顶”一节，第132页。*

碟形穹隆
如果穹隆的升起高度远远小于其跨度，形状类似于一只扁平的、底朝上的碟子，这样的穹隆叫作碟形穹隆。*另见“屋顶”一节，第143页。*

山花雕塑
位于三角山墙（*Pediment*）顶部的平整基座上的雕塑，通常为瓮形、棕叶饰或雕像。如果雕塑位于三角山墙外角而不是顶端，则称为“山花雕塑棱角”。

带山墙的主厅窗
建筑主要楼层的窗户，窗户上方有三角山墙。*另见“窗和门”一节，第121页。*

地下室窗
与*基脚*（*Plinth*）或*基座*（*Pedestal*）同一高度的位于主厅下方的窗户。

六柱式爱奥尼门廊
门廊是指一条由建筑物主体延伸出来的廊子，通常造型是有*柱列的*（*Colonnade*）神庙正面，顶部建有*三角山墙*（*Pediment*）。关于*六柱式门廊*（*Hexastyle*），*另见“古典神庙”一节，第10页；关于爱奥尼柱式，另见“拱券”一节，第67页。*

门阶
通向大门（*Portal*）的外部台阶。

郊区住宅和别墅 / 2

罗伯特·亚当（Robert Adam），凯德尔斯顿庄园（Kedleston Hall）（南正面），英格兰，德比郡，1760—1770。

科林斯檐部
檐部是*指柱头（Capital）*以上的上部构造，由*柱顶过梁（Architrave）*、*檐壁（Frieze）*和*檐口（Cornice）*组成。关于科林斯柱式，*另见“圆柱与墩柱”一节，第68页。*

铅皮屋顶
屋顶表面是由木制压条固定的铅板组成的，叫作铅皮屋顶。*另见“屋顶”一节，第135页。*

（大奖章形的）圆形装饰物
圆形或椭圆形的装饰牌匾，通常装饰有雕刻或绘画人物或场景。*另见“墙体和表皮”一节，第112页。*

中心盲拱
嵌入在墙面中的一道拱券，但是并没有真正开孔。*另见“拱券”一节，第76页。*

大型科林斯圆柱
大型柱是一种圆柱形的竖向支撑构件，通常包括*柱础（Base）*、*柱身（Shaft）*和*柱头（Capital）*，其延伸距离达到两层或更高。关于科林斯柱式，*另见“圆柱与墩柱”一节，第68页。*

阁楼镶板浮雕
镶板浮雕是一块长方形平板，在表面装饰有长方形的凹凸图案；在此处，镶板被安装在阁楼层，且装饰有浅浮雕。

垂花饰和圆花饰檐壁
檐壁是指*檐部（Entablature）*的中心部分，位于*柱顶过梁（Architrave）*和*檐口（Cornice）*之间，往往饰以浮雕。此处的重复图案是悬垂的弧状弯曲*织物形态（Swags）*和圆盘状的*装饰物（Paterae）*。*另见“圆柱和墩柱”一节，第64页；“墙体和表皮”一节，第113页。*

夹层窗
位于两个主要楼层之间的较低楼层上的窗户，通常是*主厅（Piano nobile）*层和*阁楼（Attic）*层之间。

地下室窗
与*基脚（Plinth）*或*基座（Pedestal）*同一高度的位于主厅下方的窗户。

竖向直拉窗
由一个或更多框格组成的窗户。框格是指装有一片或更多窗格玻璃的木制边框。竖向直拉窗被嵌入*窗户侧壁（Jambs）*的凹槽中，可以垂直上下拉动。配重装置通常隐藏在窗框里，通过细绳或滑轮系统与框格相连。*另见“窗和门”一节，第117页。*

拱石
楔形石块，用于构成拱的曲线。这里是指窗户上方的平拱。*另见“拱券”一节，第72页。*

入口楼梯
通向建筑物入口的一系列台阶。*另见“门阶”，第35页。*

带雕像的壁龛
安放在墙面拱形凹处的雕像。*另见“墙体和表皮”一节，第113页。*

粗面石块砌体
强调相邻石块交接处的建造墙体的方式。*另见“墙体和表皮”一节，第87页。*

带山墙的主厅窗
建筑主要楼层的窗户，窗户上方有三角山墙。*另见“窗和门”一节，第121页。*

勒·柯布西埃（Le Corbusier），萨伏伊别墅（Villa Savoye），法国，普瓦西，1928—1929。

水平长窗
相同高度的一系列窗户，仅以*直棂*（*Mullions*）分隔，穿过建筑物形成水平带状。*另见“窗和门”一节，第126页。*

曲线混凝土上部结构
上部结构是指位于建筑物主体顶部的结构，上部结构由一条或更多曲线组成。关于曲线，*另见“现代结构”一节，第81页；关于混凝土，另见“墙体和表皮”一节，第96页。*

平屋顶
坡度几乎达到水平的屋顶（保留轻微坡度是为了方便排水）。*另见“屋顶”一节，第133页。*

直棂
划分开口的垂直细条或构件。*另见“窗和门”一节，第116、117、119页。*

水泥粉刷墙
被涂抹了厚重的灰泥或水泥（即此处）的墙面，以达到光滑、防水的效果。*另见“墙体和表皮”一节，第97页。*

底层架空立柱
用于将建筑物抬离地面的墩柱或圆柱，使地面空间空出，可以用来流通或储藏。*另见“圆柱和墩柱”一节，第63页。*

底层储藏和服务区域

沿街建筑 / 1

沿街建筑的建筑形式和年代十分多样，因此可以说是一种超越了类型的建筑。沿街建筑特定的位置从某种程度上决定了它具备一些建筑特点。当然，沿街建筑的很多实际优势是不容置疑的，如位置显著，易于交易等。这些商业上的方便性和优势使得沿街建筑总是炙手可热的。因此，临街的建筑正面一般相对狭窄，但是因为其突出地位，往往也是建筑展示的重要位置。

由于建筑物的时间和地点大不相同，沿街建筑都有各自的特色，但是还是有一系列共同的特征。比如，这样的建筑物一般只有一个最主要的正面，通常是建筑表现的唯一重点。就像这部分中的实例，为了强调建筑的垂直性，一般建有隐蔽的地下室层，并且采用芒萨尔式屋顶和老虎窗，这样设计利于向上延伸可用空间。在后面的例子中（第44—45页），随着时间的推移，有些建筑师为了追求突破固有的沿街建筑类型，在很多方面颠覆了原来的特征。但是尽管如此，这种特殊的建筑类型中还是有很多值得参考之处。

斯台普斯酒店（Staple Inn），伦敦，16世纪80年代（后重建）。

烟囱体
传导屋内壁炉产生的烟的结构，通常是砖砌的。伸出屋顶的部分往往带有装饰。烟囱体通常位于烟囱管帽的顶部。*另见“屋顶”一节，第136页。*

山墙
一种三角形墙面区域，用于*围合坡屋顶坡面或三角形屋顶（Pitched roof or gabled roof）*。*另见“屋顶”一节，第136、137页。*

瓦面坡屋顶
有两个斜面的单屋脊屋顶，两端有山墙，叫作坡屋顶。在这里，坡屋顶表面覆盖着瓦片。*另见“墙体和表皮”一节，第94页；“屋顶”一节，第132、136页。*

密集格栅木构
木构是一种使用木柱和横梁（有时也使用斜梁）的建筑形式，在各梁之间的空间填充*石灰泥（Lime plaster）*、砖块或石头。密集格栅是指两条相邻木格栅之间的距离非常狭窄的一种分隔方式。*另见“墙体和表皮”一节，第92页。*

石灰粉刷填充物
用水泥打底（Cement render）的木构件之间的填充物。*另见“墙体和表皮”一节，第97页。*

竖铰链窗
用一个或多个铰链固定在窗框一侧的窗户。*另见“窗和门”一节，第116页。*

窗过梁
位于窗户顶端的支撑构件，通常是水平的。*另见“窗和门”一节，第116页。*

凸肚窗
凸出于二层或更上层墙面的窗户，但是不会延伸到底层。*另见“窗和门”一节，第128页。*

直棂
划分开口的垂直细条或构件。*另见“窗和门”一节，第116、117、119页。*

木格栅
较大型的柱子之间的小型垂直构件。*另见“墙体和表皮”一节，第92页。*

窗台
窗孔底部的水平基座。*另见“窗和门”一节，第116页。*

外悬突堤
在木构建筑中，位于上层的突出物，伸出下层表面之外。*另见“墙体和表皮”一节，第93页。*

横楣
划分开口的水平细条或构件。*另见“窗和门”一节，第116、117、119页。*

陈列橱窗
木制、类似橱窗的窗户，比较传统的是多窗格式，一般出现在*商店正面（Shop fronts）*。*另见“窗和门”一节，第126页。*

安德烈·帕拉迪奥（Andrea Palladio），卡皮塔尼奥宫（Palazzo del Capitanio），意大利，维琴察，1571—1572。

有栏杆的阁楼阳台
阳台是附加在建筑外部的平台——悬臂式或由托架支撑，阳台边缘安装了*围栏（Railing）*或者如此处的栏杆，即支撑围栏或者压顶的一系列*栏杆柱（Balusters）*。*另见“窗和门”一节，第127页。*

齿状线脚
古典檐口的底面上重复出现的正方形或者长方形体块体。*另见“圆柱和墩柱”一节，第67、68、69页。*

挑出式复合檐部
檐部是指*柱头（Capital）*以上的上部构造，由*柱顶过梁（Architrave）*、*檐壁（Frieze）*和*檐口（Cornice）*组成。如果檐部伸出到圆柱或壁柱前方，叫作“挑出式”。关于复合柱式，*另见“圆柱与墩柱”一节，第69页。*

主厅窗
建筑主要楼层的窗户。

窗套
泛指窗孔的装饰性框架。*另见“窗和门”一节，第117、120页。*

类似三垄板的托架
托架是指从墙面上探出的部件，用来支撑上方的结构，此处采用*三垄板（Triglyph）*的样式。三垄板是多立克檐壁上的一块有着三条凹槽的长方体。

半圆拱形开口
拱券的曲线只有一个中心，且矢高等于拱跨的一半，呈半圆形，这样的拱券叫作半圆拱。

带凸肩的阁楼窗套
窗孔顶部有两个对称横向突出物的窗套。形成凸肩的一般是较小的长方形扁平物，有时也有更复杂的装饰。*另见“窗和门”一节，第120页。*

复合柱头
柱头是*檐部（Entablature）*以下的圆柱最上端部分，通常是外倾并且带有装饰的。关于复合柱式，*另见“圆柱和墩柱”一节，第69页。*

大型复合圆柱
大型柱是一种圆柱形的竖向支撑构件，通常包括*柱础（Base）*、*柱身（Shaft）*和*柱头（Capital）*，其延伸距离达到两层或更高。*另见“圆柱与墩柱”一节，第63页；关于复合柱式，见第69页。*

拱底座
圆拱发券处的一般为水平的条带（虽然可以不必如此描绘），拱底座上方是*起拱石（Springer voussoir）*。*另见“拱券”一节，第72页。*

基座
支撑圆柱或*壁柱（Pilaster）*的带线脚的块体。

沿街建筑 / 2

荷兰，费勒，1579。

山墙窗
过梁是拱形的窗户，在这里被嵌入山墙内。*另见“窗和门”一节。*

减重拱
建在过梁上方的拱，用于分担开口两侧的重量。*另见“拱券”一节，第77页。*

隅石
位于建筑边角上的大型石块。通常由*粗面（Rusticated）*石块组成，有时与建筑本身的材料不同。*另见“墙体和表皮”一节，第87页。*

地窖门
直接开在街面上的通往建筑地窖的门；一般用于储物。

乌鸦-阶梯山墙
突出在*坡屋顶（Pitched roof）*上方的呈阶梯状的山墙端。*另见“屋顶”一节，第137页。*

窗过梁
位于窗户顶端的支撑构件，通常是水平的。*另见“窗和门”一节，第116页。*

气窗
位于门上方的长方形窗，外围有完整的窗套。

活动窗板
用铰链固定在窗户一侧的面板，通常是百叶式的，用来遮光或防盗，可以安装在窗口内侧或外侧。*另见“沿街建筑”一节，第44页；“公共建筑”一节，第47页；“窗和门”一节，第128页。*

贝德福德广场26号（26 Bedford Square），伦敦，1775—1786。

女儿墙
位于屋顶、*阳台*（*Balcony*）或桥面边缘的起保护作用的矮墙或*栏杆*（*Balustrade*）。*另见“屋顶”一节，第136页。*

平拱砖过梁
平拱是由特别形状、角度的拱石构成的拱券，拱顶面和拱底面是水平的。平拱通常用作窗和门的过梁。*另见“窗和门”一节，第116页。*

竖向推拉窗
由一个或更多框格组成的窗户。框格是指装有一片或更多窗格玻璃的木制边框。竖向推拉窗被嵌入窗户*侧壁*（*Jambs*）的凹槽中，可以垂直上下拉动。配重装置通常隐藏在窗框里，通过细绳或滑轮系统与框格相连。*另见“窗和门”一节，第117页。*

扇形窗
门上方的半圆形或细长窗，外围有完整的窗套。窗上的玻璃格条呈扇形或放射状。*另见“窗和门”一节，第119页。*

老虎窗
突出坡屋顶平面的竖向窗。*另见“沿街建筑”一节，第42页；“窗和门”一节，第129页。*

夹层窗
位于两个主要楼层之间的较低楼层上的窗户，通常在*主厅*（*Piano nobile*）层和*阁楼*（*Attic*）层之间。

主厅窗
建筑主要楼层的窗户。

眺台式窗栏
安装在上层楼层窗户的靠下部位的框架结构，一般为铸铁制造。*另见“窗和门”一节，第128页。*

块状粗面门套
门的装饰框，此处装饰的是用均匀间隔的缺口或明显的凹处来分割的粗面块体。*另见“窗和门”一节，第117页；关于粗面块体，另见“墙体和表皮”一节，第87页。*

围栏
部分围绕着一个空间或平台的类似篱笆的结构。支撑围栏的构件通常带有装饰。*另见“窗和门”一节，第129页。*

格板门
用木板填充在*横梃*（*Rails*）、*竖梃*（*Stiles*）、*直棂*（*Mullions*）和*门中梃*（*Muntins*）构架中，这样的方式制作的门叫作格板门。*另见“窗和门”一节，第119页。*

沿街建筑 / 3

奥斯曼大道（Boulevard Haussmann），巴黎，1852—1870。

天窗
装设在屋顶上的窗子。*另见“窗和门”一节，第129页。*

孟莎式屋顶
有两道斜面的屋顶，下部比上部更陡。这种屋顶通常装设*老虎窗*（*Dormer windows*），并且在端头带*斜屋脊*（*Hipped*）。这种典型的法国设计得名于它最早的倡导者，法国建筑师弗朗索瓦·孟莎（1598—1666）。如果孟莎式屋顶的端头是一片平山墙而不是斜屋脊，严格意义上应叫作“复折式屋顶”。*另见“屋顶”一节，第132页。*

老虎窗
突出坡屋顶平面的竖向窗。*另见第41页；“窗和门”一节，第129页。*

眺台式窗栏
安装在上层楼层窗户的靠下部位的框架结构，一般为铸铁制造。*另见“窗和门”一节，第127页。*

平开窗
用一个或多个铰链固定在窗框一侧的窗户。*另见“窗和门”一节，第116页。*

壁柱
壁柱是扁平的柱子，从墙面上略微突出。*另见“文艺复兴式教堂”，第22、23、25页；“公共建筑”一节，第46、47、50页；“现代建筑物”一节，第52页。*

窗套
泛指窗孔的装饰性框架，通常带有线脚，如此处。*另见“窗和门”一节，第117、120页。*

檐口
檐部（*Entablature*）的最上层，比较低层更加突出。*另见“圆柱和墩柱”一节，第64—69页。*

熟铁阳台围栏
阳台是附加在建筑外部的平台——悬臂式或由托架支撑，阳台边缘安装了*围栏*（*Railing*）。在此处，围栏是用熟铁制造的。熟铁的碳含量非常低，延展性和可焊性较高，经常被用于制作装饰性铁艺制品。关于*阳台*（*Balcony*）*另见“沿街建筑”一节，第39页；“现代建筑物”一节，第53、55页；“窗和门”一节，第127页。*关于扶手、*围栏*（*Railing*），*另见“沿街建筑”一节，第41页；“窗和门”一节，第127页；“楼梯和电梯”一节，第150页。*

底层连拱
一系列由圆柱或方柱支撑的连续拱券。*另见“拱券”一节，第76页。*

条状粗面砌体
只强调相邻石块交接处顶部和底部的建造墙体的方式。*另见“墙体和表皮”一节，第87页。*

拱顶石
拱券顶部中央的楔形石块，它确定了其他*拱石*（*Voussoirs*）的位置。

亨利·杰尼维·哈登伯格（Henry Janeway Hardenbergh），达科塔公寓（The Dakota），纽约，1880—1884。

凸肚窗
凸出于二层或更上层墙面的窗户，但是不会延伸到底层。*另见“窗和门”一节，第128页。*

小穹隆
由拱顶绕中心轴旋转360度形成的半球形结构。*另见“屋顶”一节，第141、142、143页。*

尖顶饰
一种位于*小尖塔（Pinnacle）*、*尖顶（Spire）*或屋顶上的凸起的装饰物。*另见“屋顶”一节，第138页。*

山墙
一种三角形墙面区域，用于围合坡屋顶坡面或*三角形屋顶（Pitched roof or gabled roof）*。*另见“屋顶”一节，第136、137页。*

老虎窗
突出坡屋顶平面的竖向窗。*另见第42页；“窗和门”一节，第129页。*

檐口
*檐部（Entablature）*的最上层，比低层更加突出。此处，檐口支撑着*围栏（Railing）*和*阳台（Balcony）*。*另见“圆柱和墩柱”一节，第64—69页。*

眺台式窗栏
安装在上层楼层窗户的靠下部位的框架结构，一般为铸铁制造。*另见“窗和门”一节，第128页。*

隅石
位于建筑边角上的大型石块。通常由*粗面（Rusticated）*石块组成，有时与建筑本身的材料不同。*另见“墙体和表皮”一节，第87页。*

檐壁
*檐部（Entablature）*的中心部分，位于*柱顶过梁（Architrave）*和*檐口（Cornice）*之间，往往饰以浮雕。这个术语也可以指任何沿着墙壁的连续的水平带状浮雕。*另见“圆柱和墩柱”一节，第64—69页。*

地下室窗
泛指建筑物底层上的窗。在古典主义建筑中，地下室窗指的是与*基脚（Plinth）*或*基座（Pedestal）*同一高度的位于主厅下方的窗户。

腰线
墙体表面的一种较细的外突水平线脚。*另见“墙体和表皮”一节，第104页。*

粗面地下室层
地下室是建筑中的最底层，通常部分或整体都位于地下。在古典主义建筑中，地下室位于主厅下方，与*基脚（Plinth）*或*基座（Pedestal）*同一高度。粗面石块砌体是强调相邻石块交接处的建造墙体的方式，如在交接处做出凹陷，或者雕刻石面等其他各种方式。*另见“墙体和表皮”一节，第87页。*

沿街建筑 / 4

安东尼·高迪（Antoni Gaudi），巴特约之家（Casa Batlló），西班牙，巴塞罗那，1877（1904—1906重建）。

活动窗板
用铰链固定在窗户一侧的面板，通常是百叶式的，用来遮光或防盗，可以安装在窗口内侧或外侧。*另见第40页；“公共建筑”一节，第47页；“窗和门”一节，第128页。*

眺台式窗栏
安装在上层楼层窗户的靠下部位的框架结构，一般为铸铁制造。*另见“窗和门”一节，第128页。*

卵形窗
大致为椭圆形的窗户。

直线窗
全部由正方形或长方形构成的窗。

多色瓷砖墙面
使用不同颜色瓷砖装饰墙面的方式。*另见“墙体和表皮”一节，第95页。*

装饰直棂
直棂是指划分开口的垂直细条或构件。此处，直棂带有装饰。*另见“窗和门”一节，第116、117、119页。*

栏杆
支撑围栏（*Railing*）或压顶（*Coping*）的一系列栏杆柱。*另见“窗和门”一节，第127页。*

自由形采光布置
无法明确定义形状的不规则布置。

弗兰克·盖里（Frank Gehry），雷与玛利亚史塔特科技中心（Ray and Maria Stata Center），麻省理工学院，马萨诸塞州，剑桥市，2000—2004。

铝包层
包层是一种覆盖在下层表面上的材料覆盖层或应用，目的是保护下层面不受侵蚀或者是为了增加美感。铝的质量相对较轻，且铝的表面有一层非常耐用的氧化层，因而有很强的抗腐蚀性。正因为这些优点，铝常常被作为包层材料。*另见“墙体和表皮”一节，第101页。*

解构形式
建筑物表皮采用强烈的非线性设计，形成相异的、通常是有角的建筑元素之间的并置。*另见“现代结构”一节，第81页。*

直棂
划分开口的垂直细条或构件。*另见“窗和门”一节，第116、117、119页。*

凸窗
凸出于墙面的窗户。

波纹顶棚
顶棚是建筑物的一个突出部分，有遮雨和遮光的作用；在此处，顶棚是波纹状的——由一系列交替出现的凹槽和凸起形成波纹状。*另见“墙体和表皮”一节，第102页。*

倾斜墙
向顶端倾斜的墙面。*见“现代结构”一节，第80页。*

砖板
正面是砖块的预制幕墙面板。*另见“墙体和表皮”一节，第89页。*

凹窗
凹陷在墙内的窗户。

混凝土墩柱
墩柱是有垂直结构支撑作用的竖直构件，在这里是用混凝土制造的。*另见“圆柱和墩柱”一节，第62页；“现代结构”一节，第78页。*

公共建筑 / 1

公共建筑代表的是团体，而非个人，因此只要社会存在，就必然需要公共建筑。公共建筑不仅具备特定的功能，更重要的是它承载了一个城镇、城市甚至国家的威严。

自然地，公共建筑已经发生了相当大的变化。起初，它的功能只是纯粹的行政管理，但是后来，特别是在19世纪时期，出现了大量新类型，包括市政大厅、公共图书馆、博物馆和火车站等。尽管新类型层出不穷，但是公共建筑却始终存在着区别于其他建筑的基本特点，也就是它的公民和社会功能。

正如这部分中的例子，公共建筑的位置一般十分突出。由于其（原本的）建筑背景，公共建筑往往是大型建筑，而且建筑设计感极强，换句话说，通过使用特别的建筑语言和装饰，体现出明显的建筑风格。因此，不管在什么年代，不管使用了怎样的建筑语言，公共建筑都称得上是建筑表现力的登峰造极之作——极尽宏伟、富丽，或者具备清晰的表现力，以实现它的重要象征目的。

亨德里克·德·凯泽（Hendrick de Keyser），市政厅（Stadhuis），荷兰，代尔夫特，1618-1620。

风向标
指示风向的活动装置，一般安装在建筑物最高点。

球形尖顶饰
一种位于*小尖塔（Pinnacle）*、*尖顶（Spire）*或屋顶上的凸起的装饰物。*另见“屋顶”一节，第138页。*

钟塔
塔楼是一种细而高的结构，高出建筑物其他部分。装设有钟的塔楼叫作钟塔。关于*塔楼（Tower）*，*另见“屋顶”一节，第138页；另见“中世纪大教堂”一节，第14页；“防御建筑”一节，第31页；“公共建筑”一节，第46、51页；“郊区住宅和别墅”一节，第34页。*

盾形纹章
代表个人、家族或者团体的纹章象征设计。

壁龛
墙面上的拱形凹处，用来放置雕像或者只是为了增加表面变化。*另见“墙体和表皮”一节，第113页。*

瓮形尖顶饰
位于*小尖塔（Pinnacle）*、*尖顶（Spire）*或屋顶上的凸起的花瓶形状的装饰物。*另见“屋顶”一节，第138页。*

爱奥尼檐部
檐部是指*柱头（Capital）*以上的上部构造，由*柱顶过梁（Architrave）*、*檐壁（Frieze）*和*檐口（Cornice）*组成。关于爱奥尼柱式，*另见“圆柱与墩柱”一节，第67页。*

带柱身凹槽的爱奥尼壁柱
壁柱是扁平的柱子，从墙面上略微突出。柱身凹槽是指圆柱或壁柱柱身上垂直的内凹的浅槽。关于爱奥尼柱式，*另见“圆柱与墩柱”一节，第67页。*

三垄板
*多立克檐壁（Doric frieze）*上有着垂直凹槽的长方形体块。*另见“圆柱和墩柱”一节，第65、66页。*

带凸肩的窗套
窗孔顶部有两个对称横向突出物的窗套。形成凸肩的一般是较小的长方形扁平物，有时也有更复杂的装饰。*另见“窗和门”一节，第120页。*

粗面石块罗马多立克壁柱
壁柱是平的圆柱，从墙面上略微突出。粗面石块砌体是强调相邻石块交接处的建造墙体的方式，如在交接处做出凹陷，或者雕刻石面等其他各种方式。*另见“墙体和表皮”一节，第87页。*关于罗马多立克柱式，*另见“圆柱与墩柱”一节，第65页。*

钟表屋顶窗
屋顶窗是一种安装在*尖顶（Spire）*上的较小的*老虎窗（Dormer Window）*；此处，屋顶窗面装设了钟表。*另见“窗和门”一节，第129页。*

四柱式门廊神庙正面
神庙正面有四根*壁柱（Pilaster）*（或圆柱）。*另见“古典神庙”一节，第10页。*

科林斯壁柱
壁柱是扁平的柱子，从墙面上略微突出。关于科林斯柱式，*另见“圆柱与墩柱”一节，第68页。*

方尖碑
一种高而窄，大致为长方形的结构，越往顶部越细，顶端是金字塔形。

栏杆柱式女儿墙
女儿墙是位于屋顶、*阳台（Balcony）*或桥面边缘的起保护作用的矮墙。栏杆是指支撑围栏或压顶的一系列栏杆柱。*另见“窗和门”一节，第127页；屋顶（Roofs），第136页。*

弓形山墙
类似于三角形山墙，只不过三角形被较平滑的曲线所代替。*另见“窗和门”一节，第121页。*

拱顶石面具
装饰有人物或动物面部雕刻的拱顶石。*另见“墙体和表皮”一节，第112页。*

活动窗板
用铰链固定在窗户一侧的面板，通常是百叶式的，用来遮光或防盗，可以安装在窗口内侧或外侧。*另见第40、44页；“窗和门”一节，第128页。*

涡卷
螺旋展开卷轴形状的装饰，常见于爱奥尼、科林斯和复合柱式。但是也可以作为独立元素出现在主立面。*另见“圆柱与墩柱”一节，第67、69页。*

双柱式门廊神庙正面
神庙正面有两根圆柱［或*壁柱（Pilaster）*］。*另见“古典神庙”一节，第10页。*

横棂
划分开口的水平细条或构件。*另见“窗和门”一节，第116、117、119页。*

直棂
划分开口的垂直细条或构件。*另见“窗和门”一节，第116、117、119页。*

公共建筑 / 2

弗雷德里克·威廉·史蒂文斯(Frederick William Stevens),贾特拉帕蒂·希瓦吉终点站(Chhatrapati Shivaji Terminus),[旧称维多利亚终点站(Victoria Terminus)],孟买,1878—1887。

带女儿墙的尖顶
一种典型的八角形尖顶,各个三角形面从*塔楼(Tower)*的边缘向后移。*塔楼(Tower)*顶部围绕着一圈*女儿墙(Parapet)*,并且四个角上有*角楼(Turret)*或*小尖塔(Pinnacle)*。*另见"屋顶"一节,第139页。*

女儿墙
位于屋顶、*阳台(Balcony)*或桥面边缘的起保护作用的矮墙或*栏杆(Balustrade)*。*另见"屋顶"一节,第136页。*

怪兽形滴水嘴
形状怪异的雕像,通常探出墙头以使水滴远离滴水嘴以下的墙面。*另见"中世纪大教堂"一节,第14页。*

角楼
一种从墙面或拐角处垂直探出的小型塔楼。*另见"屋顶"一节,第140页。*

檐壁
严格意义上,檐壁指的是*檐部(Entablature)*的中心部分,位于*柱顶过梁(Architrave)*和*檐口(Cornice)*之间,往往饰以浮雕。这个术语也可以指任何沿着墙壁的连续的水平带状浮雕,如此处。*另见"圆柱和墩柱"一节,第64-69页。*

几何形花饰窗格
一种简洁的花饰窗格,由一系列圆形组成,圆形内部通常装饰有*叶形饰(Foils)*。*另见"窗和门"一节,第123页。*

山花面
由水平*过梁(Lintel)*和上面围合的拱券形成的区域,通常有装饰。也指由*三角山墙(Pediment)*构成的三角形(或弓形)区域。*另见"窗和门"一节,第121页。*

钩形蔓草饰穹隆拱肋
穹隆拱肋指的是*拱顶（Vault）*上伸出的石质弯曲构件，每条拱肋之间距离相等，中间有填充物，可以为拱顶提供结构支撑。此处，拱肋被装设在外部，装饰有钩形蔓草饰——卷轴状的伸出的叶片样式。*另见“屋顶”一节，第141页。*

瓜形穹隆
由一系列弯曲的拱肋提供结构支撑的穹隆，拱肋之间有填充物。*另见“屋顶”一节，第143页。*

尖顶饰
一种位于*小尖塔（Pinnacle）*、*尖顶（Spire）*或屋顶上的凸起的装饰物。*另见“屋顶”一节，第138页。*

女儿墙

山墙钟面
山墙是一种三角形墙面区域，用于围合坡屋顶坡面或*三角形屋顶（Pitched roof）*。此处装设了钟表。

老虎窗
突出坡屋顶平面的竖向窗。*另见“窗和门”一节，第129页。*

凉廊
有屋顶的空间，至少有一边连接着*连拱（Arcades）*或*柱廊（Colonnade）*。可以是大型建筑的一部分，也可以是一个独立结构。*另见“墙体和表皮”一节，第102页。*

公共建筑 / 3

保罗·瓦洛特和福斯特事务所（Paul Wallot and Foster + Partners），德国国会大厦（Reichstag），德国，柏林，1884—1894（翻新于1961—1964、1992）。

挑出式复合檐部
檐部是指柱头（Capital）以上的上部构造，由柱顶过梁（Architrave）、檐壁（Frieze）和檐口（Cornice）组成。如果檐部伸出到圆柱或壁柱前方，叫作“挑出式”。关于复合柱式，另见“圆柱与墩柱”一节，第69页。

现代钢与玻璃穹隆
穹隆是由拱顶绕中心轴旋转360度形成的半球形结构。此处是用金属和玻璃制造的。另见“屋顶”一节，第141页。

转角阁楼
通过建造一个独立的或者放大比例的建筑元素，来标示一系列建筑元素的结束。这样的结构叫作转角阁楼。

山墙饰内三角面
在古典建筑中，由三角山墙（Pediment）构成的三角形（或弓形）区域，内嵌且有装饰性是其典型特征，往往饰以造型丰富的雕像。另见“窗和门”一节，第121页。

尖顶饰
一种位于小尖塔（Pinnacle）、尖顶（Spire）或屋顶上的凸起的装饰物。另见“屋顶”一节，第138页。

粗面地下室层
地下室是建筑中的最低层，通常有部分或整体都位于地下。在古典主义建筑中，地下室位于主厅下方，与基脚（Plinth）或基座（Pedestal）同一高度。粗面石块砌体是强调相邻石块交接处的建造墙体的方式，如在交接处做出凹陷，或者雕刻石面等其他各种方式。另见“墙体和表皮”一节，第87页。

圆头主厅窗
建筑主要楼层的圆头窗户。另见“窗和门”一节，第121页。

复合六柱式门廊神庙正面
神庙正面有六根圆柱［或壁柱（Pilaster）］。另见“古典神庙”一节，第10页；关于复合柱式，另见“圆柱与墩柱”一节，第69页。

大型复合壁柱
壁柱是平的圆柱，从墙面上略微突出。关于复合柱式，另见“圆柱与墩柱”一节，第69页。

复合双柱式门廊神庙正面
神庙正面有两根圆柱［或壁柱（Pilaster）］。另见“古典神庙”一节，第10页；关于复合柱式，另见“圆柱与墩柱”一节，第69页。

大型复合圆柱
大型圆柱是一种圆柱形的竖向支撑构件，通常包括柱础（Base）、柱身（Shaft）和柱头（Capital），其延伸距离达到两层或更高。另见“圆柱与墩柱”一节，第63页；关于复合柱式，见第69页。

斯诺赫塔建筑事务所（SNØHETTA），挪威国家歌剧院（New Norwegian National Opera and Ballet），挪威，2003—2007。

石包层
包层是一种覆盖在下层表面上的材料覆盖层，目的是保护下层面不受侵蚀或者是为了增加美感。在这里，包层材料是石头。

玻璃幕墙
不承载结构负荷的建筑围墙或外壳，悬挂在结构框架之外。此处是用玻璃制造的。*另见"现代结构"一节，第79页。*

有倾斜度的墩柱
有垂直结构支撑作用的、有倾斜度的构件。

观景台
用来观景的、被抬高的空间，此处位于建筑物屋顶。

舞台塔
剧院舞台上方的一片较大空间，装设有换景系统——用来升降舞台场景的一系列配重和滑轮装置。

舞台塔
位于屋顶、*阳台（Balcony）*或桥面边缘的起保护作用的矮墙或*栏杆（Balustrade）*。*另见"屋顶"一节，第136页。*

公共空间
对公众开放的开阔空间，如公园或仪式广场。此处，指的是一座公共建筑，包括建筑本身，及其连接着的有坡度的、对公众开放的屋顶。

水平长窗
相同高度的一系列窗户，仅以*直棂（Mullions）*分隔，穿过建筑物形成水平带状。*另见"窗和门"一节，第126页。*

铝板
正面是铝的预制幕墙面板。*另见"墙体和表皮"一节，第101页。*

现代建筑物 / 1

不受单一建筑类型的局限，现代建筑物包含了造型基本为立方体的建筑物。这样的立方体结构结合使用了一些现代建筑材料，特别是钢和混凝土，具备独特的结构特征，是现代建筑审美体系中的关键和常见部分。

19世纪后期的直线形钢和混凝土框架的发展，解放了建筑物的内部空间设计，使其不再受承重墙的限制。这种结构使得内部平面设计拥有了极大的自由度和可变性，被广泛使用在各种建筑类型中。因此，这部分介绍的建筑物跨越了各个建筑类型，可做商用建筑，如詹尼的第二莱特尔大厦（下图）；可做住宅建筑，如密斯的魏森霍夫14—20号（右图）；可做公共建筑；甚至可以做仪式性建筑，如尼迈耶的阿尔瓦瑞达宫（第54页）。

20世纪，这种建筑物的影响之巨大，使得“现代主义盒子”这种说法几乎沦为呆板的、陈词滥调的代名词。于是，建筑师们试图重新解释这种形态，并打破被视为这种类型固有的一些审美和结构特点。伊东丰雄的仙台媒体中心（第55页）就是一个生动的例子，这座建筑外表看来是典型的盒子形态，而实际上是由内部中空的斜交格构管支撑的。

威廉・勒巴隆・詹尼（William Le Baron Jenney），第二莱特尔大厦（Leiter II Building），芝加哥，1891。

平屋顶
坡度几乎达到水平的屋顶(保留轻微坡度是为了方便排水)。*另见“屋顶”一节，第133页。*

大型转角墩柱
墩柱是有垂直结构支撑作用的竖直构件，在这里，建筑物转角处的墩柱比正面的辅助墩柱承担了更多的结构负荷，因此体积更大。

直线网格结构
完全是由一系列垂直和水平元素构成的构架。*另见“现代结构”一节，第78、80页。*

檐部
檐部是指*柱头*(*Capital*)以上的上部构造，由*柱顶过梁*(*Architrave*)、*檐壁*(*Frieze*)和*檐口*(*Cornice*)组成。*另见“圆柱和墩柱”一节，第64—69页。*

巨型多立克壁柱
壁柱是扁平的柱子，从墙面上略微突出。巨型多立克壁柱（或圆柱）的高度超过两层楼。关于希腊/罗马多立克柱式，*另见“圆柱与墩柱”一节，第63、66、65页。*

店面
商店或商业建筑的沿街底层正面，通常有较大的橱窗。

转换梁
建筑物的水平构件，作用是将结构负荷转移到垂直支撑物上。此处使用石包层，以增加美感。

带有古典装饰的墩柱
墩柱是有垂直结构支撑作用的竖直构件。此处，墩柱上带有古典装饰。*另见“圆柱和墩柱”一节，第62页。*

路德维希·密斯·凡德罗（Ludwig Mies van der Rohe），魏森霍夫14—20号（Am Weissenhof 14—20），魏森霍夫住宅区（Weissenhof Settlement），斯图加特，1927。

白涂料水泥打底
水泥打底是一种添加了水泥的*石灰泥（Lime plaster）*。由于其良好的防水性，水泥打底最常被用于外部表面。一般情况下，水泥打底都会粉刷白涂料，如此处。*另见“墙体和表皮”一节，第97页。*

平屋顶
坡度几乎达到水平的屋顶（保留轻微坡度是为了方便排水）。*另见“屋顶”一节，第133页。*

钢筋混凝土天棚
天棚是建筑物的一个突出部分，有遮雨和遮光的作用。此处的天棚是用钢筋混凝土制造的。*另见“墙体和表皮”一节，第102页。*

屋顶花园或平台
位于建筑物屋顶的花园或平台，不仅提供了休闲场所——这一点在寸土寸金的环境中十分有利，而且对调节室内温度有一定作用。

水平长窗
相同高度的一系列窗户，仅以*直棂（Mullions）*分隔，穿过建筑物形成水平带状。*另见“窗和门”一节，第126页。*

阳台
阳台是附加在建筑外部的平台——悬臂式或由托架支撑，阳台边缘安装了*围栏（Railing）*或*栏杆（Balustrade）*，*另见“窗和门”一节，第127页。*

现代建筑物 / 2

奥斯卡·尼迈耶（Oscar Niemeyer），阿尔瓦瑞达宫（Palácio da Alvorada），巴西利亚，1957。

玻璃幕墙
不承载负荷的建筑围墙或外壳，悬挂在结构框架之外。此处是用玻璃制造的。*另见“现代结构”一节，第 79 页。*

平屋顶
坡度几乎达到水平的屋顶（保留轻微坡度是为了方便排水）。*另见“屋顶”一节，第 133 页。*

天棚
天棚是建筑物的一个突出部分，有遮雨和遮光的作用。*另见“墙体和表皮”一节，第 102 页。*

外加贴面
外加在建筑物表皮或*幕墙（Curtain Wall）*上的建筑元素，通常是为了强调贴面下方的建筑结构。此处，外加贴面的造型是类似百叶的竖条，可以帮助*幕墙（Curtain Wall）*反射阳光。*另见“墙体和表皮”一节，第 98 页。*

低层弓形拱连拱
连拱是一系列由圆柱或方柱支撑的连续拱券。*弓形拱（Segmental arch）*的曲线是半圆形的一部分，其中心低于*拱底座（Impost）*层；因此*拱跨（Span）*远远大于*矢高（Rise）*。*另见“拱券”一节，第 73 页。*

倒抛物线形拱连拱
一系列颠倒的拱券，每个拱券的曲线的形状像是两端固定的悬挂的绳子。*另见“拱券”一节，第 75 页。*

伊东丰雄（Toyo Ito），仙台媒体中心（Sendai Mediatheque），日本，仙台，2001。

壁龛式阳台

阳台是附加在建筑外部的平台——悬臂式或由托架支撑，阳台边缘安装了*围栏（Railing）*或*栏杆（Balustrade）*。但是，这里的阳台是内凹的，位于建筑外壳内部。无须外部支撑，而且为了保持*幕墙（Curtain wall）*的连续性，也不设扶手。*另见"窗和门"一节，第127页。*

方格遮阳罩

附加在有*玻璃幕墙（Curtain wall）*的建筑物（也可以用于其他类型建筑）外部的结构，作用是遮阳或降低日照热量。此处的遮阳罩是方格的，即完全是由一系列垂直和水平元素构成的。*另见"墙体和表皮"一节，第102页。*

幕墙侧面突出

幕墙伸出到建筑物侧面的部分。

半透明上下层窗间空间镶板

上下层窗间空间镶板属于*幕墙（Curtain wall）*的一部分，位于窗户顶部和其上层窗户底部之间，经常用于遮挡楼层之间的给水管和电缆。此处，这些镶板是半透明的长方形小块，与玻璃镶板差别较大。*另见"墙体和表皮"一节，第98页。*

阳台

阳台是附加在建筑外部的平台——悬臂式或由托架支撑，阳台边缘安装了*围栏（Railing）*或*栏杆（Balustrade）*。*另见"窗和门"一节，第127页。*

点式玻璃幕墙

幕墙是不承载结构负荷的建筑围墙或外壳，悬挂在结构框架之外。在点式结构中，强化玻璃窗格的固定方式是：窗格四个角上的附着点固定在支撑架的臂上，或者其他附着点借助托架被固定在结构支撑物上。*另见"墙体和表皮"一节，第99页。*

底层入口天棚

天棚是建筑物的一个突出部分，有遮雨和遮光的作用；此处位于底层入口处。*另见"墙体和表皮"一节，第102页。*

中空斜交格构支撑管

支撑管是一种细长、中空的结构，由钢结构组成。这种钢结构是由呈菱形图案（斜交格构）的斜的钢构件组成的。这种管有结构支撑的作用。

高层建筑 / 1

与“现代建筑物”部分中的介绍相似，高层建筑中大量使用了钢和混凝土等现代材料，因此与这些材料有着紧密的联系。虽然部分最早期的高层建筑仍然不和谐地披着古典或哥特式建筑的外衣，但是其结构的表现及其现代性，很快便成为了主要的美学策略。

尽管高层建筑形态表现出了强烈的同质性，即由重复堆叠的平面构成的细长结构，但是其形态的构成和连接方式还是有很多变化的。密斯设计的西格拉姆大厦（第57页）呈现出标准的立方体形状，重复出现的网格，不含任何装饰元素，试图超越地点和建筑背景的偶然性，极具国际化风格。威廉·范艾伦的克莱斯勒大厦（右图）的设计手法与之十分迥异。克莱斯勒大厦比西格拉姆大厦早建三十年，在一定程度上受到了克莱斯勒汽车的速度和魅力的启发，采用了装饰艺术设计风格。

20世纪七八十年代出现的高科技建筑将结构作为美学表达，这是前所未有的做法，如福斯特事务所的作品——汇丰银行总部（第58页）。通过将结构和供应组件移到建筑物外部，不仅实现了更大的可用内部空间（大厦以每平方英尺计算租金，因此带来了更多经济收入），也成为建筑物的主要美学表达。

在20世纪末、21世纪初出现的所谓的“标志性”建筑物中，这种建筑物形态与其商业功能的协同作用尤其突出。为了创造出独一无二的建筑并成为某个地区或商业实体的象征，建筑师们设计出了非传统的、夺人眼球的建筑物形状，如让·努维尔的阿格巴塔（第59页）。

威廉·范艾伦（William Van Allen），克莱斯勒大厦（Chrysler Building），1928—1930。

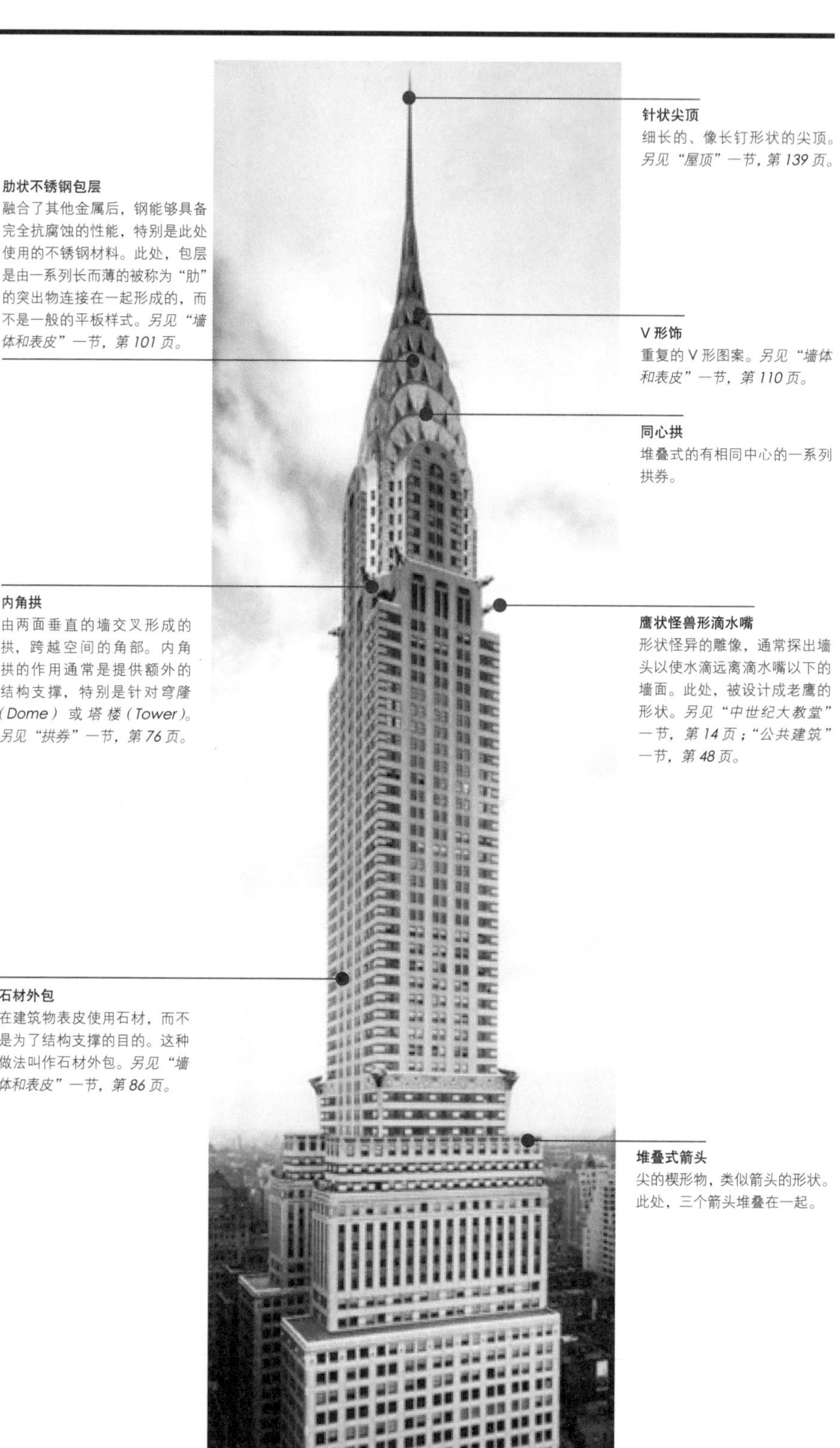

针状尖顶
细长的、像长钉形状的尖顶。*另见“屋顶”一节，第139页。*

肋状不锈钢包层
融合了其他金属后，钢能够具备完全抗腐蚀的性能，特别是此处使用的不锈钢材料。此处，包层是由一系列长而薄的被称为“肋”的突出物连接在一起形成的，而不是一般的平板样式。*另见“墙体和表皮”一节，第101页。*

V形饰
重复的V形图案。*另见“墙体和表皮”一节，第110页。*

同心拱
堆叠式的有相同中心的一系列拱券。

内角拱
由两面垂直的墙交叉形成的拱，跨越空间的角部。内角拱的作用通常是提供额外的结构支撑，特别是针对穹窿（Dome）或塔楼（Tower）。*另见“拱券”一节，第76页。*

鹰状怪兽形滴水嘴
形状怪异的雕像，通常探出墙头以使水滴远离滴水嘴以下的墙面。此处，被设计成老鹰的形状。*另见“中世纪大教堂”一节，第14页；“公共建筑”一节，第48页。*

石材外包
在建筑物表皮使用石材，而不是为了结构支撑的目的。这种做法叫作石材外包。*另见“墙体和表皮”一节，第86页。*

堆叠式箭头
尖的楔形物，类似箭头的形状。此处，三个箭头堆叠在一起。

路德维希·密斯·凡德罗（Ludwig Mies van der Rohe）和飞利浦·约翰逊（Philip Johnson），西格拉姆大厦（Seagram Building），纽约，1958。

玻璃幕墙
不承载结构负荷的建筑围墙或外壳，悬挂在结构框架之外。*另见“墙体和表皮”一节，第99页。*

上下层窗间空间镶板
上下层窗间空间镶板属于*幕墙（Curtain wall）*的一部分，位于窗户顶部和其上层窗户底部之间，经常用于遮挡楼层之间的给水管和电缆。*另见“墙体和表皮”一节，第98页。*

I形梁贴面
横截面为I形或H形的金属梁，广泛应用于钢架结构。此处，I形梁是建筑物表皮的附加元素，用于突出下方的结构构架。

天棚
天棚是建筑物的一个突出部分，水平状或有轻微斜度，有遮雨和遮光的作用。*另见“墙体和表皮”一节，第102页。*

墩柱
墩柱是有垂直结构支撑作用的竖直构件。*另见圆柱和墩柱（Columns and Piers），第62页。*

混凝土内核
在很多高层建筑中，混凝土内核为建筑物的钢架提供侧向刚度。

高层建筑 / 2

福斯特事务所（Foster and Partners），汇丰银行总部（HSBC Headquarters），中国香港，1979—1986。

上部构造
上部构造是指位于建筑物主体顶部的结构。

铝包层
铝是仅次于铁的第二大被广泛使用的金属。铝的质量相对较轻，且铝的表面有一层非常耐用的氧化层，因而有很强的抗腐蚀性。因为这些优点，常常选择铝作为包层材料。*另见“墙体和表皮”一节，第 101 页。*

“衣架形”悬吊式桁架
桁架是由一个或多个三角形构件和直线构件组合形成的结构骨架，适用于较大跨度的承重结构。此处，桁架将负荷传导到*柱杆（Mast）*上。关于*桁架（Truss），另见“屋顶”一节，第 144 页。*

悬吊梁
从“衣架形”悬吊式桁架上悬吊下来的立柱，建筑物的其他部分可以附加在上面。

建筑物维护装置
永久安装在高层建筑物顶部的起重机，能够悬吊一个平台，帮助工作人员维护并清洁建筑物表皮。

柱杆
高耸、竖直的柱子或结构，可以用来悬吊其他元素。

紧急楼梯
贯穿整个建筑物的楼梯，用于在紧急情况下疏散人群，如发生火灾时。关于其他楼梯，*另见“楼梯和电梯”一节，第 150、151 页。*

两层凹处
建筑物表皮上的内凹进墙面的部分。

玻璃幕墙
不承载结构负荷的建筑围墙或外壳，悬挂在结构框架之外。使用玻璃可以使大量光线进入建筑物。*另见“墙体和表皮”一节，第 99 页。*

让·努维尔（Jean Nouvel），阿格巴塔（Torre Agbar），巴塞罗那，2001—2004。

曲线形式
如果建筑物的形状是由一个或多个弯曲构成，而表面不是一系列平面，被称为曲线形式。*另见“现代结构”一节，第 81 页。*

不规则开窗布局
窗户之间的距离不等，通常窗户的大小也不同。*另见“现代结构”一节，第 78、80 页。*

玻璃百叶窗
百叶是安装在门、窗或墙面上的成排的有角度的板条，可透光、通风，也能够遮挡直射的阳光。此处，百叶是由半透明的玻璃制造的。*另见“窗和门”一节，第 128 页。*

匀距条带
围绕着建筑物或其正面的水平条状或带状物，此处用于强调楼层间的分隔。

铝包层
铝是仅次于铁的第二大被广泛使用的金属。铝的质量相对较轻，且铝的表面有一层非常耐用的氧化层，因而有很强的抗腐蚀性。因为这些优点，常常选择铝作为包层材料。*另见“墙体和表皮”一节，第 101 页。*

圆柱和墩柱

圆柱和墩柱

拱券

拱券

现代结构

现代建筑

第二章　结构

从根本上来说，所有建筑物都是以围合空间为目的的结构。建造行为，即使是建造最简单的建筑物，也能够创造出一个内部空间。这种分隔和独立不仅存在于物理意义上，同时也具有社会意义，即空间是如何运转的。由此看来，建筑结构的关键性不光是说没有结构就没有建筑，并且影响了人们如何感知并理解建筑。就这点而论，所有建筑结构的模式都具有超越了功能的建筑意义。

建筑结构的连接方式繁多，在整个建筑史中都反复出现。从许多方面来说，结构连接是整个建筑的基础，不论任何建筑风格或者时期。实际上，在很多不同的甚至看起来不相关的建筑语言中，结构连接常常是最基本的组成部分。因此，本章试图超越风格分类，呈现出不同风格和时期的建筑类型的关键结构元素。出于篇幅考虑，将其浓缩成三大类：圆柱和墩柱、拱券和现代结构。

从史前结构到现代建筑，**圆柱和墩柱**在几乎所有建筑形式中都是不可或缺的元素。除了一贯的结构功能，在建筑语言中，圆柱和墩柱还被赋予了多种意义。比如说，在古典建筑中，作为丰富的古典柱式的一部分，圆柱和墩柱原本只有纯粹的结构功能，后来逐步发展到对建筑物的比例逻辑具有关键作用，虽然仍然有一些结构作用，但已经不再是结构的根本部分。通常，圆柱和墩柱上的雕塑装饰（一般位于柱头部位）有助于传达建筑的意义，如后文所示。在其他例子中，一些元素还可以通过它的位置以及对建筑构成的改造来表达建筑的意义，如朴素的现代主义底层架空立柱。

拱券对建筑同样具有极其重要的作用，并且风格和效果十分多样。拱券是罗马帝国时期对结构的重大创新，对建筑和土木工程的发展具有极大的促进作用。另外，凯旋门（至今仍然存在）的出现赋予了拱券以重要的象征和礼仪地位。当然，拱券也是哥特式建筑的关键元素。在哥特式建筑中，尖券这种新结构的出现和运用使得石匠能够建造更高、更华丽的建筑。此外，加入了花饰窗格后，哥特式拱券成为了装饰和象征的重要框架。

在**现代结构**中，广泛使用了上述两种结构元素。但是，随着现代时期的到来，混凝土和钢作为主要的现代建材被大量使用，建筑语言也产生了翻天覆地的结构创新。与此同时，早期现代主义建筑的功能主义哲学，意味着展示建筑物的混凝土或钢结构是其主要建筑主题，功能主义哲学可以浓缩为一句话，即“功能决定形式”，这种思想至今仍有影响。由于很多20或21世纪的建筑在极大程度上倚重混凝土和钢结构，因此它们也是现代建筑的关键符号性特征。在现代结构这个部分，作者介绍了借助混凝土和钢结构实现的新建筑形式。

圆柱和墩柱 › 类型

圆柱和墩柱是受压的垂直结构构件，作用是将压力从上部结构传导到地面或下方结构。最常见的形式是柱梁系统或横梁式系统，即用柱子（圆柱或墩柱）支撑水平过梁或横梁。横梁式系统包含的范围很广，从原始的新石器时代建筑到当今的钢构建筑，为建筑提供了核心支撑。

独立发源于不同地点，在各个时期和风格的建筑中都能见到圆柱和墩柱，它们是古埃及、波斯以及最著名的古希腊和罗马建筑中的关键性元素。在这些建筑中，特别是作为古典柱式的一部分，圆柱和墩柱的作用不再仅限于结构支撑，而是具备了特定的代表和象征意义。

独立圆柱 ›
分离的、通常是圆柱形的竖直柱身或构件。

附墙柱 ››
一根非独立的、嵌在墙里或表面的圆柱。

墩柱 ›
墩柱是有垂直结构支撑作用的竖直构件。

壁柱 ››
壁柱是平的圆柱，从墙面上略微突出。

女像柱 ›
有厚重的垂褶的女性雕像形象的支撑物，取代圆柱或方柱，用来支撑*檐部*（*Entablature*）。

所罗门王圆柱 ››
柱身扭曲的螺旋形圆柱。据称起源于耶路撒冷的所罗门神殿。所罗门王圆柱顶端可以使用任何类型的柱头。这种圆柱主要用于家具，用于建筑的情况比较罕见，特别是带有装饰的。

带柱身凹槽的圆柱 ›
柱身上带有垂直的内凹的浅槽的圆柱。柱身*凹槽*（*Flutes*）之间的扁平条状物叫作*嵌条*（*Fillet*）。如果柱身凹槽是旋绕在圆柱上而不是垂直的，叫作*“蛇纹”*（*Serpentine*）。

对柱 ››
两根柱子并排排列时，称为“对柱”。如果对柱的柱头（柱头s）有重叠部分，叫作“生长式”柱头。

大型圆柱 ›
大型圆柱的延伸距离能够达到两层楼的高度。

巨型圆柱 ››
巨型圆柱的延伸距离超过两层楼高，正因为如此，巨型圆柱较少被使用。

纪念碑圆柱 ›
为了纪念重大胜利或英雄而建造的高耸、独立的圆柱。有时，纪念碑圆柱的顶部有雕像，或装饰着浮雕。

组合柱 ››
由多个*柱身*（*shafts*）组合而成的圆柱或墩柱，也被称为*“束柱”*（*Clustered*）。*另见“中世纪大教堂”一节，第15、18页。*

方尖碑 ›
一种高而窄，大致为长方形的结构，越往顶部越细，顶端是金字塔形。方尖碑起源于埃及建筑，常用于古典主义建筑。*另见“公共建筑”一节，第47页。*

底层架空立柱 ››
用于指称将建筑物抬离地面的墩柱或圆柱，使地面空间空出，可以用来流通或储藏。*另见“郊区住宅和别墅”一节，第37页。*

圆柱和墩柱 › 古典柱式 / 1

古典柱式是古典建筑的首要组成部分，由柱础、柱身、柱头和檐部构成。通常将古典柱式分为五种，分别是塔斯干柱式、多立克柱式、爱奥尼柱式、科林斯柱式和复合柱式，这五种柱式的尺寸和比例各不相同。很多建筑专著都规定了古典柱式的样式和用法，尤以文艺复兴时期的建筑专著为甚，而这些专著又大量吸取了罗马建筑师维特鲁威的观点。除了尺寸和比例，这些柱式的威望等级也是不同的。最底层的是塔斯干柱式，这种罗马柱式是最朴素、最大型的柱式，除了要求厚实、坚固的场合，其他情况下很少被用到。多立克柱式常用于建筑物底层，可分为罗马多立克柱式和希腊多立克柱式两种：前者可能带有或没有柱身凹槽，但是有柱础；后者有柱身凹槽但是没有柱础。爱奥尼柱式的威望等级高于多立克柱式，虽然发源于希腊，但是在罗马被广泛使用，其特点是柱头带有涡卷，并且柱身有凹槽。威望等级最高的科林斯柱式，专门为建筑物的主要楼层或最重要的部分保留，柱头有茛苕叶饰。第五种是复合柱式，起源于罗马，结合使用了爱奥尼的涡卷饰和科林斯的茛苕叶饰。只有部分专著记录了复合柱式，将其等级定在爱奥尼和科林斯柱式之间，也有专著将其定义为两种柱式的结合并且等级高于科林斯柱式。

塔斯干柱式

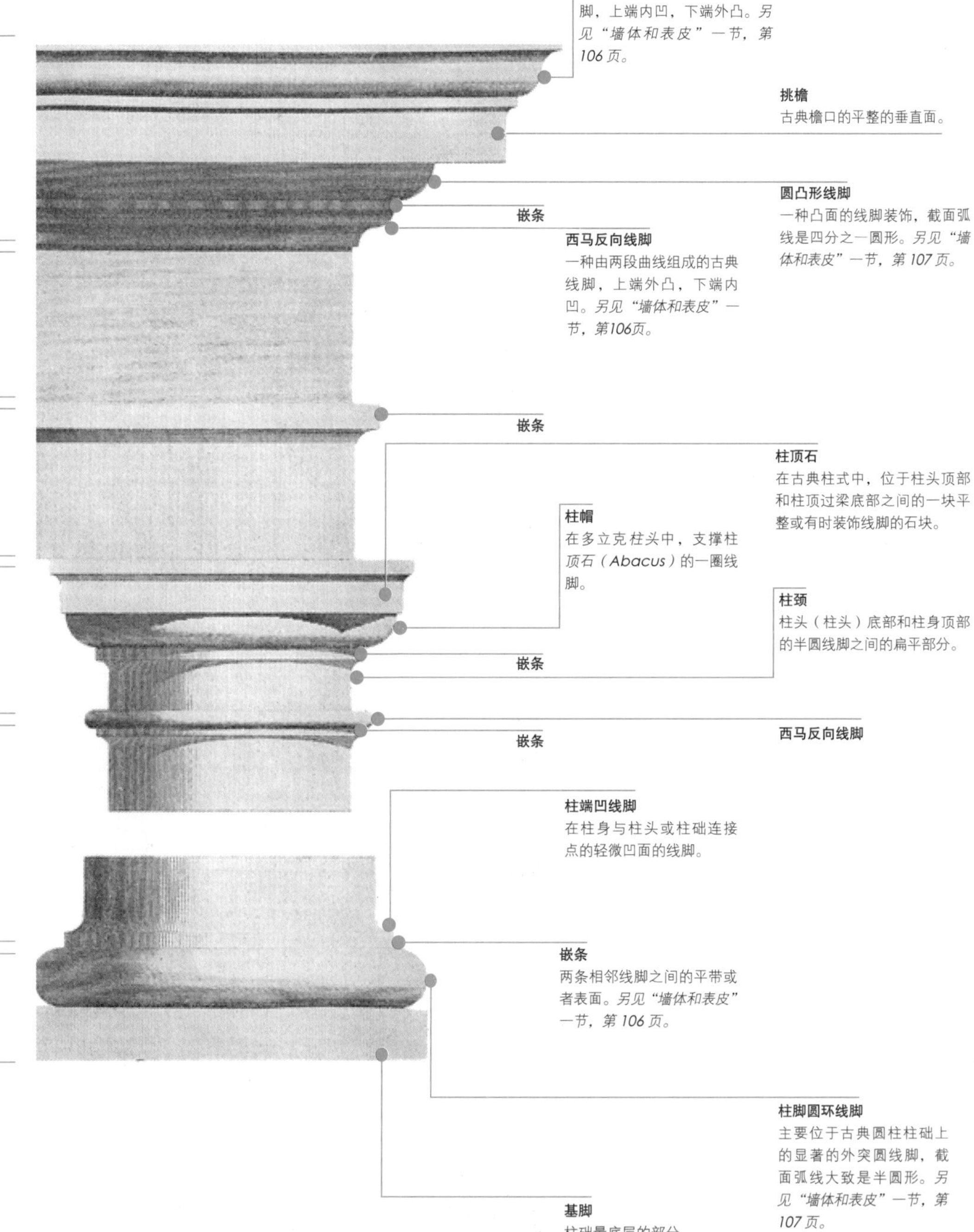

檐口
*檐部（Entablature）*的最上层，比较低层更加突出。*另见“古典神庙”一节，第 9 页。*

檐壁
*檐部（Entablature）*的中心部分，位于*柱顶过梁*和*檐口*之间，往往饰以浮雕。*另见“古典神庙”一节，第9页；“郊区住宅和别墅”一节，第36页；“沿街建筑”一节，第43页；“公共建筑”一节，第48页。*

柱顶过梁
直接搁置在*柱头（Chapiter）*上的一条大横梁，是*檐部（Entablature）*组成部分中最低的一个。*另见“古典神庙”一节，第 8 页。*

柱头
*檐部（Entablature）*以下的圆柱最上端部分，通常是外倾并且带有装饰的。*另见“古典神庙”一节，第8页；“中世纪大教堂”一节，第19页。*

柱身
圆柱上柱础与柱头之间细长的部分。*另见“古典神庙”一节，第8页；“中世纪大教堂”一节，第19页。*

柱础
立于*柱基（Stylobate）*、*基座（Pedestal）*或*基脚（Plinth）*之上的圆柱最下端部分。*另见“古典神庙”一节，第 8 页；“中世纪大教堂”一节，第 19 页。*

西马正向线脚
一种由两段曲线组成的古典线脚，上端内凹，下端外凸。*另见“墙体和表皮”一节，第 106 页。*

挑檐
古典檐口的平整的垂直面。

圆凸形线脚
一种凸面的线脚装饰，截面弧线是四分之一圆形。*另见“墙体和表皮”一节，第 107 页。*

西马反向线脚
一种由两段曲线组成的古典线脚，上端外凸，下端内凹。*另见“墙体和表皮”一节，第106页。*

柱顶石
在古典柱式中，位于柱头顶部和柱顶过梁底部之间的一块平整或有时装饰线脚的石块。

柱帽
在多立克*柱头*中，支撑*柱顶石（Abacus）*的一圈线脚。

柱颈
柱头（柱头）底部和柱身顶部的半圆线脚之间的扁平部分。

柱端凹线脚
在柱身与柱头或柱础连接点的轻微凹面的线脚。

嵌条
两条相邻线脚之间的平带或者表面。*另见“墙体和表皮”一节，第 106 页。*

柱脚圆环线脚
主要位于古典圆柱柱础上的显著的外突圆线脚，截面弧线大致是半圆形。*另见“墙体和表皮”一节，第 107 页。*

基脚
柱础最底层的部分。

罗马多立克柱式

另见“文艺复兴式教堂”一节，第22-23页；“公共建筑”一节，第46页。

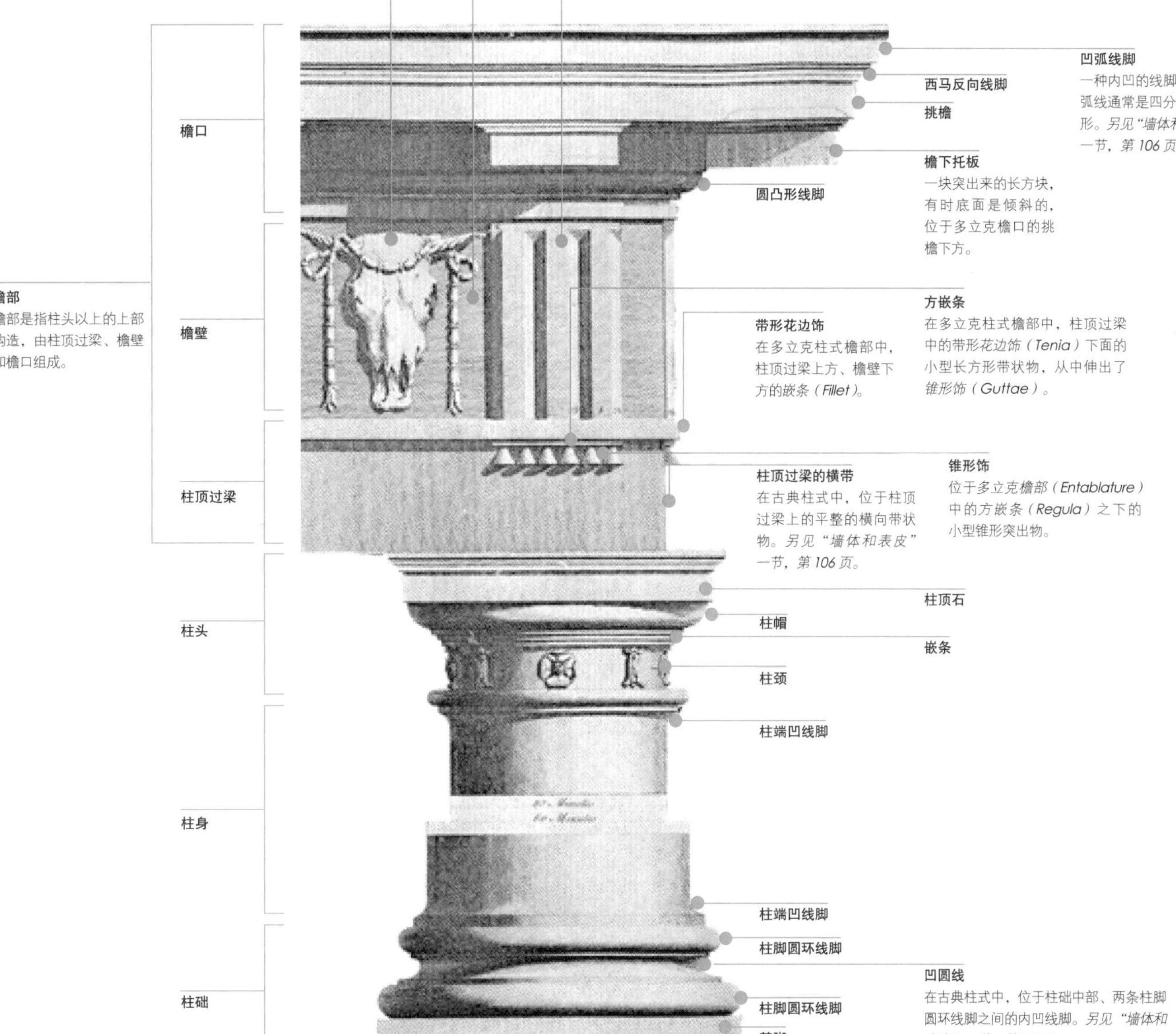

圆柱和墩柱 › 古典柱式 / 2

希腊多立克柱式

另见“巴洛克教堂”一节，第26页；“现代建筑物”一节，第52页。

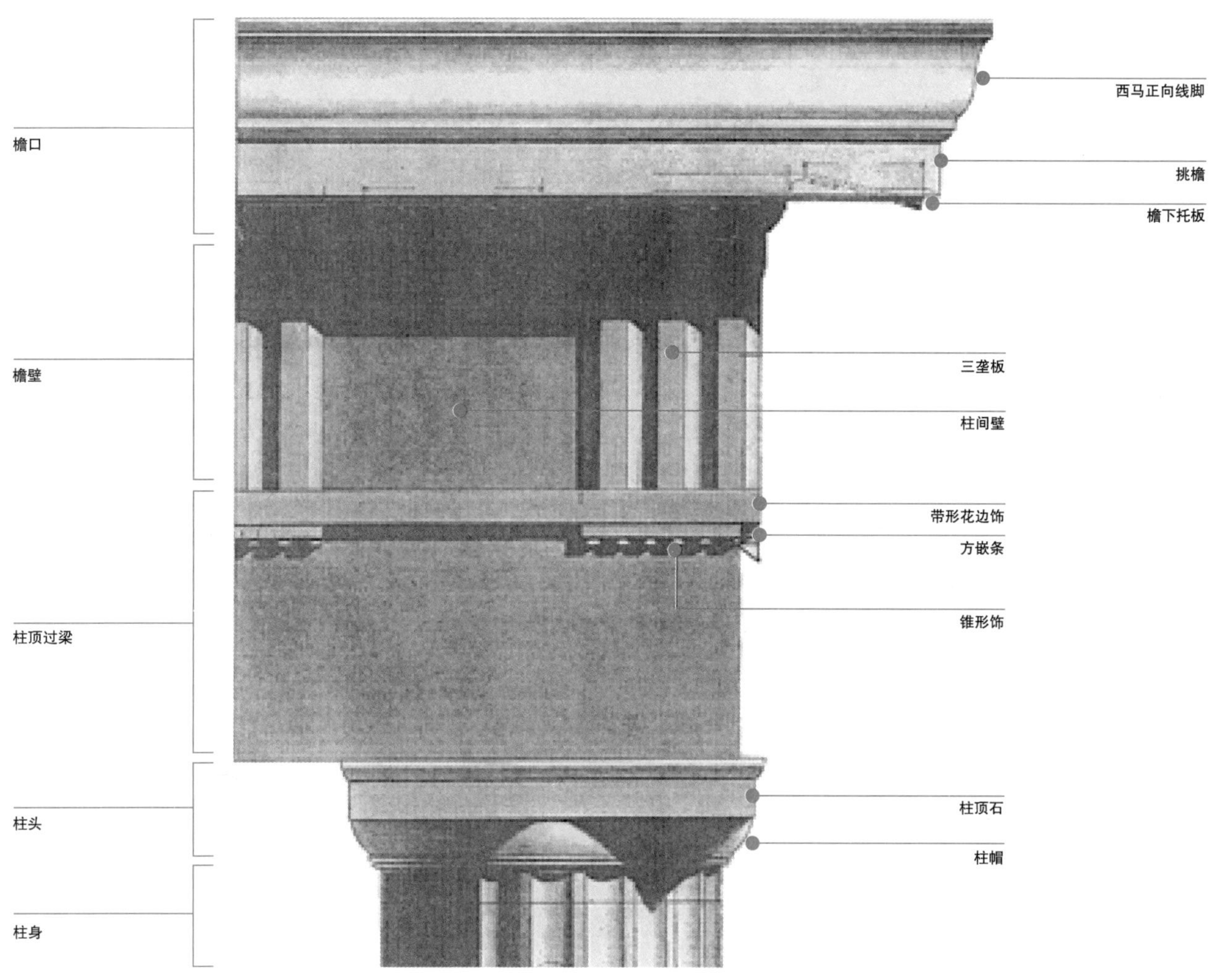

爱奥尼柱式

另见“文艺复兴式教堂”一节，第22页；“巴洛克教堂”一节，第26页；“公共建筑”一节，第48页。

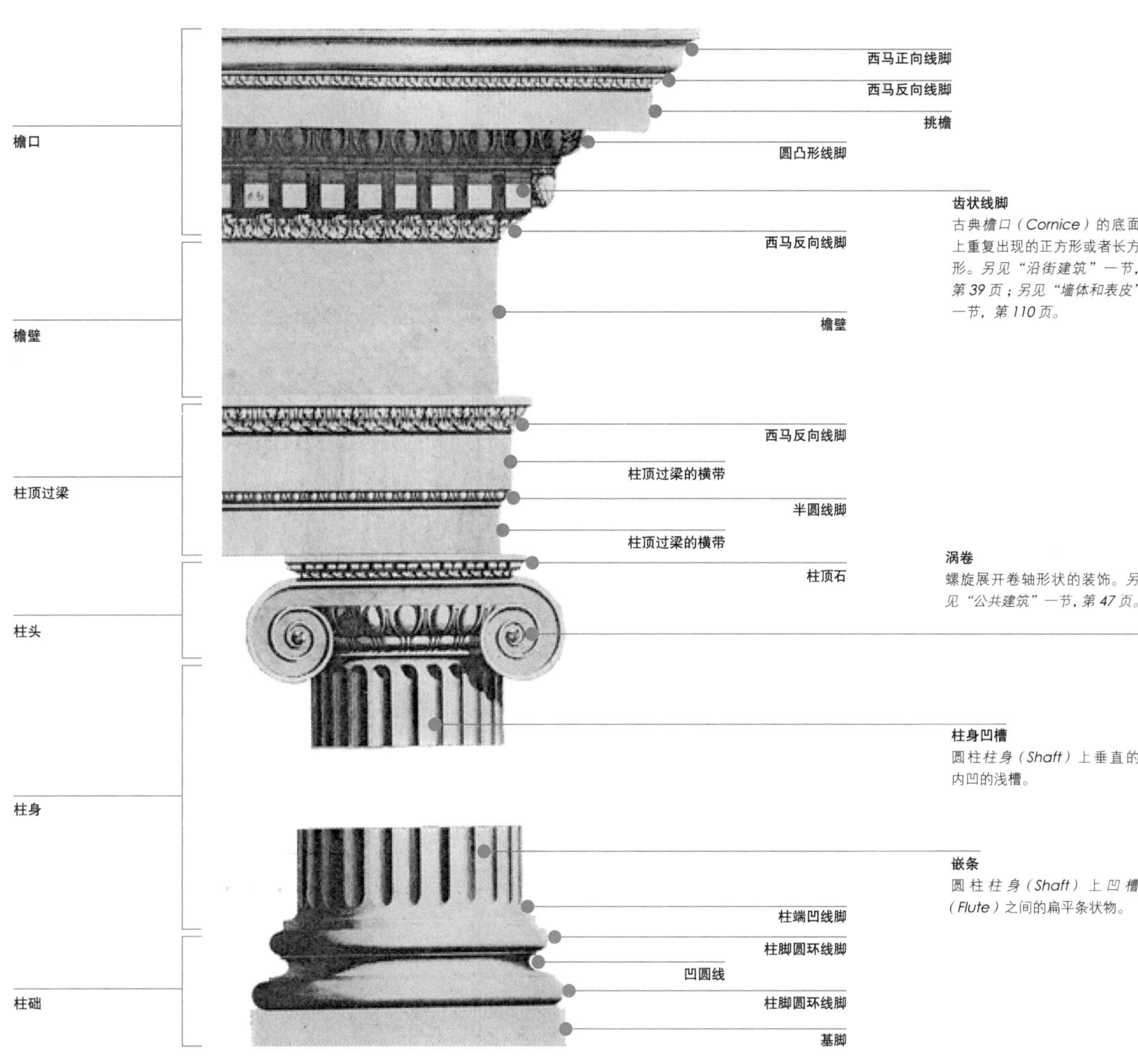

齿状线脚
古典*檐口*（*Cornice*）的底面上重复出现的正方形或者长方形。*另见“沿街建筑”一节，第39页；另见“墙体和表皮”一节，第110页。*

涡卷
螺旋展开卷轴形状的装饰。*另见“公共建筑”一节，第47页。*

柱身凹槽
圆柱*柱身*（*Shaft*）上垂直的内凹的浅槽。

嵌条
圆柱*柱身*（*Shaft*）上*凹槽*（*Flute*）之间的扁平条状物。

圆柱和墩柱 › 古典柱式 / 3

科林斯柱式

另见“文艺复兴式教堂”一节，第25页；“巴洛克教堂”一节，第26页；“郊区住宅和别墅”一节，第36页；“公共建筑”一节，第47页。

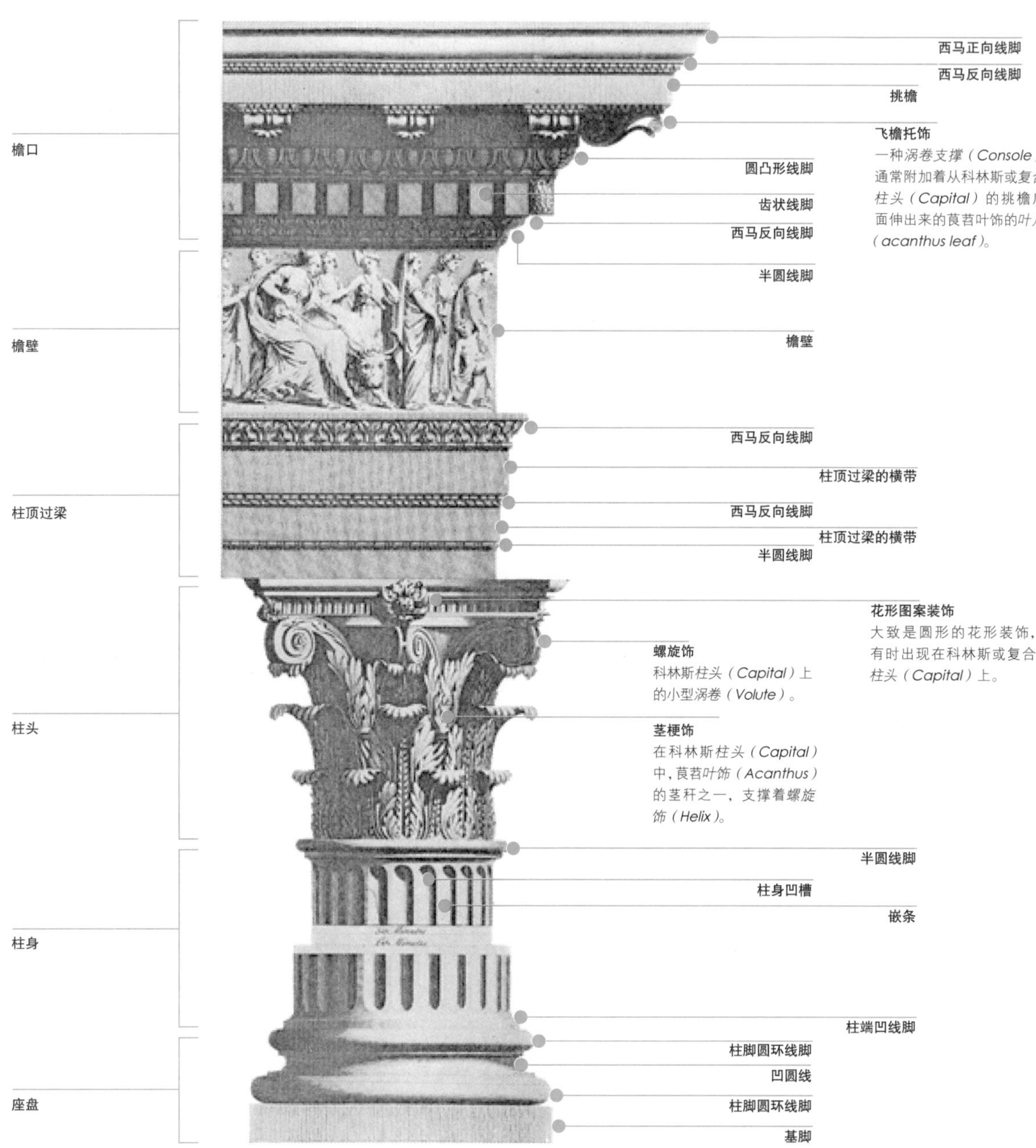

复合柱式

另见“巴洛克教堂”一节，第29页；“沿街建筑”一节，第39页；“公共建筑”一节，第50页。

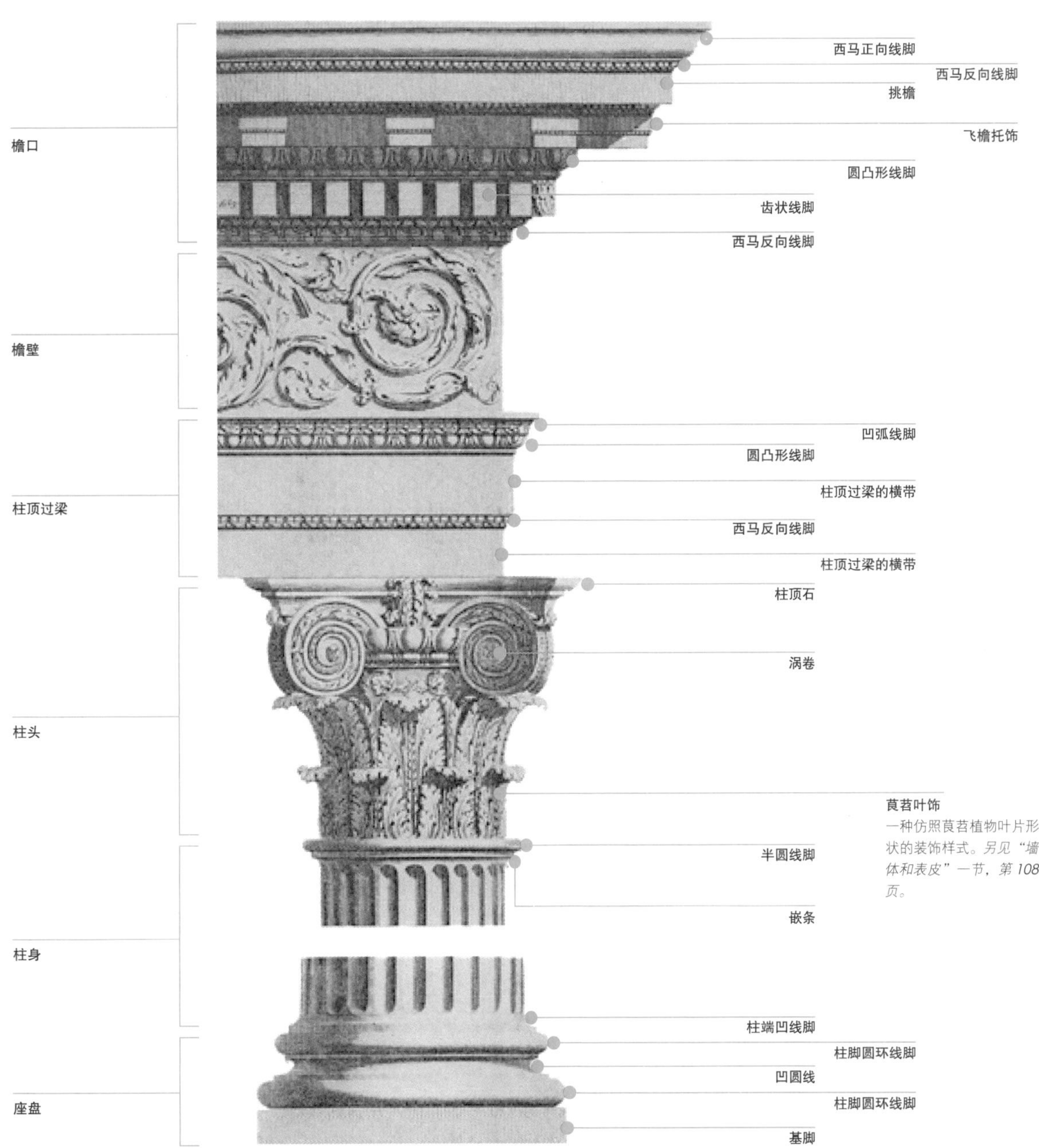

圆柱和墩柱 › 非古典柱头

柱头是圆柱或墩柱最上端的部分，通常是外倾并且带有装饰的，直接承载着过梁或横梁。在一些古典柱式中，柱头直接支撑了檐部。大部分柱子都有柱头，柱头有助于将上部的过梁或横梁的负荷传导到下部的柱身。因为柱头位于柱子顶部，位置突出，经常带有装饰性的雕刻，有时还有其他装饰。在古典建筑中，柱头的雕刻大致符合五种柱式之一。相反，哥特式建筑对此没有严格的规定，因而变化较多，适用于不同的建筑环境。当然，除了哥特式建筑，其他风格的建筑也有各种柱头雕刻，如这个部分中的例子。实际上，即使是古典建筑本身，其柱头的雕刻样式也多于很多建筑专著中的介绍。

方块式柱头 ›
最简单的柱头样式，底部是圆形，渐变为方形顶部。但是这种朴素的柱头样式往往装饰有各种*浮雕（Relief）*。

垫块状柱头 ››
近似立方体形状的柱头样式，底部的两角呈圆弧状。由此形成的半圆形面叫作“盾”，有时角上有雕刻的细槽，叫作“缝褶”。

叶形装饰柱头 ›
任何有叶片形装饰的柱头的通用术语。

卷叶饰柱头 ››
带有卷叶形花饰的柱头。卷叶饰是卷轴状的、突出的叶片样式。

平叶片装饰柱头 ›
一种简洁的有叶形装饰的柱头，每个角上有宽大的叶片形装饰。

密叶式装饰柱头 ››
一种有叶形装饰的柱头，叶片的形态是三裂片式，且顶端向外卷曲。

扇贝柱头 ›
尖细的立方体形状的柱头，通过交错的凸起锥形和凹槽创造出像扇贝一样的图案。如果锥形图案没有覆盖到整个柱头，叫作“滑动的”。

篮状柱头 ››
如果柱头雕刻着交错的花纹，模仿柳条制品的造型，叫作篮状柱头，多用于拜占庭建筑。

历史图案柱头 ›
装饰着人物或动物图案的柱头，通常结合叶形装饰。有时，会通过图案再现某个故事。

莲花柱头 ››
一种埃及柱头，呈莲花形。

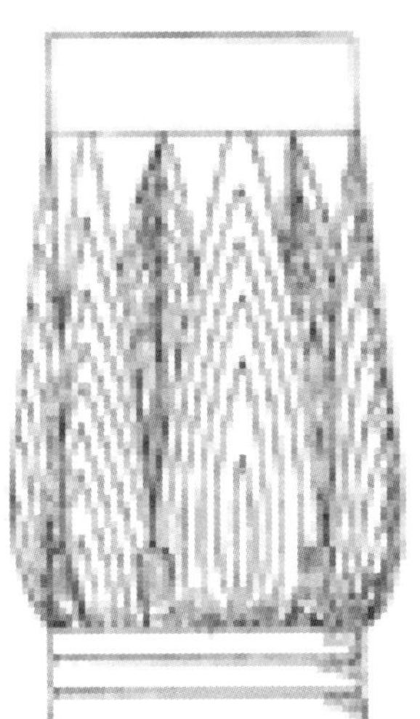

棕榈叶柱头 ›
一种埃及柱头，用展开的叶片形状模仿棕榈树的形态。

钟形柱头 ››
一种钟形埃及柱头，模仿了盛开的纸莎草花的形态。

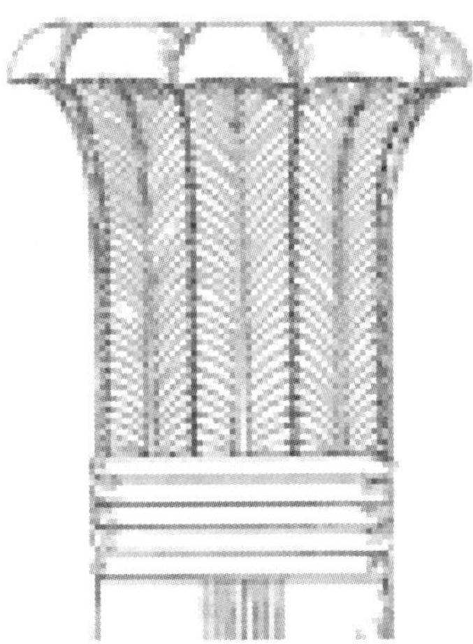

拱券 › 元素

拱券是一条或多条曲线构成的结构，跨越一定距离，一般有承重作用。拱券最初被广泛应用于罗马。由于拱券的跨越距离比简单的横梁式系统要长，因此在市政工程项目中发挥了重要的作用。拱券可以用在桥梁、渡槽、高架桥、凯旋门等的建造中，并且促进了拱顶和穹隆的发展，成为大型内部空间的屋顶。

罗马人大量使用的是圆形拱券，到十一、二世纪，尖形拱券出现了。尖券的最基本形态是由两条曲线交叉形成的，中世纪的石匠们可以借助这种更细的支撑建造更高的结构。实际上，拱券不一定是由一条连续的曲线构成的，而是可以通过若干条交叉的曲线构成。另外，虽然拱券这个词的词源以及其定义通常都是指弯曲的形状，但是也有使用特别形状的拱石建成的平拱，即拱顶面和拱底面都是水平的。

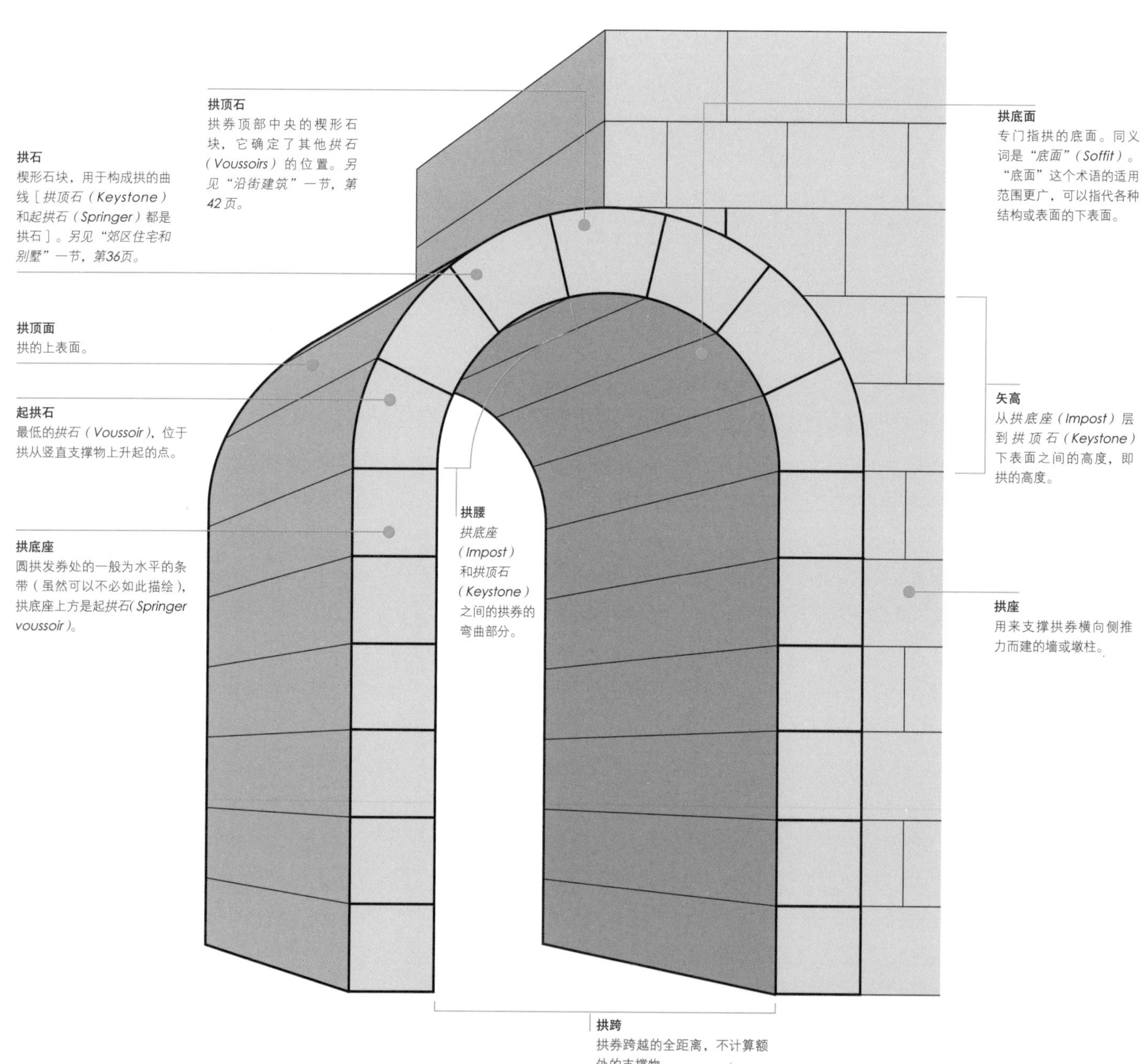

拱券 › 圆拱

圆拱是指由一条平滑、连续的曲线构成的拱，没有顶点。最简单的圆拱是半圆拱，它的曲线只有一个中心，且矢高等于拱跨的一半。较长曲线的一部分或者多条交叉曲线也能够构成圆拱。另见*“中世纪大教堂”一节，第18页；“窗和门”一节，第125页*。

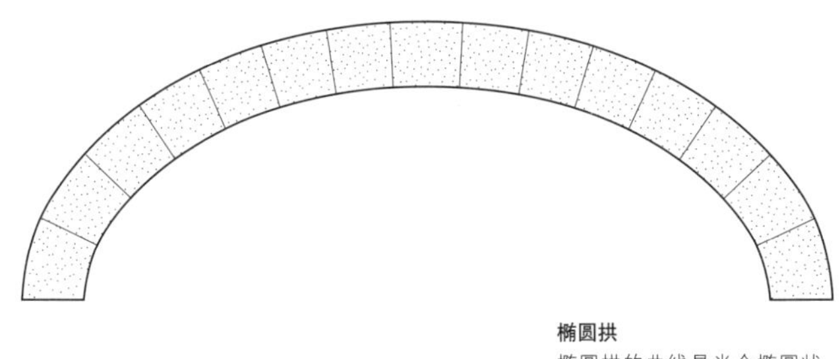

椭圆拱
椭圆拱的曲线是半个椭圆状。椭圆是圆锥与平面的截线。

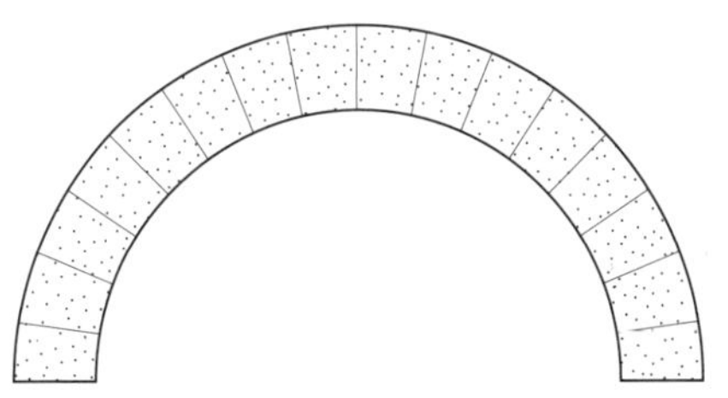

半圆拱
拱券的曲线只有一个中心，且矢高（*Rise*）等于*拱跨*（*Span*）的一半，呈半圆形，这样的拱券叫作半圆拱。

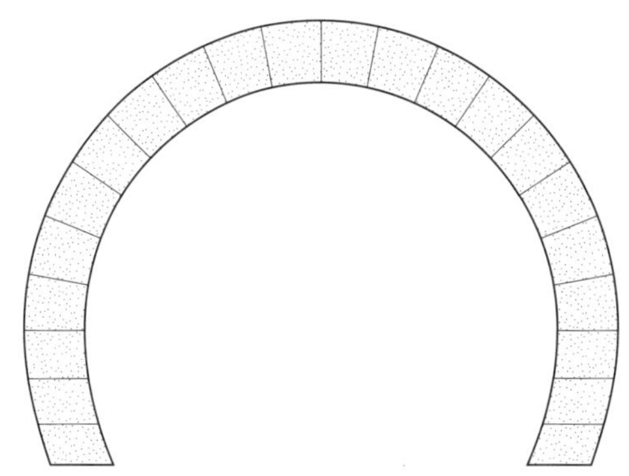

马蹄形拱
马蹄形拱的曲线形似马蹄铁——*拱腰*（*Haunch*）层的宽度大于拱底座层的宽度。马蹄形拱是伊斯兰建筑的代表特征。

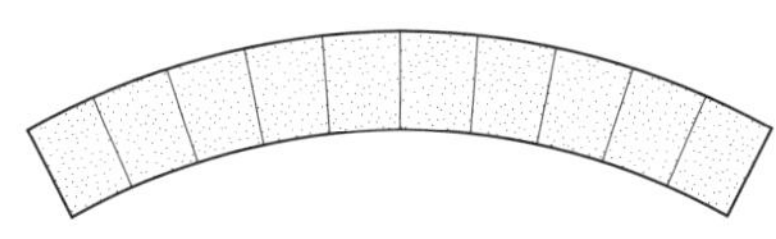

弓形拱
弓形拱的曲线是半圆形的一部分，其中心低于*拱底座*（*Impost*）层；因此*拱跨*（*Span*）远远大于*矢高*（*Rise*）。另见*“现代建筑物”一节，第54页*。

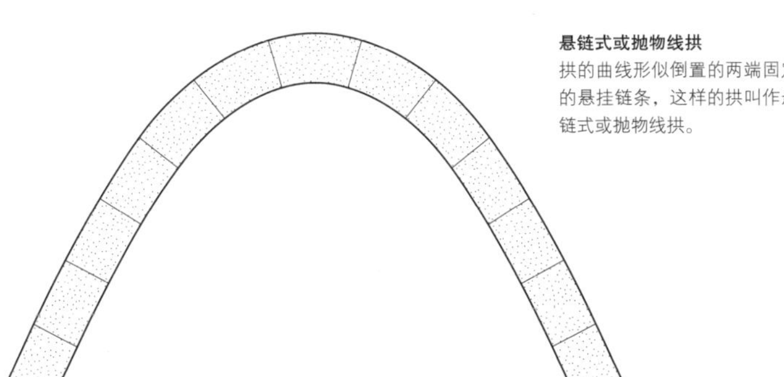

悬链式或抛物线拱
拱的曲线形似倒置的两端固定的悬挂链条，这样的拱叫作悬链式或抛物线拱。

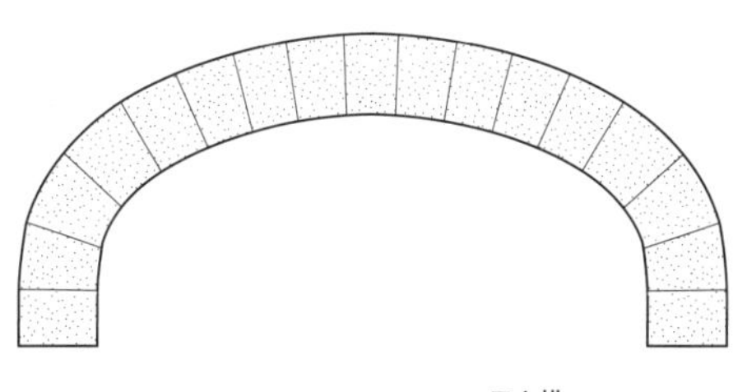

三心拱
由三条交叉曲线形成的拱。中间的曲线半径大于两边的曲线半径，且中心低于*拱底座*（*Impost*）层。

拱券 › 尖券

尖券是由两条或多条交叉曲线构成的（在三角形拱中，用直线构件代替曲线），其中两条曲线在中心顶点处交会。尖券是哥特式建筑的必不可少的特征，同时伊斯兰建筑可能也启发了尖券在欧洲建筑中的应用。另见*“窗和门”一节，第125页*。

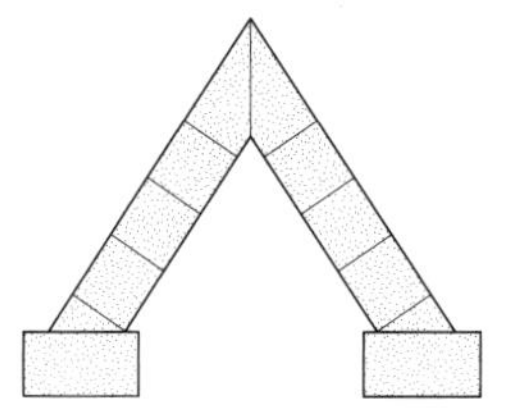

三角形拱
最简单的尖券样式，由两个用拱底座支撑的斜线构件在顶点相交形成。

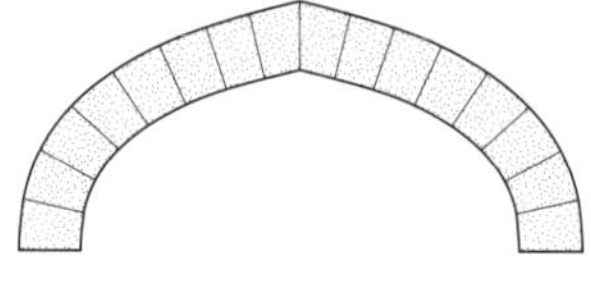

四心拱或平坦拱
由四条交叉曲线形成的拱。外侧两条曲线的中心位于*拱底座*（*Impost*）层，且在*拱跨*（*Span*）之内；中间两条曲线的中心也在*拱跨*（*Span*）之内，但是低于*拱底座*（*Impost*）层。

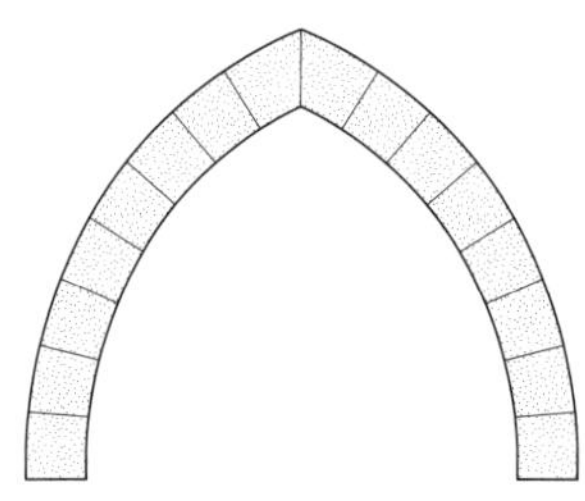

等边拱
由两条交叉的曲线形成的拱券，曲线的中心分别位于相对的*拱底座*（*Impost*）。每条曲线的弦长都等于拱跨。

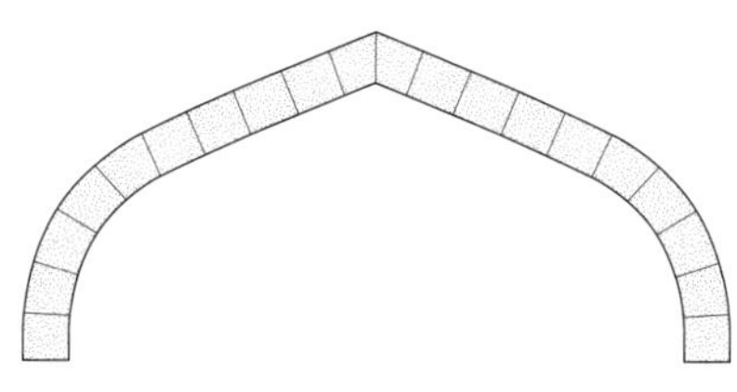

都铎式拱
经常被当作*四心拱*（*Four-centred arch*）的同义词。严格来说，都铎式拱的外侧两条曲线的中心位于*拱底座*（*Impost*）层，且在*拱跨*（*Span*）之内，曲线向内延伸为对角直线，在中心顶点处相交。

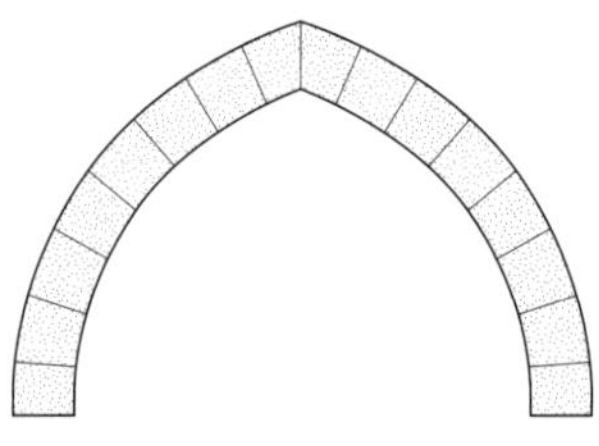

平圆拱
平圆拱是比*等边拱*（*Equilateral arch*）更低矮的拱券，两条曲线的中心都位于*拱跨*（*Span*）之内。

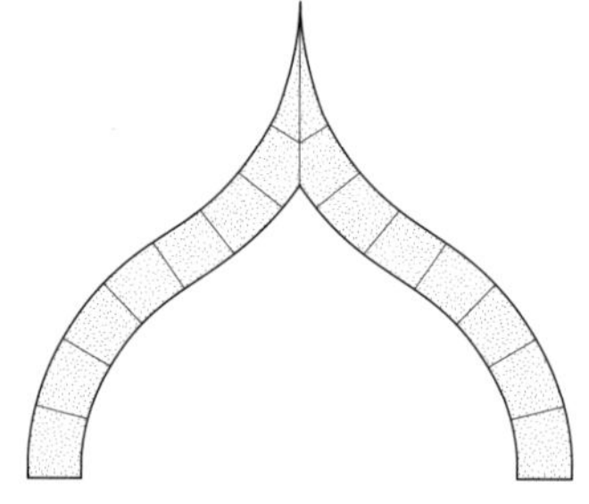

葱形拱
葱形拱两侧的曲线分别是由下部内凹、上部外凸的两段曲线交叉形成的。外侧两条凹曲线的中心位于*拱底座*（*Impost*）层，且在*拱跨*（*Span*）之内，或者正是拱跨中心，如此处。内侧两条凸曲线的中心高出矢高（*Rise*）。*另见“屋顶”一节，第143页。*

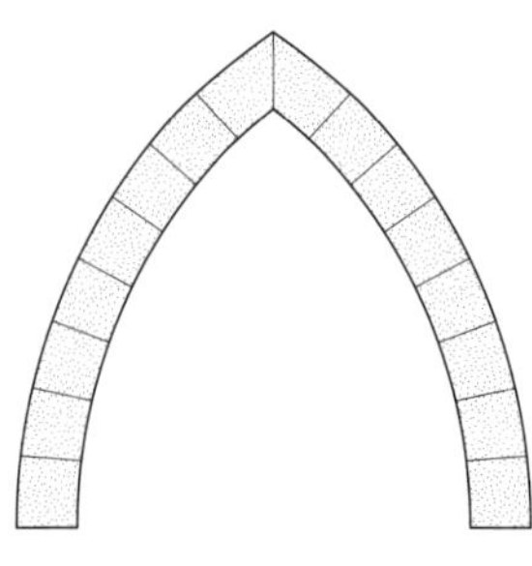

尖顶拱
尖顶拱是比*等边拱*（*Equilateral arch*）更细长的拱券，两条曲线的中心都位于*拱跨*（*Span*）之外。

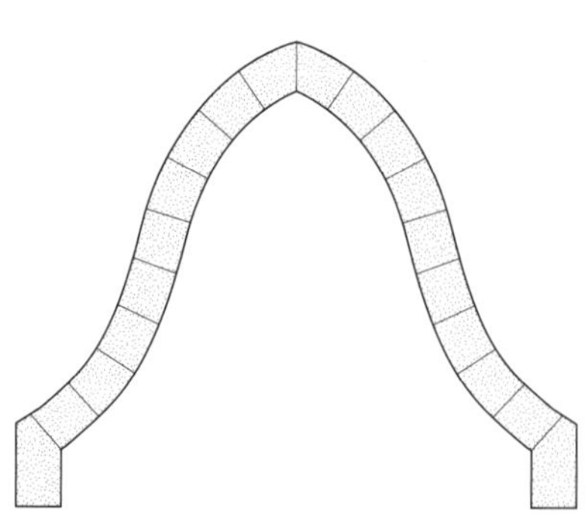

反向葱形拱
形状类似葱形拱，只是曲线下部是外凸的，而上部是内凹的。

拱券 › 其他拱券形状

拱券的形状并不仅局限于规整的圆形或尖形，也有很多其他形状。特别是常见的叶形拱、平拱和标准拱。

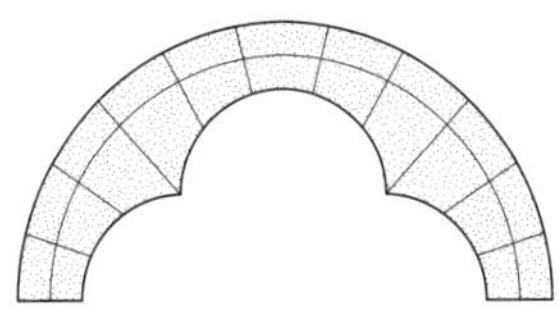

三叶形拱
一种三心拱，中间曲线的中心高于*拱底座*（*Impost*）层，形成三个显著的弧形或叶形。

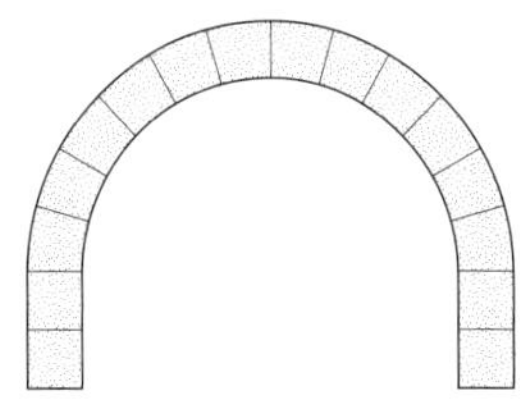

上心拱
拱的*拱底座*（*Impost*）层低于*起拱石*（*Springer*），这样的拱叫作上心拱。

多叶形或尖瓣形拱
由若干小圆形或尖曲线构成的拱，形成的凹处叫作叶形，三角形突出物叫作尖瓣。

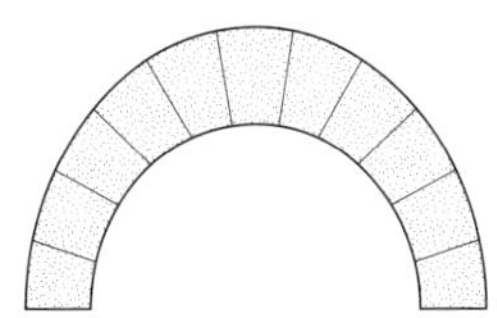

佛罗伦萨式拱
一种半圆形拱，*拱顶面*（*Extrados*）曲线的中心高于*拱底面*（*Intrados*）曲线中心。

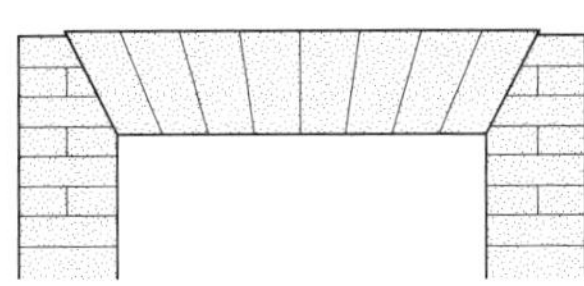

平拱
平拱的*拱顶面*（*Extrados*）和*拱底面*（*Intrados*）都是水平方向的，构成拱面的*拱石*（*Voussoirs*）有特别的角度。

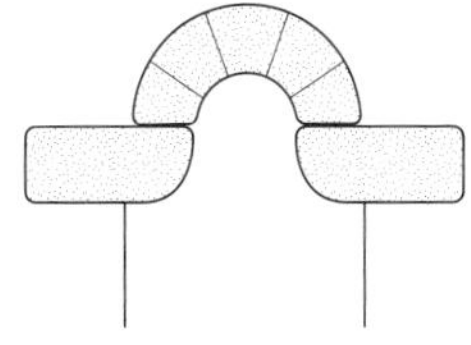

钟状拱
类似于*并肩形拱*（*Shouldered arch*），是一种由两个*叠涩*（*Corbels*）支撑的弯曲的拱。

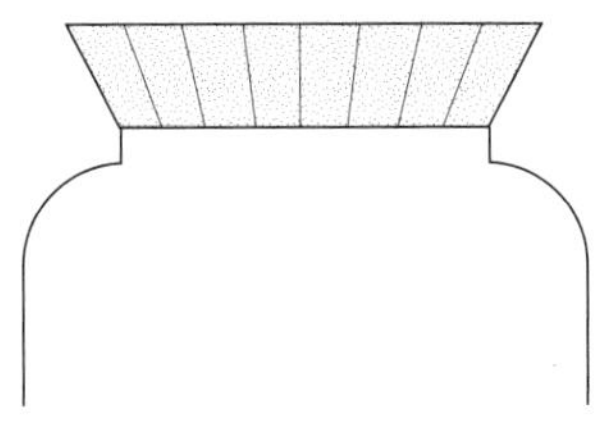

并肩形拱
由两个外部拱券【有时被视作单独的*叠涩*（*Corbels*）】支撑的平拱。

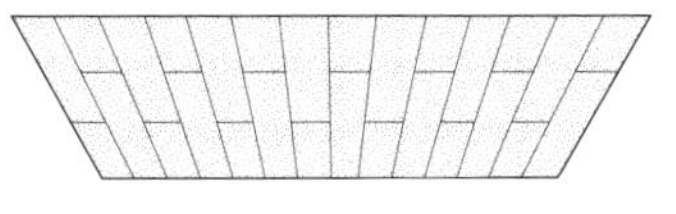

标准拱
标准拱的形状没有特别指定，但是通常是圆拱或平拱。拱石呈放射状，从一个中心点发散出来。*另见"墙体和表皮"一节，第89页。*

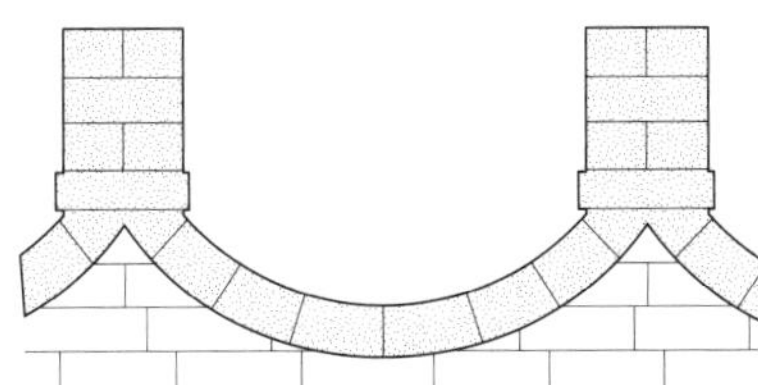

倒拱
上下颠倒的拱，一般用在建筑物底层。*另见"现代建筑物"一节，第54页。*

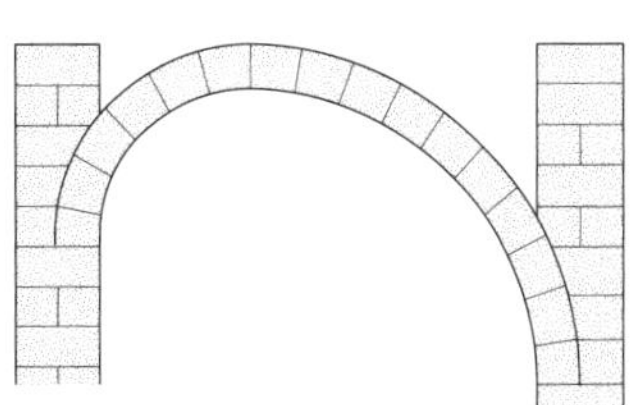

高低脚拱或跛拱
一种不对称拱，*拱底座*（*Imposts*）高度不同。

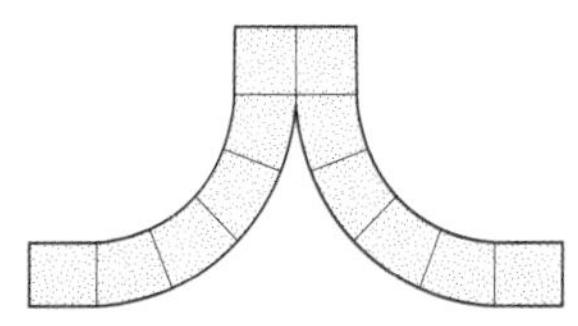

内弯拱
由两条外凸的曲线（而不是常见的内凹曲线）构成的尖券。

拱券 › 类型

除了根据特别的形状，还可以根据功能将拱券分类。如连拱是一系列由圆柱或方柱支撑的连续拱券，组成连拱的可以是圆拱也可以是尖券。这个部分介绍了一些最重要和最普遍的拱券类型。

连拱 ›
一系列由圆柱或方柱支撑的连续拱券。如果连拱被用作表面或墙上的装饰元素，则称为“盲拱”。*另见“沿街建筑”一节，第42页。*

拱柱
一种*附墙柱（Engaged Columns）*或*叠涩（Corbel）*，通常位于*连拱（Arcade）*尾端，附在墙上或墩柱上。

拱肩 ›
相邻两拱券之间的近似三角形的区域，或者是由单拱券的曲线和相邻水平边界［如*腰线（String Course）*］，以及垂直线脚、柱子或墙面构成的三角形区域。*另见“中世纪大教堂”一节，第14、19页。*

内角拱 ›
由两面垂直的墙交叉形成的拱，跨越空间的角部。内角拱的作用通常是提供额外的结构支撑，特别是针对*穹隆（Dome）*或塔楼（Tower）。

盲拱 ››
嵌在表面或墙上的拱，但是没有开口。*另见“郊区住宅和别墅”一节，第36页。*

复合拱 ›
由两个或更多拱套在一起构成的拱。这些拱的尺寸逐渐缩小，且中心点相同。

减重拱 ››
建在过梁上方的拱，用于分担开口两侧的重量。也叫作“relieving arch”。*另见“沿街建筑”一节，第40页。*

伸张拱 ›
跨越对立墩柱或墙的拱券，能够加强横向支承。

凯旋门 ››
一种古代建筑母题，中央拱门两侧各有一个较小的开口。在古代建筑中，凯旋门通常是一种独立结构，后来在文艺复兴时期再次兴起，成为各类建筑中的一种母题元素。

舞台拱 ›
在剧院中，一种位于舞台顶端的拱，在舞台和观众席之间构造出一个空间。

现代结构 › 混凝土

作为一种建筑材料，混凝土在罗马时代就已经出现了。混凝土将建筑者从砖和石的局限中解放出来，并成就了很多古时候的伟大建筑——渡槽、桥梁、浴室和庙宇。建于公元2世纪的万神庙穹隆使用了混凝土材料，是罗马人在这一领域的最伟大的杰作，目前仍然是世界上最大的无钢筋混凝土穹隆。

直到19世纪末期，混凝土才被推广开来，并且成为20世纪早期现代主义建筑的主要建材。加入钢条或网格等增加拉伸强度的材料后，混凝土成为了钢筋混凝土，促进了20世纪巨大的建筑革新。虽然在大部分情况下，混凝土都是隐藏在建筑物内核中的，但是暴露在外面的未加工的混凝土——*露石混凝土（béton brut）*，却是现代主义建筑的一大特色（如下图）。

现在，混凝土是应用最广的人造材料，其每年的二氧化碳排放量占到了全球的二十分之一。因此，很多有生态保护意识的建筑师试图减少对混凝土的依赖，转而寻找更环保的材料。

卡尔曼、米基奈和诺尔斯（Kallmann、McKinnell and Knowles），波士顿市政厅（Boston City Hall），波士顿，1963—1968。

直线网格混凝土结构
完全是由一系列垂直和水平元素构成的混凝土构架。*另见“现代建筑物”一节，第52页。*

平屋顶
坡度几乎达到水平的屋顶（保留轻微坡度是为了方便排水）。*另见“屋顶”一节，第133页。*

叠涩
从墙上伸出的托架，用于支撑上面叠放的部分。此处，叠涩支撑了突出的上部楼层。*另见“屋顶”一节，第136页。*

混凝土墩柱
墩柱是有垂直结构支撑作用的竖直构件，在这里是用混凝土制造的。*另见“圆柱和墩柱”一节，第62页。*

砖石基础结构
建筑物较低部位，直接承载建筑物或看上去像建筑物的“根部”位置。

不规则开窗布局
窗户之间的距离不等，通常窗户的大小也不同。*另见“高层建筑”一节，第59页。*

公共空间
对公众开放的开阔空间，如公园或仪式广场。此处，这块公共空间铺设了跟建筑物底部构造相同的砖，使两者看起来连接在一起。

露石混凝土
为了审美效果或节约成本，混凝土不做包层和油漆，直接暴露在建筑物外部或内部。这种混凝土做法也有一个法语名称——béton brut，字面意思是未加工的混凝土。

现代结构 › 钢

1851年，在伦敦海德公园举行的世界博览会上，约瑟夫·帕克斯顿设计的水晶宫横空出世，让人们看到了钢作为建筑材料的巨大潜力。这座水晶宫通体使用了钢和玻璃，预示了未来钢构建筑的发展。

20世纪，用钢架构作为建筑的结构“骨架”是十分普遍的做法，直至今天也是如此。如下面的例子，现代钢架构一般是由钢柱或钢管网格构成的，并填充混凝土，用来支撑横梁。有时还会加入对角斜构件来加固。浇筑了混凝土的波纹钢板可以建造地面，同时能够提高结构刚度，一般位于这种结构骨架的顶部。有时会使用预制混凝土板代替波纹钢。

虽然钢具备强度高、相对耐腐蚀等优点，但是易受火灾影响，可能导致结构损害。因此，一般会在钢构外部包裹混凝土或铺设绝缘纤维，起到隔热效果。

理查德·罗杰斯（Richard Rogers）和伦佐·皮亚诺（Renzo Piano），乔治·蓬皮杜中心（Centre Georges Pompidou），巴黎，1971—1977。

电梯
电梯是一种垂直运输装置，本质上来说是通过机械手段实现上下移动的平台。主要驱动方式是滑轮系统（曳引式电梯）或液压活塞（液压电梯）。*另见“楼梯和电梯”一节，第152页。*

钢横梁
两个相邻墩柱之间的水平梁。

外部自动扶梯
由牵引链条和梯级组成的可以自动行走的楼梯。通常位于建筑物外壳内部。此处，自动扶梯被附加在钢外壳上。*另见“楼梯和电梯”，第153页。*

紧急楼梯
贯穿整个建筑物的楼梯，用于在紧急情况下疏散人群，如发生火灾时。

直线钢构架
钢构架主要是由一系列垂直和水平构件组成的。此处，使用了一系列钢立柱支撑建筑物内部，钢架构形成了一个外壳。另外还有一层钢构架支撑着各种供应通道、自动扶梯、楼梯和电梯。

对角拉条
由多个有角度的构件形成的三角形系统，能够为直线*钢构架（Rectilinear steel frame）*提供额外的支撑。这种在钢构架上添加对角构件的做法叫作“三角形划分”。

钢墩柱
墩柱是有垂直结构支撑作用的竖直构件，在这里是用钢制造的。*另见“圆柱和墩柱”一节，第62页。*

玻璃幕墙
不承载结构负荷的建筑围墙或外壳，悬挂在结构框架之外。使用玻璃可以使大量光线进入建筑物。*另见“公共建筑”一节，第51页；“现代建筑物”一节，第54页；“墙体和表皮”一节，第99页。*

现代结构 › 建筑物形状

凭借混凝土、钢和其他现代建筑材料的结构特性，建筑师能够创造出全新的建筑物形状。现在的建筑物不再受传统平面、立面的约束，在电脑辅助设计软件（CAD）的帮助下，似乎能够设计出任何形状。在下面这些例子中，斜面、倾斜墙、直线造型可以被视为前现代建筑物的特征，而“二战”后的建筑则表现出极不相同的理念。当然，一些术语，如“解构主义”“自由形”等，是过去50年内才出现的，帮助我们描述了那些不能用任何传统建筑术语定义的建筑形状。

直线网络结构 ›
由一系列垂直和水平元素构成的建筑物或正面。*另见“现代建筑物”一节，第52页。*

不规则开窗布局 ›
窗户之间的距离不等，通常窗户的大小也不同。*另见“高层建筑”一节，第59页。*

结晶形状 ››
一种由形状完全相同或十分相似的单位不断重复而形成的三维结构。

突出部分 ›
突出的部分只有一端被支撑，下方没有支撑墩柱。

倾斜墙 ››
向顶端倾斜的墙面。*另见“沿街建筑”一节，第45页。*

斜面 ›
建筑物正面小于90度的墙面。

解构形式 ››
建筑物表皮采用强烈的非线性设计，形成不同的、有角的建筑元素之间的并置。*另见“沿街建筑”一节，第45页。*

曲线形式 ›
如果建筑物的形状是由一个或多个弯曲表面而不是一系列平面形成的，被称为曲线形式。*另见“高层建筑”一节，第59页。*

波浪形状 ››
建筑物的形状是由交叉的外凸和内凹曲线形成的，像是波浪的形状。

自由形 ›
一种难以定义其形状的不规则造型建筑。

墙体和表皮

窗和门

屋顶

楼梯和电梯

第三章　建筑元素

不论任何风格、规模或形式的建筑，都是由若干主要元素构成的：墙、开口（窗和门）、屋顶、（如果超过一层的话）楼梯（或电梯/自动扶梯）。另外，无论从概念上还是实践中来说，这些建筑元素通常都是建筑物的独立组成部分。本章分为四个部分，介绍了建筑的墙、窗和门、屋顶和楼梯，以及各种元素连接方式。这些对建筑表现来说都是不可缺少的部分。

墙体和表皮是建筑物围合空间的基础元素，一来可以创造出区分建筑物内部和外部的物理界限，二来可以在建筑物内部划分区域。虽然墙的主要功能是提供元素间的界限，但是也可以成为建筑表现的部分。不论外部还是内部的墙体和表皮材料的选择以及与其他元素的连接方式，如涂层或装饰线脚，都是能够有力地传达建筑物的意义的。

所有建筑都装设了**窗和门**，不仅有为内部空间采光的作用，而且也是为了建筑内外之间的空气、热量和人流的流通。因为窗和门在几乎所有墙壁中都有着重要的作用，所以窗和门的数量、间隔和风格是表现建筑物正面的最常用方式之一。因为窗和门的功能相关，所以一般将二者放在一起讨论，并且在建筑当中也常做相似的处理。

屋顶是所有建筑物中不可缺少的部分。有些屋顶是半独立结构，如穹隆、尖顶，能够与不规则形状的现代建筑物的墙壁不露痕迹地接合在一起；有些屋顶只是简单地围合了墙壁上方的部分空间。部分建筑物的屋顶被隐蔽在女儿墙后面，另有一部分屋顶因为位置显著，成为建筑表现的重要部分。屋顶的审美效果不一定局限在建筑物外部，有些屋顶结构在内部可以被看到，而且装饰十分华丽，比如中世纪的拱肋、拱顶或木质天花板。

如果建筑物超过一层，则有必要建造方便各楼层之间走动的结构。两种主要结构是：**楼梯**（也可以采用机械化的自动扶梯）**和电梯**。所有超过一层的建筑物都设有楼梯，虽然楼梯的主要功能是不变的，但是可以根据特定的建筑环境进行多种多样的部署。电梯适用于要求建造残疾人通道的建筑物，或者楼层过高不适用楼梯的情况。

墙体和表皮 › 石材 › 常见石头种类

石头是使用度最广的建材，其优点众多，如耐久性强、抗压强度强、产地众多、易开采等。经过削砍，可以获得各种成品，是各种装饰的常用载体，如线脚、浮雕。

自然地，由于不同的石头有不同的特性，其使用方法也各不相同。因为石头的巨大重量，造成了运输困难且成本高，这种情况至今也没改变。所以，一般通过当地流行的建筑，就能够判断某个地区的石头种类和相关的实用性。另外，如果某地区的石头不易开采，那么只有影响最大的建筑物才会用石头建造，用来展示建造者的财力和权力。

大理石 ›
大理石是一种由*石灰岩（Limestone）*等沉积岩经过变质形成的变质岩。大理石一般都含有杂质，由此形成明显的花纹和各种颜色。大理石的产地众多，其中最著名的是意大利的卡拉拉大理石。许多古代和文艺复兴时期的伟大艺术品和建筑都是用卡拉拉大理石建造的。

花岗岩 ›
花岗岩是一种火成岩，晶体颗粒较大，硬度高，耐久度和抗风化性质极强，因此不太适宜做装饰性雕刻的石材。产自埃及的紫红色斑岩是一种著名的花岗岩，在古代建筑中大量使用。

石灰岩 ›

石灰岩是一种沉积岩，但是因为没有经过变质，所以常常有密致的纹理。虽然石灰岩的耐磨度不及*大理石（Marble）*和*花岗岩（Granite）*，但是相对其他沉积岩来说，耐久度相对较高。著名的石灰岩有石灰华和波特兰石等。

人造石 ›

一种人造的类似石头的物质，主要成分是黏土、磨细石料、黏合剂或合成材料。Coade石似乎也可以被称作是最著名的人造石。在18世纪晚期、19世纪早期，这种将黏土投入模具中制成的人造石，成为复制昂贵的古典元素和装饰物的较经济实惠的方式。Coade石得名于最早生产人造石的公司创始人的名字，即Eleanor Coade夫人。

石材 › 表面

方琢石砌体 ›
表面平整的长方形石块砌成的墙面，接缝非常精确，所以整个墙面十分光滑。

乱纹方琢石砌体 ››
表面雕刻了横向或斜向凹槽的方琢石墙面。

碎石砌体 ›
使用不规则石块建造墙体的方式，通常有很厚的灰泥接缝。当填充在石块之间的是长方形的不同高度的“小垫石”，叫作乱石砌体。

层列式碎石砌体 ››
碎石砌体的一种，只是石块的大小相似，被砌成高度不同的水平层列。

碎打火石砌体 ›
在墙面上使用打火石的做法，打火石被敲碎，黑色面向外。

齐平饰面 ››
用碎打火石和修琢石排列成装饰图案的做法，一般是象棋棋盘的图案。

干砌石墙 ›
完全利用石头的咬合作用而不用灰泥建造的石墙。

石笼 ››
填充了密实材料（如石头，也用沙和泥）的金属笼。石笼通常只有纯粹的结构作用，特别是在土木工程项目中。但是在很多现代建筑物中，也会使用石笼作为一种建筑特色。

砖石建筑饰面 ›
砖石饰面是使用在建筑物表皮的石材，只有装饰作用而不是为了支撑结构。常用于多层建筑中，并结合*玻璃幕墙（Curtain wall）*。

石材 › 粗面砌体

粗面砌体是强调相邻石块的接缝处的一种砖石建筑风格。在部分粗面砌体中，对石块表面也进行了各种刻画。*另见“郊区住宅和别墅”一节，第36页；“沿街建筑”一节，第42、43页；“公共建筑”一节，第46、50页。*

条状 ›
只强调相邻石块交接处的顶部和底部。

钻石面 ››
石块表面被削砍成规则的、重复的浅金字塔形状。

挖槽状 ›
石块的边被削出角度，接合处呈V形凹槽。

霜冻式 ›
石块表面被削砍成钟乳石或冰柱的形状。

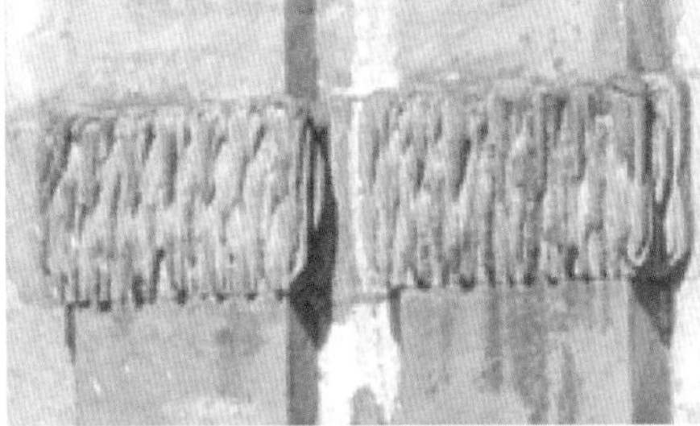

毛面 ››
石块表面处理粗糙，像是未完成的样子。

虫蛀式 ›
如其字面意思，石块表面雕刻成“被虫咬过的”的样子。

块状 ›
用均匀间隔的缺口或明显的凹处来分割的粗面块体。这种粗面砌体，以及用它来装饰门套或窗套的方式，是由建筑师詹姆斯·吉布斯（James Gibbs）在英国以及其他地区推广的，因此，有时也被叫作吉布斯门/窗套。

隅石 ››
位于建筑边角上的大型石块。通常由*粗面（Rusticated）*石块组成，有时与建筑本身的材料不同。*另见“郊区住宅和别墅”一节，第34页；“沿街建筑”一节，第40、43页。*

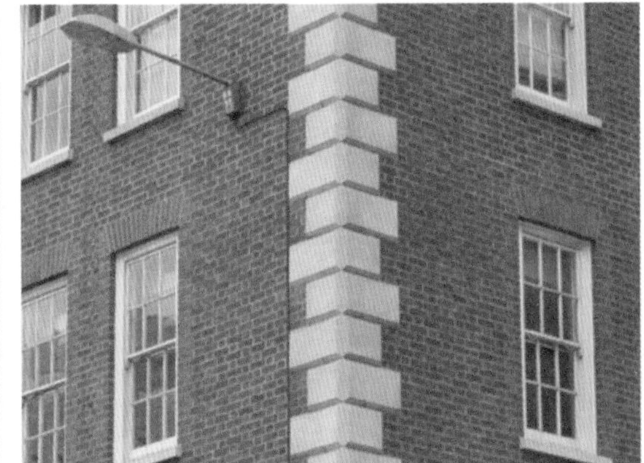

砖 › 放置法

砖是立方体，一般用耐火黏土制成。但是在有些地区，采用的是晒干而不是烧结的方式制作砖块。在很多早期文明的建筑中，都使用了砖。至今，砖仍然是重要的建材。砖的形状和尺寸都是标准化的，方便砌成规则的一皮并构成墙。砖的排列方式叫作砌法。砖砌法的种类繁多，但是在特定地区会遵循占主导的传统方式，并且也需要根据每种砌法的结构特性做出调整。

在砌好的每皮砖之间，用灰泥薄层分隔。灰泥是用沙混合黏合剂（如水泥或石灰等）制成的，加水后呈糊状，可以黏合墙内的相邻砖块。如果在灰泥凝固前用工具处理灰泥接缝，叫作“已处理灰缝”。

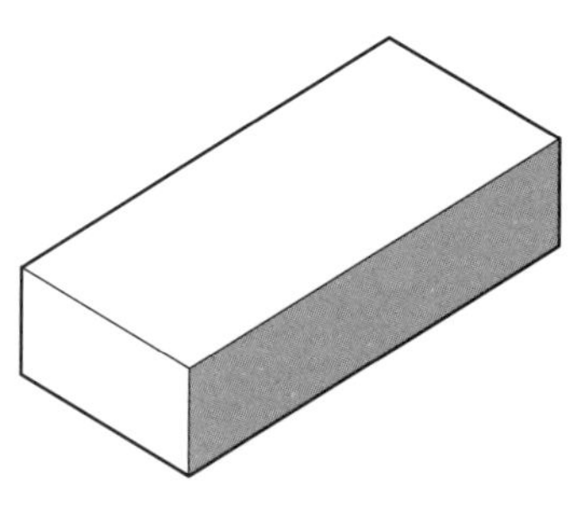

顺砖
一种水平放砖的方式，大面在底部，露出砖的长面。

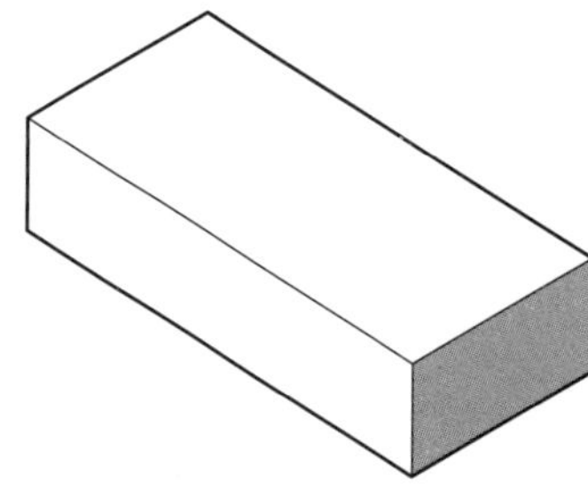

丁砖
一种水平放砖的方式，大面在底部，露出砖的丁面。

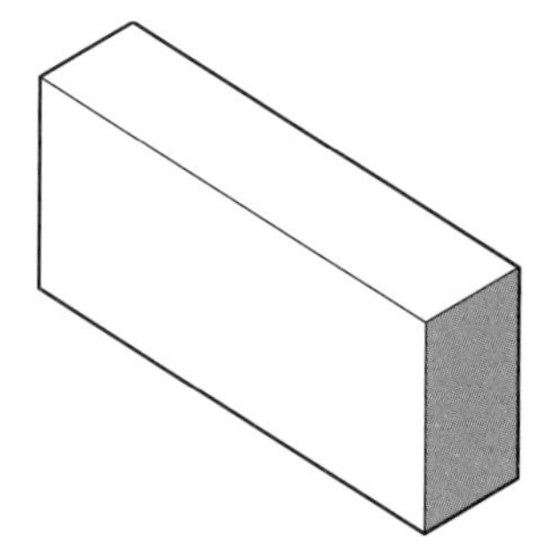

斗砌丁砖
一种水平放砖的方式，条面在底部，露出砖的丁面。

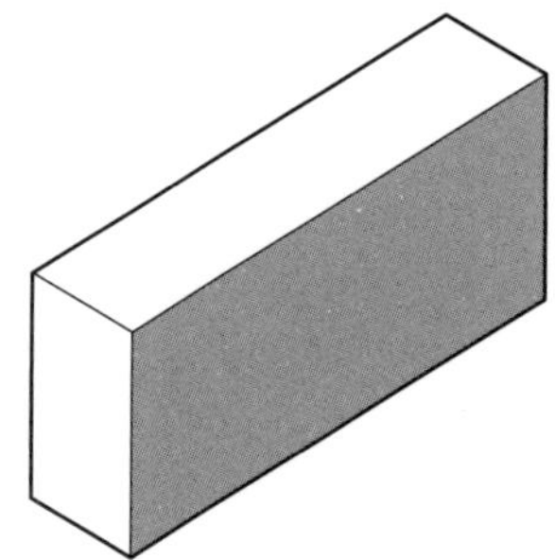

斗砌顺砖或面砖
一种水平放砖的方式，条面在底部，露出砖的大面。

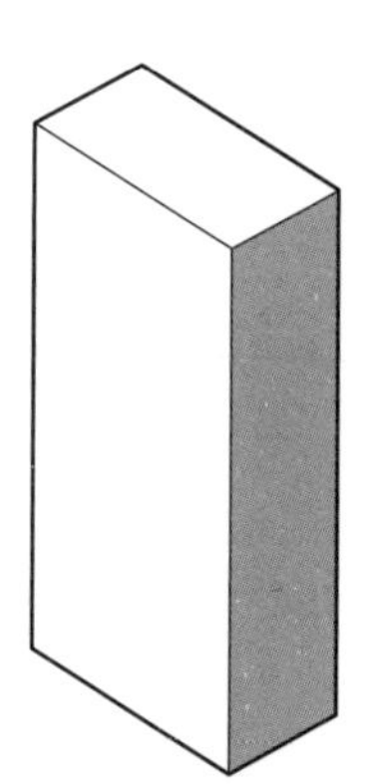

立砌丁砖
一种垂直放砖的方式，露出砖的长面。

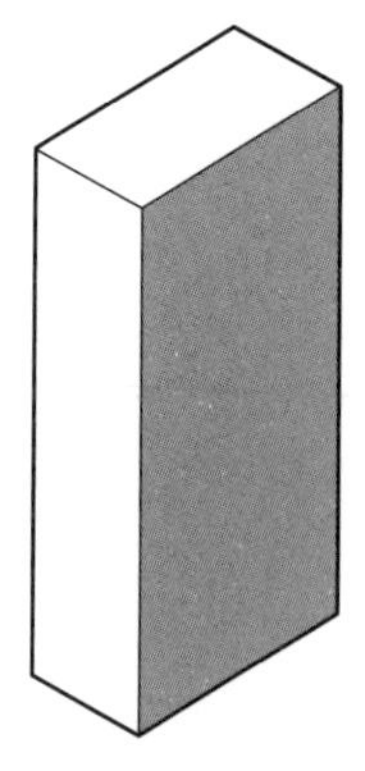

立砌顺砖
一种垂直放砖的方式，露出砖的大面。

砖 › 砌法

顺砖砌法

最简单的砌合法，全部用*顺砖*（*Stretcher*）砌成，上下皮间竖缝相互错开1／2砖长。这样砌出的墙体厚度为一砖，常用于空斗墙、木构或钢构建筑。

丁砖砌法

一种简单的砌法，全部用*丁砖*（*Header*）进行平砌。

五顺一丁砌法

全部用成行的*顺砖*(*Stretcher*）与*丁砖*（*Header*）砌成墙体的砌法。五皮顺、一皮丁相间隔。

荷兰式砌法

在同一皮中，*顺砖*（*Stretcher*）和*丁砖*（*Header*）交替砌成。上下皮间顺砖竖缝相互错开1/4砖长，同时每隔一皮的丁砖是对齐的。

英式砌法

一皮顺砖（*Stretcher*）*一皮丁砖*（*Header*）的砌法。

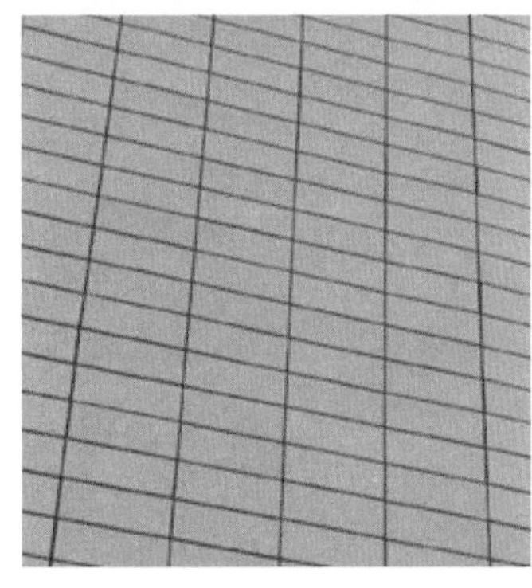

顺砖堆栈砌法

全部用顺砖砌成，上下皮间竖缝是对齐的。因此，这种砌法砌成的墙黏合相对不够坚固，常用于空斗墙，特别是钢构建筑。

人字形砌法

把顺砖斜砌，砌成人字形图案的砌法。

花格砌法

从技术上来说，在墙面形成长方形、正方形或菱形图案并不是一种专门的砌法，任何砌法都能做到这种效果，需要做的是在特定位置砌上不同颜色的砖。

标准砌法

接合非常紧密的砖砌体，通常会把砖砍成适合的形状，用于过梁。*另见“拱券”一节，第75页*。

砖 › 灰泥接合处

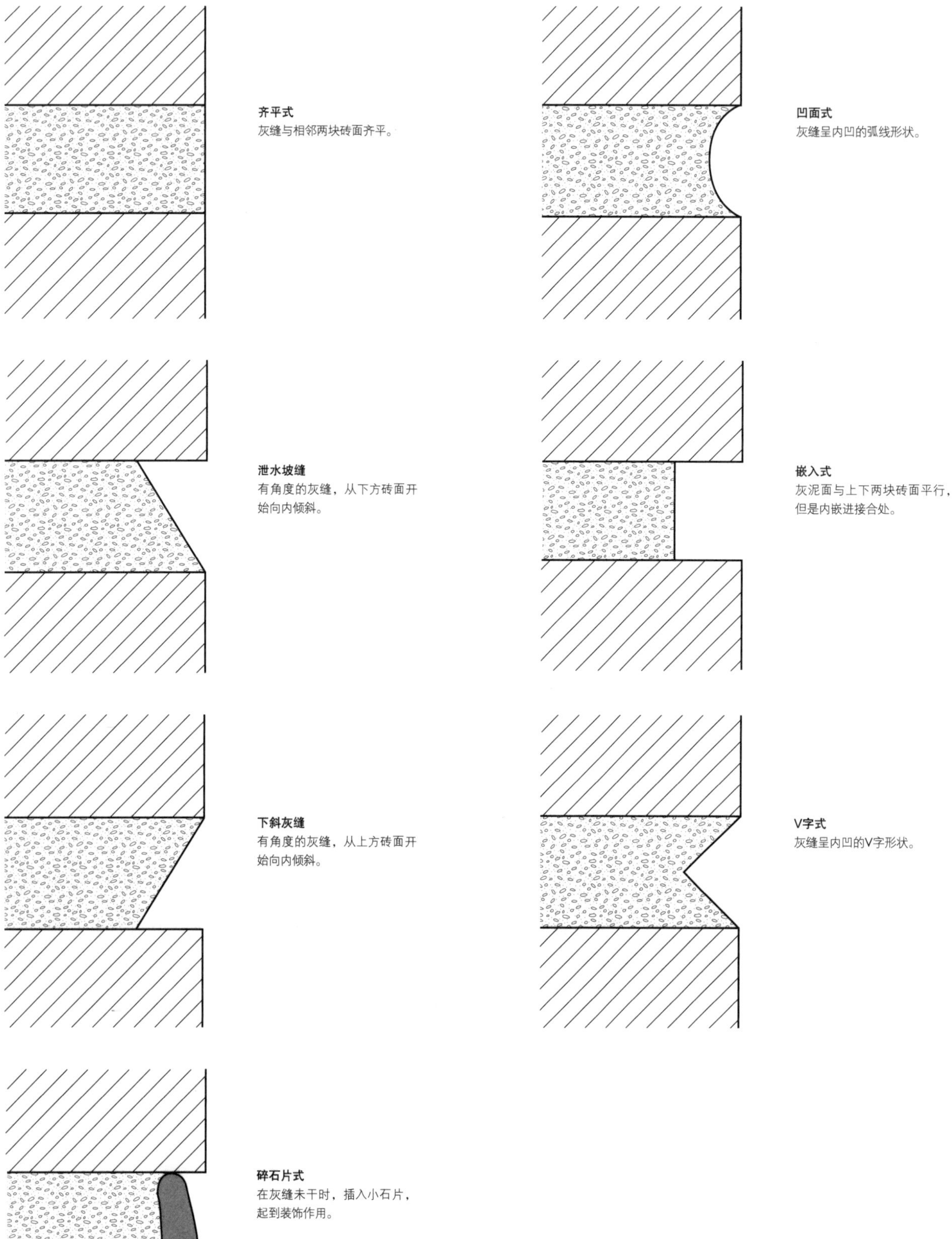

齐平式
灰缝与相邻两块砖面齐平。

凹面式
灰缝呈内凹的弧线形状。

泄水坡缝
有角度的灰缝，从下方砖面开始向内倾斜。

嵌入式
灰泥面与上下两块砖面平行，但是内嵌进接合处。

下斜灰缝
有角度的灰缝，从上方砖面开始向内倾斜。

V字式
灰缝呈内凹的V字形状。

碎石片式
在灰缝未干时，插入小石片，起到装饰作用。

砖 › 类型

除了耐火黏土这种最常见的砖材质，也有其他材质。但是不管哪种材质制成的砖，都有统一的模型，以确保砖的形状标准化。因此，根据预期用途不同，砖的模型有若干种。比如，带有斜面的砖常用于压顶，非直线、带有角度的砖常用于两面非垂直墙面的交接处。

实心砖

黏土烧结而成的小型长方体。

釉面砖

砖的表面经过烧釉处理的砖，可以做出各种色彩和图案。

多孔砖

一种标准砖，带有两个或三个与受压面垂直的孔洞，质轻，利于通风。

玻璃砖

玻璃砖起源于20世纪早期，通常是正方形。由于相对较厚，玻璃砖建成的墙面呈半透明状，自然光线仍然能够进入内部空间。

空心砖

带有长方形或圆柱形横向通孔的砖，质轻，隔音降噪。

凹槽砖

一种常用砖，顺砖摆放时，顶部和底部都有凹槽，“Frog”这个术语指的是砖面上的凹槽，也可以指在制模过程中用来造出凹槽的块体。凹槽砖比实心砖轻，在砌成一皮时，也有足够的空间用来填充灰泥。

木材

与石头和砖一样，木材也是被广泛应用的建材，几乎所有文明和文化的建筑都采用了木材。因为木材具备强度高、相对质轻并易于根据需要切割等优点，常被用于建造各种建筑类型的结构框架，特别是屋顶。

在木构建筑中，最常见的结构框架是用垂直的木柱子和水平横梁组成的（有时也使用对角梁）。框架中的空隙一般会填入砖石、灰泥、水泥或抹灰篱笆。如果木格栅（较大型柱子之间的小型垂直构件）之间的距离非常狭窄，叫作“密集格栅”木构。有些情况下，木构外部铺设了木包层、瓷砖或砖墙。

木材同样也是常用的包层材料，附加在底部的结构框架上，底部框架不一定也是木制的。木包层通常上漆或用木防腐剂保护。

外悬突堤 ›
在木构建筑中，位于上层的突出物，伸出下层表面之外。*另见“沿街建筑”一节，第38页。*

砖壁木架 ››
在木构建筑中，用砖或小石块填充在木架之间的空隙里，叫作砖壁木架。关于其他填充方式，*见“混凝土和打底”一节，第96页。*

小木屋 ››
一种在北美地区常见的木构建筑，主要是用原木水平搭叠在一起建成的。原木的末端有凹口，所以在转角处能够形成非常牢固的咬合。原木间的空隙可以填充灰泥、水泥或者泥浆。

挡风板 ›
使用重叠的长板条或木板制作的建筑物包层，目的是保护内部结构不受风化和增加审美效果。有时相邻板条之间使用舌榫接合以强化连接。对挡风板可以进行油漆、染色或省略抛光等多种处理。近期，有些情况下也可以使用塑料来制作挡风板，达到类似的审美效果。

木材外包 ›
在现代建筑中，木材是一种常用的贴面材料。使用木材做*挡风板（Weatherboarding）*时，几乎都是板条水平排列并重叠的做法；但是用木材做贴面材料时，板条可以排列成各种角度，并且不一定重叠。对木材包层，大部分采用染色或省略抛光的处理，很少刷油漆，这样能够更好地保留板条组合的颜色和花纹的韵律感。

瓦片和陶瓷

瓦片是用耐火黏土制成的薄块体，用来覆盖表面，固定方式主要有两种，一是悬挂在下方的框架上，二是在瓦片之间勾灰泥或灌浆将其直接固定在表面，即“贴瓦”。瓦片常用于建筑物外表，特别是屋顶外，因为其不透水性，有时也被用在墙壁表面。贴瓦通常为了墙壁和地面防水，最常见的是用在浴室和厨房中。

由于瓦片可以通过模具成型，然后敷上各种釉料，所以可以用作表面的图案和色彩装饰。举例来说，马赛克是常用的装饰瓷砖，这种小块彩色瓦片（或玻璃或石头）拼接形成的抽象图案或人物画，可以用于装饰墙面或地面。

如今，几乎所有的瓦片都是机械加工的。当代建筑中也常采用各种类型的人造陶瓷，如瓷砖或镶嵌片。

挂瓦 ›
陶瓷挂瓦不仅常见于屋顶，也可用于覆盖建筑物外墙。通常，瓦片悬挂在下方的木构或砖砌体上，相邻两排瓦片部分重叠，这种排列方式叫作“叠瓦”。可以利用不同颜色的瓦片组成各种几何图案。*另见“屋顶”一节，第134页。*

挂石板 ››
严格来说，石板属于石材，但是因为可以被制作成薄片，经常也会*模仿挂瓦（Hung tiles）*的做法。

贴瓦 ›
不同于悬挂在底部结构上的挂瓦，贴瓦是通过在瓦片之间勾灰泥或灌浆将其直接固定在表面的做法。

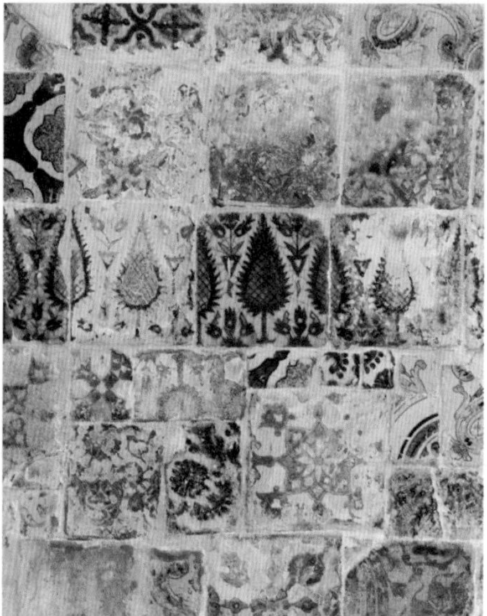

外部贴瓦 ››
是主要以防水为目的，在建筑物外部贴瓦的做法。由于瓦片可以很方便地被加工成各种颜色、形状和装饰细节，因此常用作表面装饰材料。

马赛克 ›
马赛克是用小块彩色瓷砖、玻璃或石头（即“镶嵌片”）拼接形成的抽象图案或人物画。使用灰泥或灌浆将镶嵌片固定在表面。马赛克可以用于装饰墙面或地面。

地砖 ››
地砖通常是陶瓷或石板材质，可以用于整个建筑，但是由于地砖的耐久性和抗水性，最常用于公共区域、卫生间或者厨房，特别是在家庭装饰中。

内墙砖 ››
内墙砖通常是陶瓷或石板材质，最常用于卫生间或者厨房，有防水功能。

天花板砖 ››
天花板砖的材质一般是聚苯乙烯或矿物棉，质轻，借助金属框架结构悬挂在天花板上。天花板砖有隔音隔热的效果，并且能够遮盖位于天花板底下的供应管道。

陶瓷幕墙镶板 ›
陶瓷片能够大规模生产，用作*幕墙*（*Curtain Wall*）的半透明镶板。幕墙是不承载结构负荷的建筑围墙或外壳。*另见“沿街建筑”一节，第44页。*

混凝土和打底

混凝土是由水泥、碎石、沙和水混合而成的人造材料。有时，为了特殊的目的，要改变混凝土的特性，会加入各种天然或人造添加剂。如第二章所概括的，混凝土是很多现代建筑的结构和美学的重要组成部分。

打底在湿润时是一种黏稠的物质，可以涂抹在墙上，变干以后，成为墙面的坚硬涂层。不同于混凝土，打底没有结构功能。打底一般是各种各样的灰泥，用来覆盖砖石结构表面，成为建筑物内部墙壁的光滑外表面。有些情况下，会在打底上加入式样繁多的线脚。另外，在水泥打底未干前，会加入小石头，为建筑物添加保护层。

现浇筑混凝土 ›
现浇筑混凝土是在工地现场制作的，做法是在垂直面板（一般是木板条）上循序渐进地浇筑混凝土。为了增加审美效果，会保留木板的痕迹。

预制混凝土 ››
在工地外预先制作好的标准混凝土板或墩柱，能够在现场快速安装。

凿石锤混凝土
有外露骨料饰面的混凝土，通常是在混凝土铺设后用电动锤加工完成这种效果的。

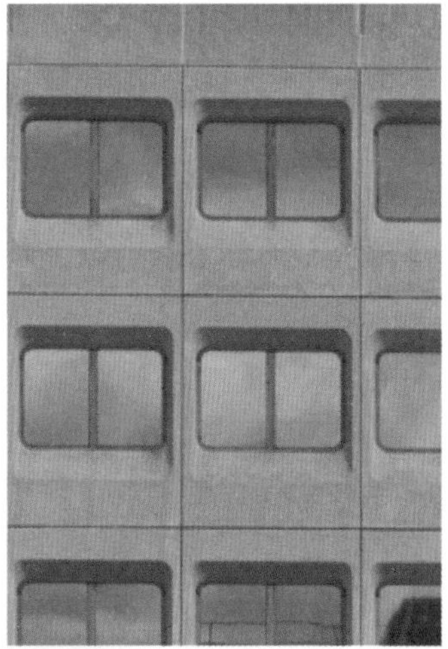

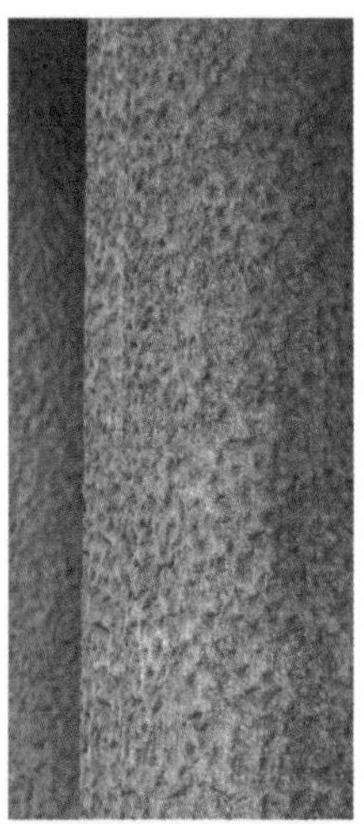

外露骨料 ›
露出内部骨料的混凝土，做法是在混凝土未全干时去除其外表面。

灰泥 ››
用骨料和黏合剂混合而成的物质，加水后形成可延展的糊状物，用于涂平表面。灰泥种类较多，适用于内外表面的打底，也可以用模具造型，用于装饰表面。

石灰泥 ›
历史上最常用的灰泥，是用沙子、石灰和水混合而成的，有时会加入动物纤维增强黏合度。石灰泥能够用于壁画绘制。

石膏灰泥 ››
也叫熟石膏，通过加热石膏粉并加水形成糊状物，在变硬前可以涂在建筑物表皮。因为石膏灰泥的抗水性较差，通常只用于建筑物内部。

灰墁›
传统上来说，灰墁是一种硬的*石灰泥（Lime plaster）*，用于建筑物外表面打底，能够遮住下方的砖结构，美化表面。在这里，灰墁混合了石料，用来涂平墙壁。现代灰墁是*水泥灰泥（Cement plaster）*的代表类型。

抹灰篱笆墙›
一种原始的建筑方法，把打底、泥土或黏土涂抹在细木条编织的格架(即篱笆)上，然后抹平。抹灰篱笆墙最常用于填充*木构（Timber frames）*，但是有时也用于整面墙壁的建造。

浮雕粉饰››
木构建筑外部灰泥表面上的装饰，一般是隆起或内凹的装饰图案。

水泥灰泥或打底›
加入了水泥的一种石灰泥。由于绝大部分水泥灰泥都有良好的不透水性，因此常常用于外部表面打底。现在常常在水泥灰泥中加入丙烯酸添加剂，用以进一步增加抗水性和颜色种类。*另见“郊区住宅和别墅”一节，第37页；“沿街建筑”一节，第38页；“现代建筑物”一节，第53页。*

小卵石灰泥››
一种用于外部表面的水泥灰泥或打底，做法是在墙面涂抹水泥灰泥后再嵌上小卵石，有时也会嵌上小贝壳。另外还有一种工艺，即在水泥灰泥上墙之前先行掺入小卵石（和贝壳），叫作“粗灰泥”。

玻璃

将玻璃用在窗户上，是由来已久的做法，但是将玻璃用作建筑物表面的材料，只是近期才发展出来的。随着混凝土和钢构建造技术的进步，有些墙壁不再有承重的作用，这使得使用玻璃等材料制作幕墙成为可能。幕墙是不承载结构负荷的建筑围墙或外壳，悬挂在结构框架之外。

很多材料都能够用来制作幕墙，如砖、石、木材、灰墁和金属等。但是在当代建筑中，玻璃是最常用的幕墙材料。自20世纪中期以来，玻璃幕墙成为现代建筑的重要特征，但是由于其使用频率过高，几乎有些陈词滥调的嫌疑。

办公建筑常使用玻璃幕墙，日光能够照射进建筑物内部。但是，它也有明显的缺点，就是很难控制日照热量。为此，一般会加装半透明镶板、百叶或方格遮阳罩等。除了这些装置，有玻璃幕墙的建筑也需要依赖空调设备来调节建筑内部温度。

玻璃分割幕墙

直棂
划分开口或分割*幕墙*（*Curtain wall*）镶板的垂直细条或构件。*另见"窗和门"一节，第116、117、119页。*

横楣
划分开口或分割*幕墙*（*Curtain wall*）镶板的水平细条或构件。*另见"窗和门"一节，第116、117、119页。*

上下层窗间空间镶板
上下层窗间空间镶板属于*幕墙*（*Curtain wall*）的一部分，通常是半透明的，位于窗户顶部和其上层窗户底部之间，经常用于遮挡楼层之间的给水管和电缆。*另见"现代建筑物"一节，第55页；"高层建筑"一节，第57页。*

点式玻璃幕墙

幕墙是不承载结构负荷的建筑围墙或外壳，悬挂在结构框架之外。在点式结构中，强化玻璃窗格的固定方式是：窗格四个角上的附着点固定在支撑架的臂上，或者其他附着点借助托架被固定在结构支撑物上。*另见“现代建筑物”一节，第55页。*

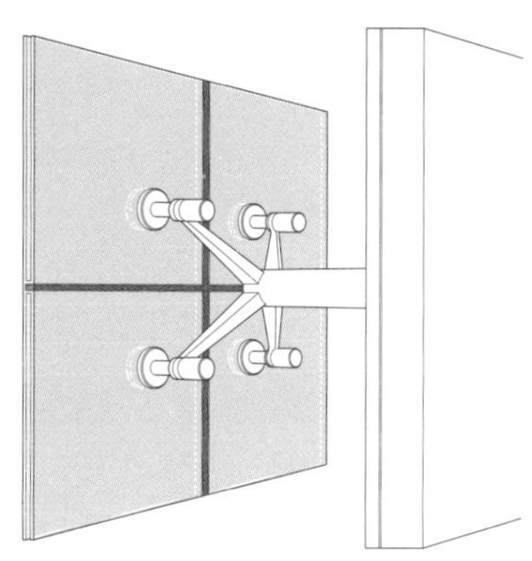

单元组合式玻璃幕墙

包含一块或更多通过支架固定到结构支撑物上的玻璃窗格的预制镶板。有时镶板还包括上下层窗间空间*镶板（Spandrel panel）*和*百叶窗（Louvres）*。*另见“现代建筑物”一节，第79页。*

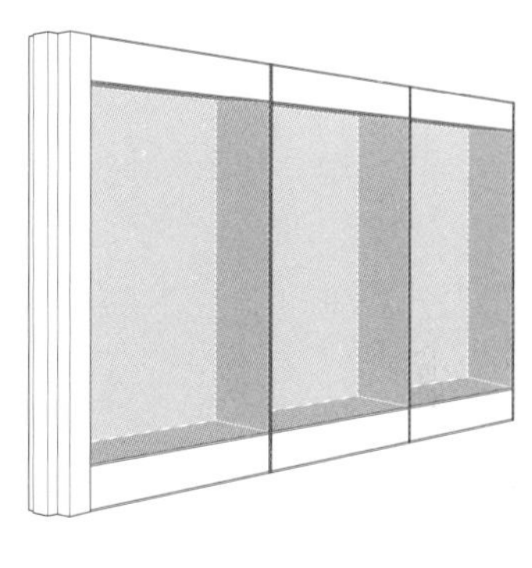

隐框玻璃幕墙

玻璃窗格嵌在长方形的金属框上，金属框隐蔽在玻璃背后，在室外几乎看不见。*另见“现代建筑物”一节，第79页。*

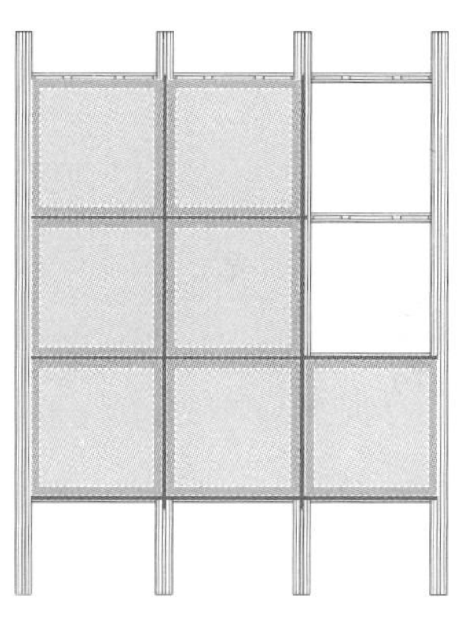

明框玻璃幕墙

不同于隐框玻璃幕墙，明框玻璃幕墙的框极明显地突出在玻璃表面上，也可能带有其他贴面装饰。虽然框架较明显，但是它唯一的结构作用是将玻璃窗格固定在玻璃背面的支撑架上。*另见“现代建筑物”一节，第79页。*

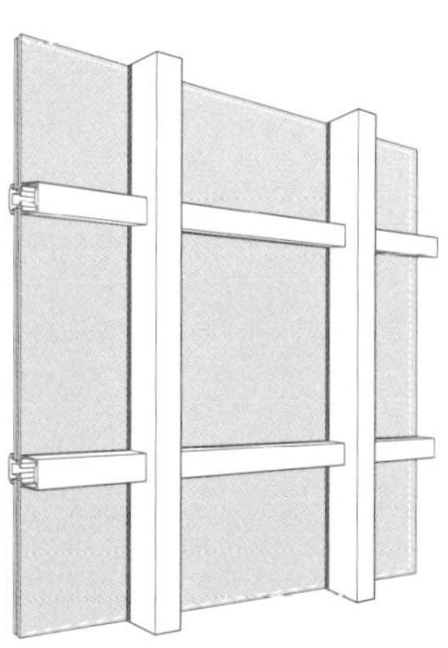

金属和合成材料

将金属作为建材的历史已十分悠久，但是对大部分金属来说，大量开采和使用都是困难而且昂贵的。很多时候，只是将金属用作包层材料，且用料十分节省。除了那些最负盛名的建筑，铅和铜一般只用作屋顶包层，而且用料都是微量的。

如第二章中概括的，进入19世纪，金属成为了重要的建筑材料，特别是钢。如今，像混凝土一样，几乎所有的建筑项目都使用了钢材。

虽然钢材的主要作用是支撑结构，但是由于相对便宜，并且装配迅速，也常用作墙和屋顶的包层材料。铅和铜也是常用的包层材料。电解提取的金属，如铝、钛，以及各种合成材料因为其良好的审美效果、抗腐蚀、抗风化等优点，也已经成为越来越常用的包层材料。

铅 ›
铅具有良好的抗腐蚀性和延展性，常常用于制作屋顶上的抗水薄膜，也可用于建筑物的其他部分。通常被加工成薄片，覆盖在木质板条上。*另见“屋顶”一节，第135页。*

铜 ›
类似铅的作用，金属铜常常用于制作屋顶上的抗水薄膜，也可用于建筑物的其他部分。由于铜的特性，很快会从刚安装时的闪光的淡橙色变成铜绿色，能够抵抗进一步腐蚀。*另见“屋顶”一节，第135页。*

钛 ›
作为一种结构材料，钛极其强韧，但是相对质轻，也有轻微的热膨胀性。钛的抗腐蚀性极强，可以被加工成不同形状，用作涂层材料。经过阳极化处理后，会产生微微发光和反射的效果。

钢 ›

钢是一种铁和碳的合金，有时也会加入其他金属。长久以来，钢一直被用作建筑材料，特别是在19世纪中期实现大规模生产后，钢成为最重要的建筑材料之一。凭借极佳的强韧度、耐久度以及可被焊接的特性，在现代建筑和设计中，成为用途最广泛的重要建筑元素。熔合了其他金属后，钢能够完全具备抗腐蚀的性能，特别是不锈钢材料。为了节约成本并加快工期，可以使用波纹状钢板，即通过挤压使钢板呈现由一系列交替出现的凹槽和凸起形成的波纹状的样式。*另见“高层建筑”一节，第56页；“屋顶”一节，第135页。*

铝 ›

铝是仅次于铁的第二大被广泛使用的金属。铝的质量相对较轻，且铝的表面有一层非常耐用的氧化层，因而有很强的抗腐蚀性。因为这些优点，常常选择铝作为包层材料（*Cladding material*）。熔合了其他金属后，铝可以呈现出多种颜色。*另见“沿街建筑”一节，第45页；“公共建筑”一节，第51页；“高层建筑”一节，第58、59页。*

合成膜 ›

合成膜一般用于建筑物外壳或表层。通常被拉伸展开，与压缩构件［如柱杆（Mast）］配套。

大型墙体连接构件和特征

罕有墙体和表皮只是开了窗和门的简单平面。墙体和表皮不仅是表现一座建筑的主要部分，而且也是分割建筑物内部和外部的重要处理方式。这一部分介绍了一系列大型墙体连接构件和特征，这些构件或内凹或突出于墙体，往往超越了任何特殊的建筑语言。

凉廊 ›
有屋顶的空间，至少有一边连接着*连拱*（*Arcades*）或*柱廊*（*Colonnade*）。可以是大型建筑的一部分，也可以是一个独立结构。*另见“公共建筑”一节，第49页。*

游廊 ››
部分封闭的类似走廊的空间，通常与房屋的底层连接。如果位于上层楼面，则叫作*阳台*（*Balcony*）。

方格遮阳罩 ›
附加在有玻璃*幕墙*（*Curtain wall*）的建筑物（也可以用于其他类型建筑）的外部，作用是遮阳或降低日照热量。*另见“现代建筑物”一节，第55页。*

天棚 ››
天棚是建筑物的一个突出部分，有遮雨和遮光的作用。*另见“现代建筑物”一节，第54、55页；“高层建筑”一节，第57页。*

扶壁 ›
一种石质或砖结构，作用是为墙体提供横向支撑：

A “角扶壁”是由两个成90度角的扶壁构成的，分别位于两个垂直墙面的相邻两面。通常建在尖塔的转角处。

B “斜扶壁”只有一个，位于两个垂直墙面交会处的转角位置。

C 如果两个扶壁在转角处不碰头，叫作“缩进式”。

D 如果两个角扶壁在碰头处接合为一个扶壁而且包裹住整个转角，叫作“接合式”。

另见“中世纪大教堂”一节，第14、15、17、19页。

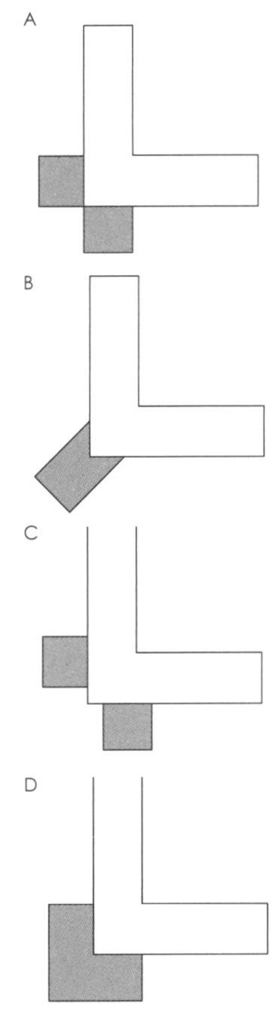

飞扶壁 ›
一种石质或砖的结构，作用在于为墙体提供横向支撑。飞扶壁多用于大教堂，由几个“飞行的”单拱组成，可以将*中殿（Nave）高拱顶（Vault）*或屋顶的推力传达到外部粗壮的墩柱上。

扶壁斜压顶
*扶壁（Buttress）*的倾斜部分，以利于排水。

立柱山墙饰 ››
一种内凹进墙面的框架式建筑，在宗教建筑中用于放置神龛，意在突出某个艺术品或增加表面的多样性。类似于*壁龛（Niche），第113页；另见“巴洛克教堂”一节，第27页。*

表皮连接构件

建筑物表面的连接方式有若干种，其中最常见的是使用线脚。线脚是连续的、一般为突出的特殊形状的条带。之所以称之为“线脚”（英文Moulding，有用模型制作的意思）是因为有时会使用木质模具制作线脚，以确保一整条线脚的外形一致，并且可以用各种材料做打底，如石头、陶瓷、砖、木材、灰墁，特别是灰泥。

这个部分中讲解了一些被广泛使用的装饰元素，如木镶板，拱檐线脚，踢脚线和墙裙等，这些元素上面所装饰的线脚也是多种多样的。相对来说，简洁线脚的曲线造型比较简单，有些较复杂的线脚所采用的是烦琐的、重复的图案，而不是一条连续的装饰带。有些装饰元素是线脚图案的一部分，有些可以独立应用在各种建筑类型中。

凹圆线脚 ›
墙壁和天花板之间的凹形线脚，有时也被称为深凹饰。如果凹圆线脚较大，被视为天花板的一部分，则称为“凹圆天花板”。

拱檐线脚 ››
一种罩在孔口上方的突出线脚，多用于中世纪建筑。如果拱檐线脚呈直线，叫作“矩形拱檐线脚”。*另见“窗和门”一节，第122页。*

腰线 ›
墙体表面的一种较细的外突水平线脚。*另见“中世纪大教堂”一节，第19页；“沿街建筑”一节，第43页。*

踢脚线 ››
一般是木质板条，装饰着线脚，固定在内墙与地板相接处。

木镶板 ›
镶嵌在粗木条框架中的木板，一般是垂直或水平方向，覆盖着一部分内墙面或表面。如果木镶板仅到达*墙裙（Dado）*层的高度，叫作“护墙板”。

竖梃
木镶板中的垂直木条或构件。有辅助作用的、一般比竖梃更细的垂直木条或构件叫作*门中梃（Muntin）*。

横梃
木镶板中的水平木条或构件。

镶板门
用木板填充在*横梃（Rails）*、*竖梃（Stiles）*、*直棂（Mullions）*和*门中梃（Muntins）*构架中，这样的方式制作的门叫作镶板门。*另见“窗和门”一节，第119页。*

墙裙 ›
在内墙面上有显著标志的部分，相当于*古典柱式（Classical order）中的柱础（Base）或基座（Pedestal）*层。标记出墙裙层顶端的连续线脚叫作“墙裙木条”。

嵌进镶板 ››
建筑物正面的嵌入式镶板，虽然此处是空白的，但是更常见的是带有*雕塑或浮雕（Relief）*装饰。

简洁线脚

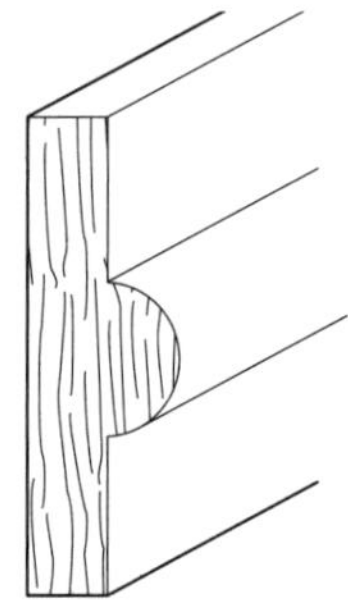

半圆线脚
一种小型外凸线脚，截面弧线是半圆形或四分之三圆形，一般嵌在两块平板之间［*嵌条*（*Fillet*）］。*另见“圆柱和墩柱”一节，第64、67、68、69页。*

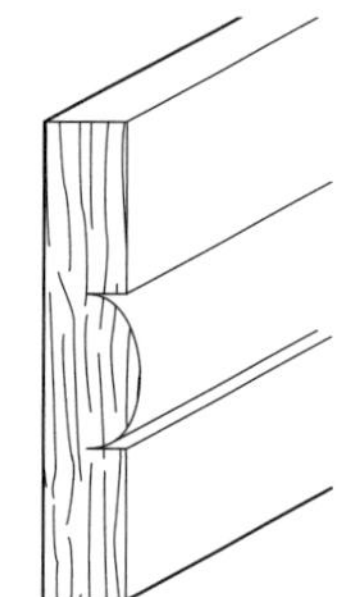

串珠线脚
一种小型外凸线脚，截面弧线是半圆形。

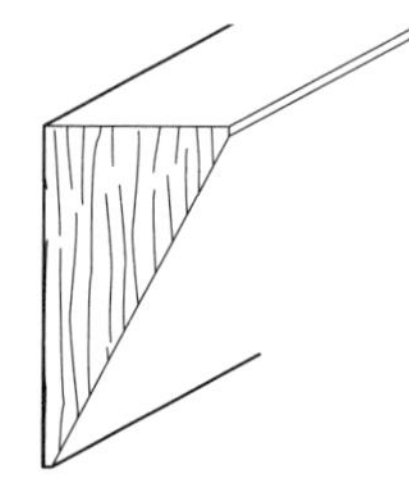

斜角或挖槽线脚
一种比较简洁的线脚，做法是将直角边切割出一个斜角。如果斜面是凹形而不是平整的，叫作“空心式”；如果斜面是内嵌的，叫作“凹陷式”；如果线脚没有延伸到整个斜角的长度，叫作“端式”。

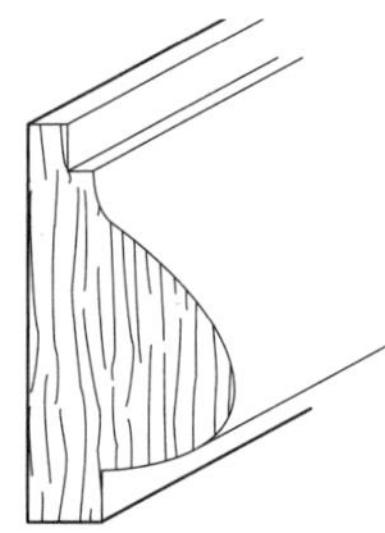

凸出线脚
一种比较显著的线脚，可以是凹形的，也可以是凸出的，用来连接两个不同位面上的平行平面。

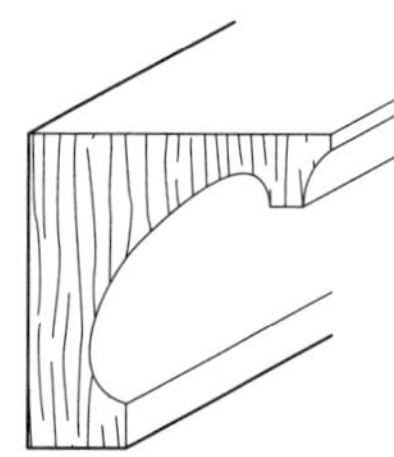

窗扉线脚
一种凹形线脚，凹痕曲度较大，多见于中世纪晚期的门和窗。*另见“窗和门”一节，第116页。*

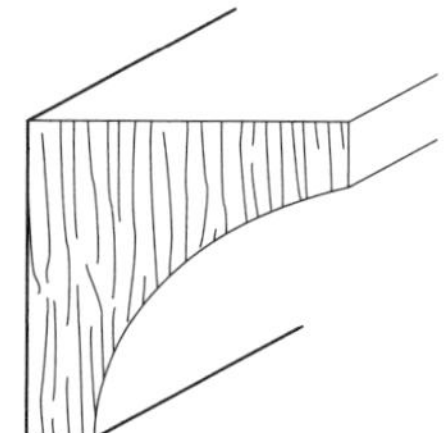

凹弧线脚
一种内凹的线脚，截面弧线通常是四分之一圆形。*另见“圆柱和墩柱”一节，第65、69页。*

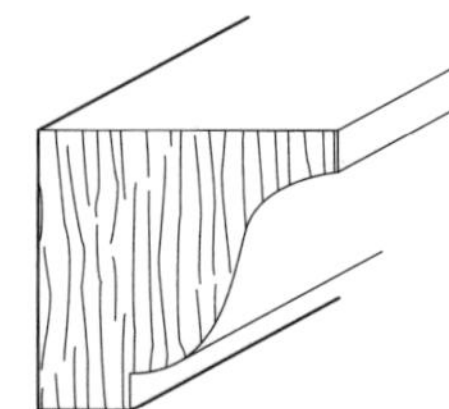

西马正向线脚
一种由两段曲线组成的古典线脚，上端内凹，下端外凸。*另见“圆柱和墩柱”一节，第64、65、67、68、69页。*

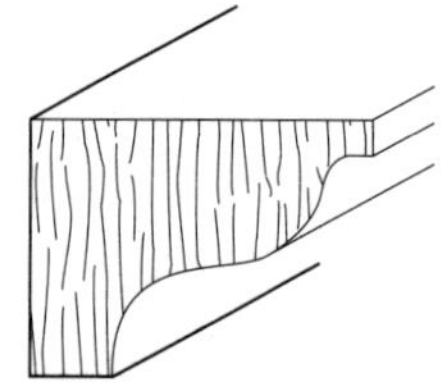

西马反向线脚
一种由两段曲线组成的古典线脚，上端外凸，下端内凹。*另见“圆柱和墩柱”一节，第64-69页。*

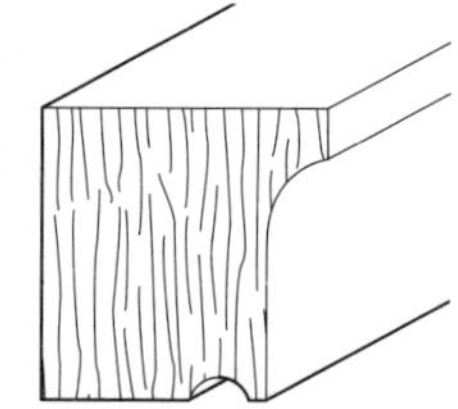

滴水槽线脚
线脚或*檐口*（*Cornice*）底面的突出部分，用以挡住从屋檐滴下的雨水。

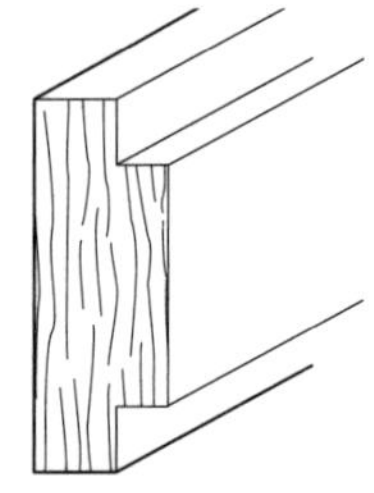

柱顶过梁的横带
在古典式柱顶过梁（architrave）上或者其他任何装饰性设计中的平整的横向带状物。*另见“圆柱和墩柱”，第65、67、68、69页。*

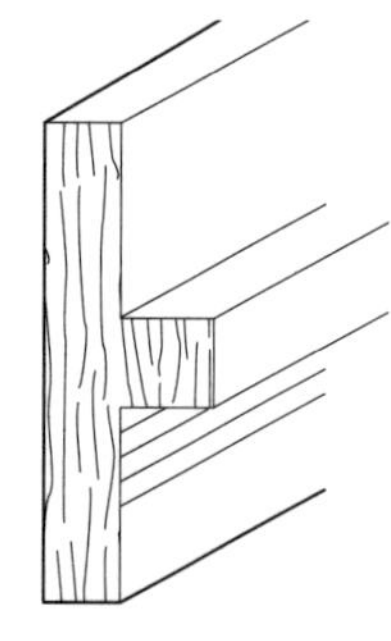

嵌条
两条相邻线脚之间的平带或者表面，有时明显突出于周边表面。*另见“圆柱和墩柱”一节，第64-69页。*

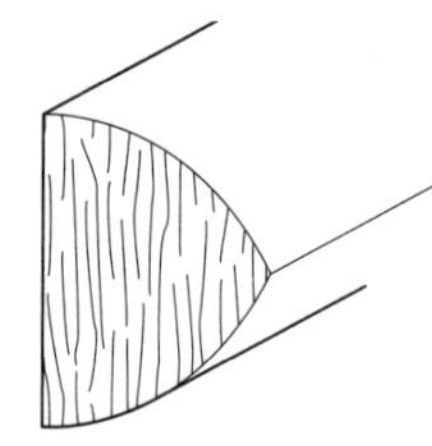

龙骨形线脚
这种线脚的两道曲线相接，形成类似船的龙骨形状的尖形边缘。

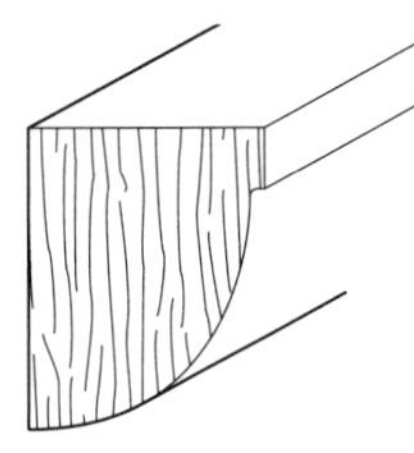

圆凸形线脚
一种凸面的线脚装饰，截面弧线是四分之一圆形。*另见“圆柱和墩柱”一节，第64、65、67、68、69页。*

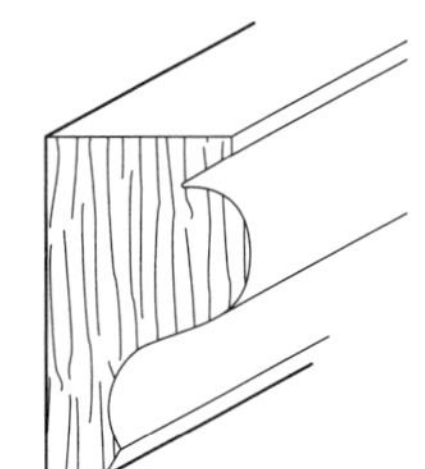

深槽线脚
一种凹痕是连续的横向V字的线脚。

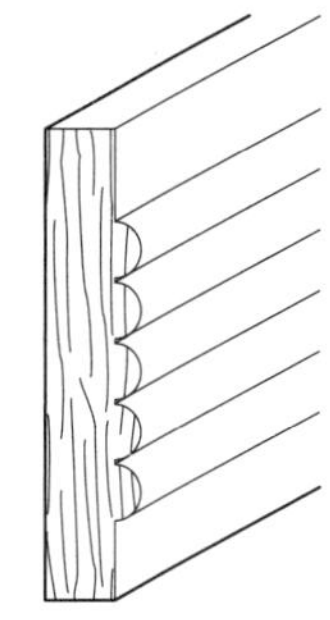

芦苇形线脚
由两个或更多个平行的隆起或突出的线脚组合在一起构成的线脚。

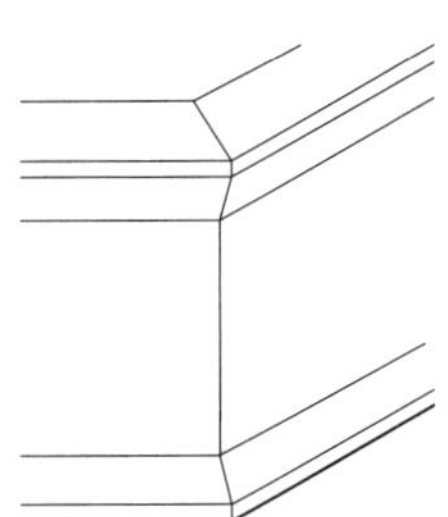

转延
线脚中的90度转弯。*另见“窗和门”一节，第120页。*

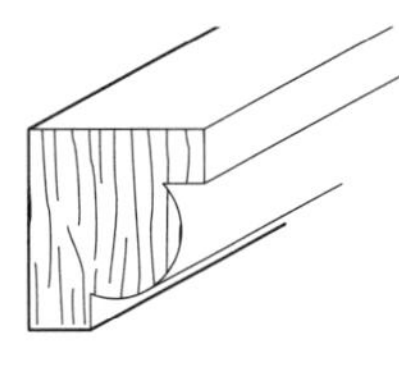

卷形线脚
一种简单的凸出线脚，截面弧线一般是半圆形，有时大于半圆形，常见于中世纪建筑。“卷形-嵌条线脚”是卷形线脚的一种变体，由一个圆形线脚和一根或两根*嵌条（Fillet）*组合而成。

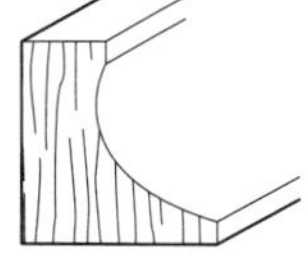

凹圆线
在古典柱式中，位于柱础中部、两条柱脚圆环线脚之间的内凹线脚。*另见“圆柱与墩柱”一节，第65、67、68、69页。*

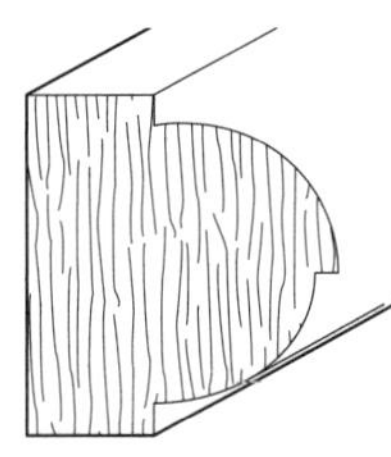

卷轴形线脚
一种伸出的线脚，类似*卷形线脚（Roll）*，但是与之不同的是，卷轴形线脚是由两段曲线组成的，并且上部的曲线伸出到下部曲线之外。

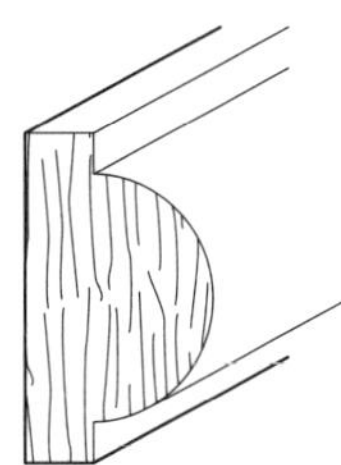

柱脚圆环线脚
主要位于古典圆柱*柱础（Base）*上的显著的外突圆线脚，截面弧线大致是半圆形。*另见“圆柱与墩柱”一节，第65、67、68、69页。*

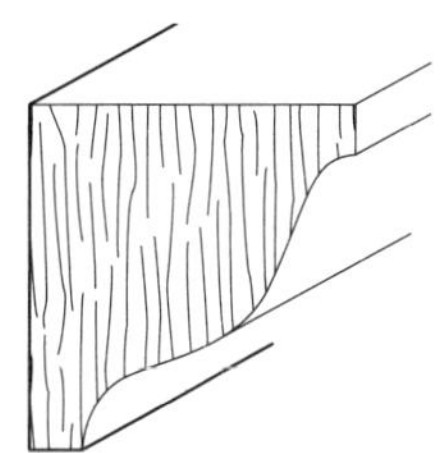

波浪形线脚
由三段曲线组成的线脚，上下两段曲线内凹，中间的曲线外凸。

复杂线脚和装饰元素 / 1

茛苕叶饰 ›
一种仿照茛苕植物叶片形状的装饰样式。可以作为装饰*科林斯（Corinthian）及复合柱式（Composite）柱头（Capitals）*的完整元素，也可以作为线脚组合的独立元素或部分。*另见“圆柱与墩柱”一节，第69页。*

装饰拱顶石 ››
有雕刻的*拱顶石（Keystone）*。

相背组雕 ›
一种由两个形象构成的装饰线脚母题，通常是背对背排列的动物。如果二者面对面，则认为是“被冒犯的”。

龛室 ›
一种典型的在墙体表面的弓形凹陷。与*壁龛（Niche）*的不同之处是，龛室是延伸到地面的。

窗间饰板 ››
在窗户或*壁龛（Niche）*正下方的一块带有浮雕（偶尔是嵌入式的）的平板，通常饰以其他装饰元素。*见“窗和门”一节，第120页。*

忍冬饰 ›
一种模仿忍冬的装饰样式，叶片向内卷。［不同于棕叶饰（Palmette）］。

阿拉伯式花纹 ››
一种复杂的装饰线脚，组成元素为叶形饰、涡卷饰和异兽，没有人物形象。正如其名，阿拉伯式花纹起源于伊斯兰教装饰。

球心花饰 ›
一种近似球形的装饰，即在碗形物或三瓣开口的花形装饰中间嵌入了一颗球。

月桂树叶形饰 ››
一种模仿月桂树叶形状的装饰样式，是常见的古典建筑装饰母题，多见于枕状的（凸出的）*檐壁（Friezes）*、*花彩（Festoons）和花环（Garlands）*装饰物。

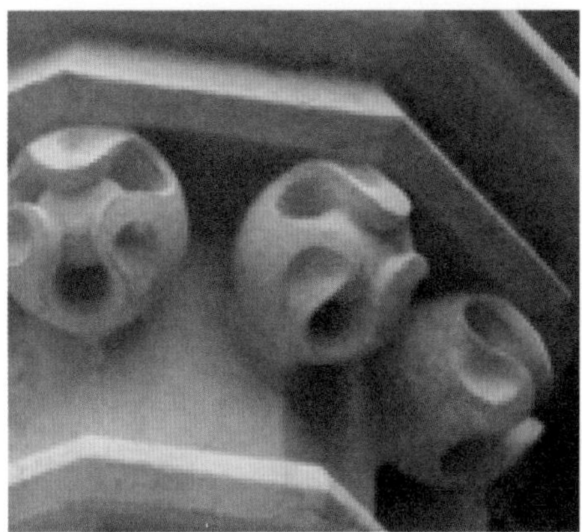

串珠线脚 ›
由一连串椭圆形（有时是瘦长的菱形）或半圆形圆盘交替出现构成的线脚。

鸟嘴饰 ››
由一系列重复出现的鸟头形状组成的装饰，鸟嘴通常十分突出。

圆币饰 ›
硬币或圆盘形状的装饰。

条形线脚 ››
由一系列均匀分布长方体或圆柱体构成的线脚。

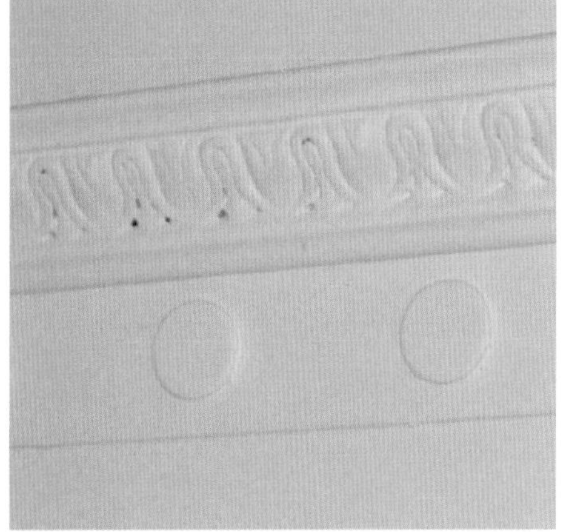

复杂线脚和装饰元素 / 2

牛头饰 ›
公牛头骨造型的一种装饰主题，牛头两侧通常有*花环*（*Garlands*）。有时装饰在*多立克檐壁*（*Doric frieze*）的*柱间壁*（*Metopes*）上［通常与*圆花饰*（*Paterae*）交替出现］。*另见“圆柱与墩柱”一节，第65页。*

卷绳状线脚 ››
一种形状像卷绳或铁索的凸出线脚。

纸卷饰板 ›
一种装饰牌匾，多为椭圆形，其边缘形状类似纸卷，通常用于镌刻文字。*另见“巴洛克教堂”一节，第27页。*

V形饰 ››
重复的V形图案组成的线脚或装饰主题，常见于中世纪建筑。*另见“高层建筑”一节，第56页。*

涡卷支撑 ›
双卷轴形状的支架。

丰饶角饰 ››
一种代表丰饶的装饰元素，通常是羊角内呈现满溢的鲜花、水果及谷物。

门耳/窗耳 ›
常见于门套或窗套四角上的长方形线脚，一般是垂直或水平的水平物或突出物。

齿状线脚 ››
古典檐口的底面上重复出现的正方形或者长方形块体。*另见“圆柱和墩柱”一节，第67、68、69页。*

花格装饰 ›
任何重复网格组成的装饰图案。

犬齿形饰 ››
分成四瓣的金字塔形状装饰，常见于中世纪建筑（此处位于两拱之间的连接处下方）。

水滴形饰 ›
从一个点垂落下来的表面装饰物。

蛋矛线脚 ››
一种装饰线脚，由蛋形和尖顶形交替排列而构成。

花彩形饰 ›
在建筑物表面上，悬挂在若干（一般是偶数）相隔的点之间的成串的花朵装饰，通常呈弓形或曲线形状。

回纹饰 ››
完全用直线组成的重复的几何形线脚。

叶形饰 ›
泛指叶片形状的任何装饰。

花环饰 ››
由花和叶组成的花环状线脚。

怪异风格装饰 ›
一种类似阿拉伯式花纹的复杂装饰线脚，但是带有人物形象。这种怪异风格装饰起源于被重新发现的古罗马装饰形式。*另见“阿拉伯式花纹”一节，第109页。*

扭索纹饰 ››
由两个或更多个交叉、弯曲的窄条带重复出现构成的线脚。

纯灰色画装饰 ››
完全用灰色浓淡变化描绘形象，用来模拟*浮雕（Relief）*的效果。

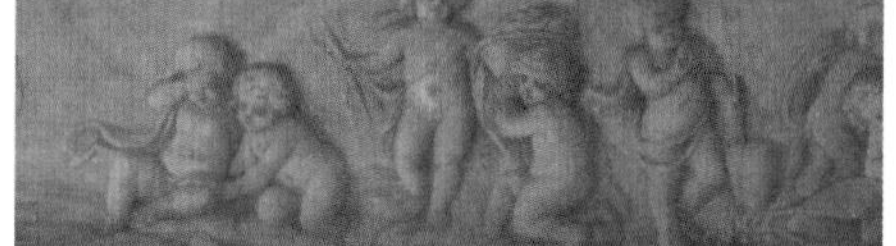

复杂线脚和装饰元素 / 3

头像界碑 ›
底端渐细的雕像*基座（Pedestal）*，上端是神话人物或动物的半身像。“Term”一词源自“Terminus”，指的是罗马的边界之神。如果界碑上的雕像是希腊神话中的信使神赫尔墨斯（罗马神话中的墨丘利），则使用“Term”的变体——“Herm”。*另见“巴洛克教堂”一节，第27页。*

壳状饰 ››
一种像钟形的装饰主题。有时连接着*花彩饰（Festoon）*、*花环饰（Garland）*或*水滴形饰（Drop）*。

镶嵌细工 ›
在表面镶嵌木细条或其他形状木材，形成装饰图案或人物画的工艺。也可以用大理石镶嵌在墙壁，尤其是地板上，形成极其光滑的装饰图案，如此图。

面部雕像 ›
一种装饰主题，一般是风格化的人物或动物面部。*另见“巴洛克教堂”一节，第27页；“公共建筑”一节，第47页。*

（大奖章形的）圆形装饰物 ››
圆形或椭圆形的装饰牌匾，通常装饰有雕刻或绘画人物或场景。*另见“巴洛克教堂”一节，第27页；“郊区住宅和别墅”一节，第36页。*

飞檐托饰 ›
一种*涡卷支撑（Console）*，通常附加着从科林斯或复合*柱头（Capital）*的挑檐底面伸出来的莨苕叶饰的*叶片（Acanthus leaf）*，也可用于他处。*另见“肘托”一节，第120页；“涡卷支撑”一节，第120页。*

钉头饰 ›
一系列重复出现的像钉头形状的金字塔形突出物构成的线脚。如果金字塔形突出物缩进墙里面，叫作“空心四方块体”。常见于诺曼式和罗马式建筑。

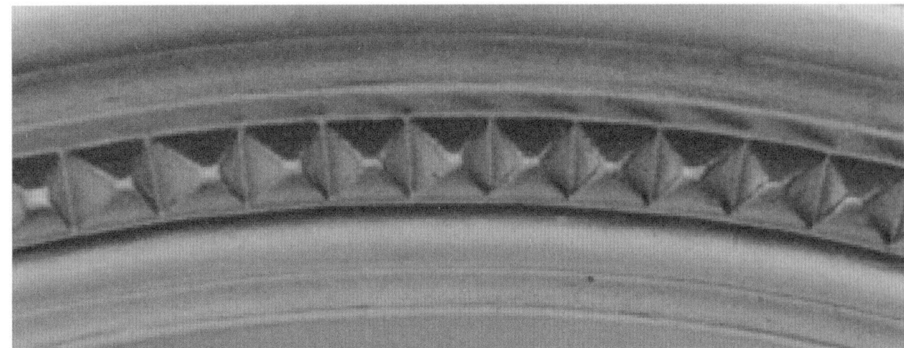

壁龛 ›
墙面上的拱形凹处，用来放置雕像或者只是为了增加表面变化。*另见“立柱山墙饰”一节，第103页；“中世纪大教堂”一节，第15页；“巴洛克教堂”一节，第27、28、29页；“郊区住宅和别墅”一节，第36页；“公共建筑”一节，第46页。*

棕叶饰 ››
一种模仿扇形棕榈叶的装饰样式，叶片向外卷。*另见“忍冬饰”一节，第109页。*

圆花饰 ›››
多见于多立克*檐壁（Doric frieze）*的*柱间壁（Metopes）*上的圆盘状装饰［通常与*牛头饰（Bucranium）*交替出现］。

盾形饰 ›
形状像椭圆形或者新月形盾牌的装饰主题。

裸体小儿雕像饰 ››
小男孩雕像，通常是裸体的小天使造型。有时也称为“amorino”。*另见“巴洛克教堂”一节，第27页。*

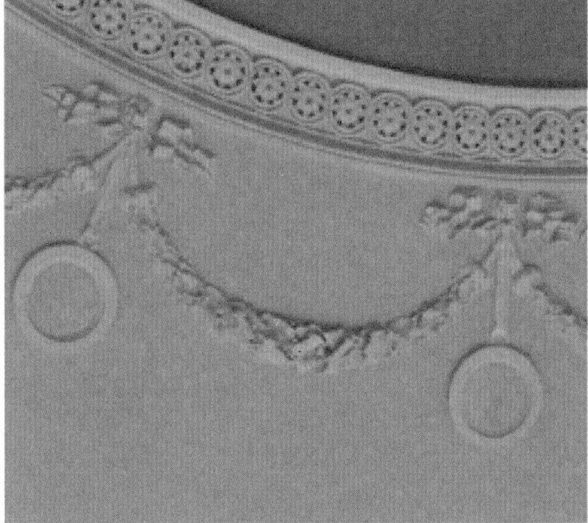

门头饰 ›
安装在门顶部的通常带有绘画或半身像的装饰镶板；有时嵌在门框里。

卵形饰 ››
一种蛋形装饰元素，如*蛋矛线脚（Egg-and-dart）*中的蛋形装饰物。

复杂线脚和装饰元素 / 4

锯齿叶形饰 ›
卷曲的、边缘有锯齿的叶片形状装饰，常见于洛可可式装饰。

卷草纹条饰 ››
由多茎的、交织的葡萄藤和叶子构成的装饰主题。

浮雕 ›
一种雕刻表面，花纹有时凸出有时内凹进表面。浅浮雕或“basso-relievo”的人物从背景突出的程度不超过它们的真实深度一半；高浮雕或“alto-relievo”的人物从背景凸出的程度超过它们的真实深度一半；半浮雕或“mezzo-relievo”介于高浮雕和低浮雕之间。凹浮雕或“cavo-relievo”的雕刻场景凹进于而不是凸出于背景，也被称为“intaglio”或“diaglyph”。扁平浮雕或“Rilievo stiacciato”是一种人物极端扁平的浮雕，这种手法最常见于意大利文艺复兴时期的雕刻作品中。

玫瑰形饰 ›
像是玫瑰花形状的圆形装饰。

小圆盘饰 ››
一种圆形镶板或线脚。小圆盘饰能够被用作独立的装饰主题（如此处），但是更常见的是作为一个较大的装饰组合中的一部分。*另见“屋顶”一节，第142页。*

连续花饰 ›
延续不断的装饰，通常是交缠的带状装饰。

扇贝形饰 ›
通过交错的凸起锥形和凹槽创造出像扇贝一样的图案。*另见“扇贝柱头”一节，“圆柱和墩柱”一节，第71页。*

垂花饰 ››
类似于*花彩形饰（Festoon）*，垂花饰是在建筑物表面上悬挂在若干（一般是偶数）相隔的点之间的成串的织物形态装饰，通常呈弓形或曲线形状。

错视画 ›
法语，意为“欺骗眼睛”，是一种绘画技巧，能够在二维平面上创造出三维幻觉的艺术形式。*另见“纯灰色画装饰”一节，第111页。*

维特鲁威式涡卷饰 ››
重复出现的波浪形状构成的线脚，有时也被称为“波形涡卷饰”。

幌菊叶饰 ›
一种装饰线脚，由重复出现的叶片形状构成，叶片顶端折成小卷轴的形状，有时与箭褶形交替出现。

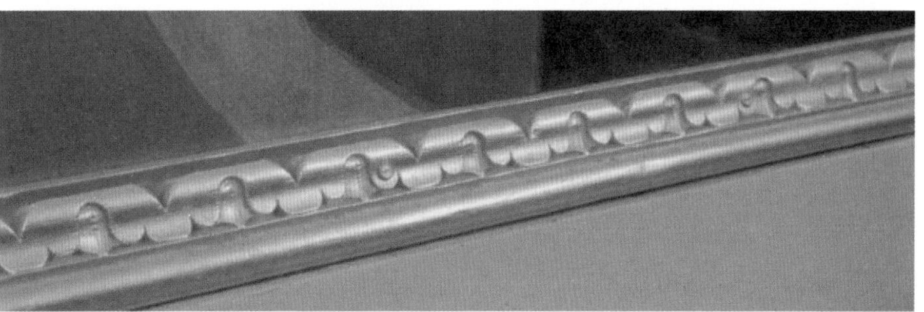

窗和门 › 类型 / 1

窗和门是每座建筑必不可少的元素。如果将围合空间视作建筑物的基本特征，那么窗和门的功能就是促进由建筑物分隔出的外部和内部空间之间的光线、空气、热量和人流流通。

早期的窗户通过活动窗板完成开合，后来出现了玻璃窗，不仅更好地保护了内部空间不受外界各种因素的侵扰，也增加了进光量。早期的门基本都是用耐用的木板和金属制作的平开门，后来出现了滑动门以及大型强化玻璃门，模糊了窗和门的区别。

窗和门会透过外墙或内墙，并且一般是承重墙，因此不仅有共同的结构特性，也发展或显示出了共同的美学特征。由于位置显著，窗和门的安排及建筑连接通常是建筑物正面的基础特征之一。

固定窗

没有可以开启或关闭部分的窗户。使用固定窗的原因有很多。早期主要是因为制造开启装置的难度和花费都较高，比如华丽的花饰窗格。在现代，可能是为了确保整幢建筑的环境和空调系统的工作效率，或者是出于安全因素，如高层建筑中使用的固定窗。

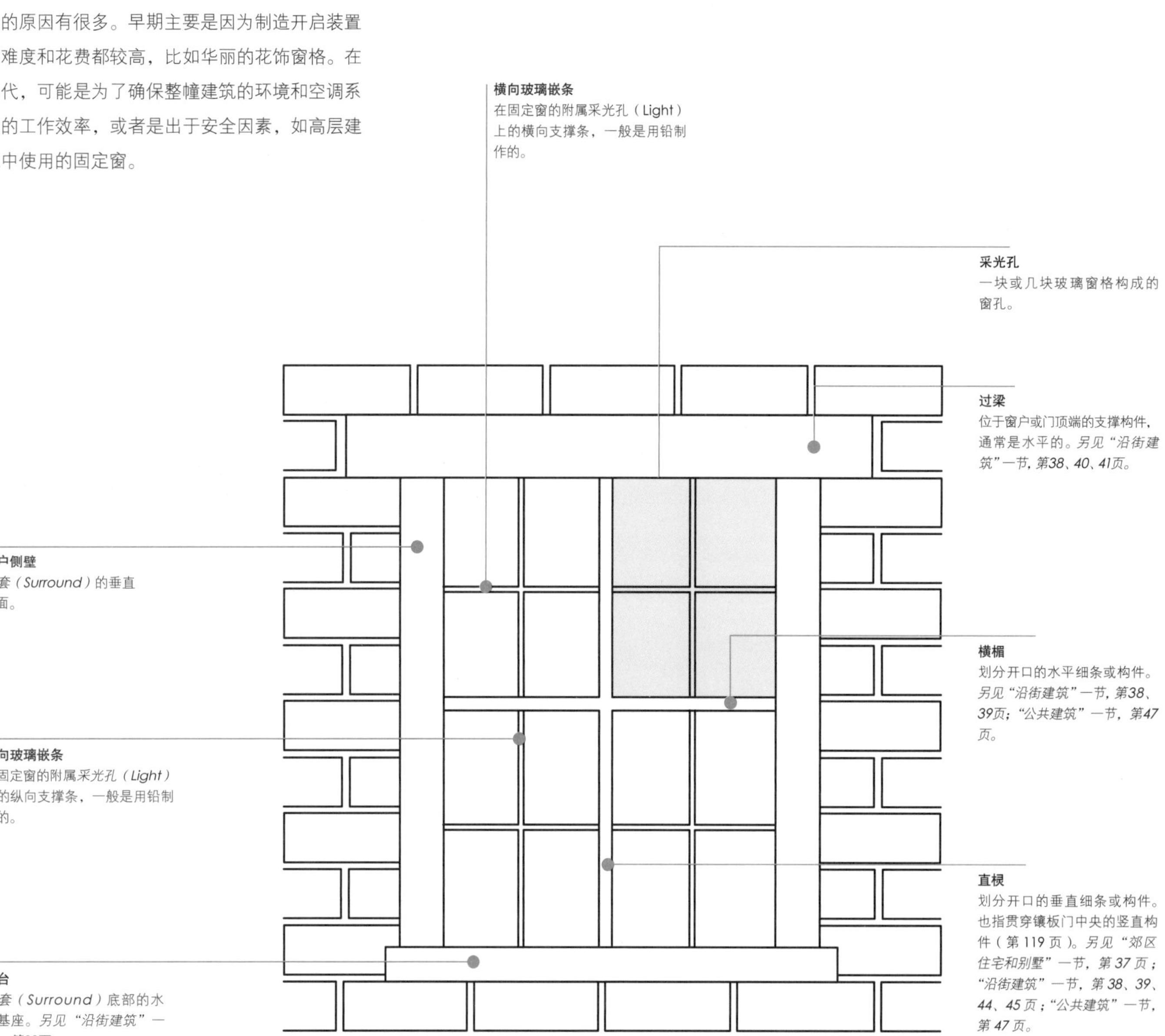

竖铰链窗

用一个或多个铰链固定在窗框一侧的窗户。*另见“沿街建筑”一节，第38、42页；“墙体和表皮”一节，第106页。*

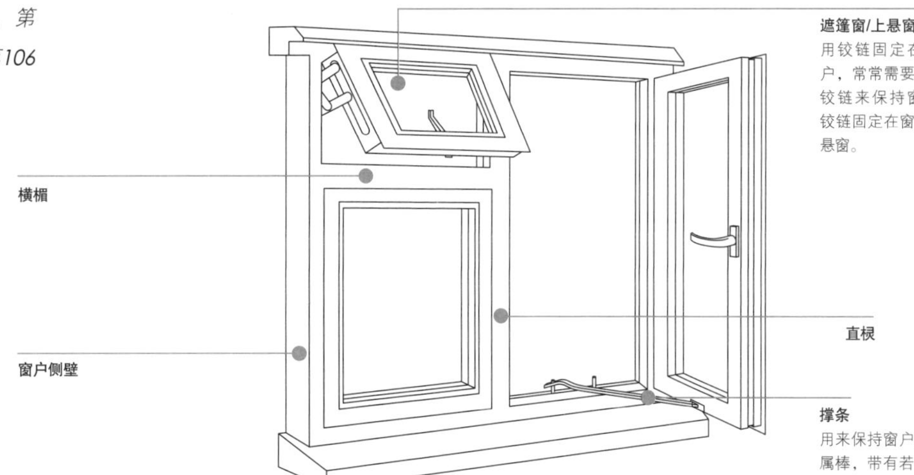

直拉窗

由一个或更多框格组成的窗户。框格是指装有一片或更多窗格玻璃的木制边框。直拉窗被嵌入窗户侧壁（Jambs）的凹槽中，可以垂直上下拉动。配重装置通常隐藏在窗框里，通过细绳或滑轮系统与框格相连。*另见“郊区住宅和别墅”一节，第 36 页；“沿街建筑”一节，第 41 页。*

窗户侧壁

窗格条
附属的玻璃装配条。在直拉窗中用来分隔并固定玻璃窗格。

横楣

上下窗碰头横档
上下两扇直拉窗中的横档，当窗户关闭时相互碰合。

饰边
泛指开口的框架，通常带有装饰。*另见“沿街建筑”一节，第39、42页；“墙体和表皮”一节，第87页。*

直棂

窗和门 › 类型 / 2

平开门

用合页固定在门套一侧的门，能够以合页为枢轴旋转开启或关闭，是最常见的门的样式。平开门的材质和尺寸非常丰富，但是最常见的是长方形门。有些平开门安装了自动闭合器（一种能够在门微开状态下完成自动关闭的精巧装置），有些能完成自动开合。

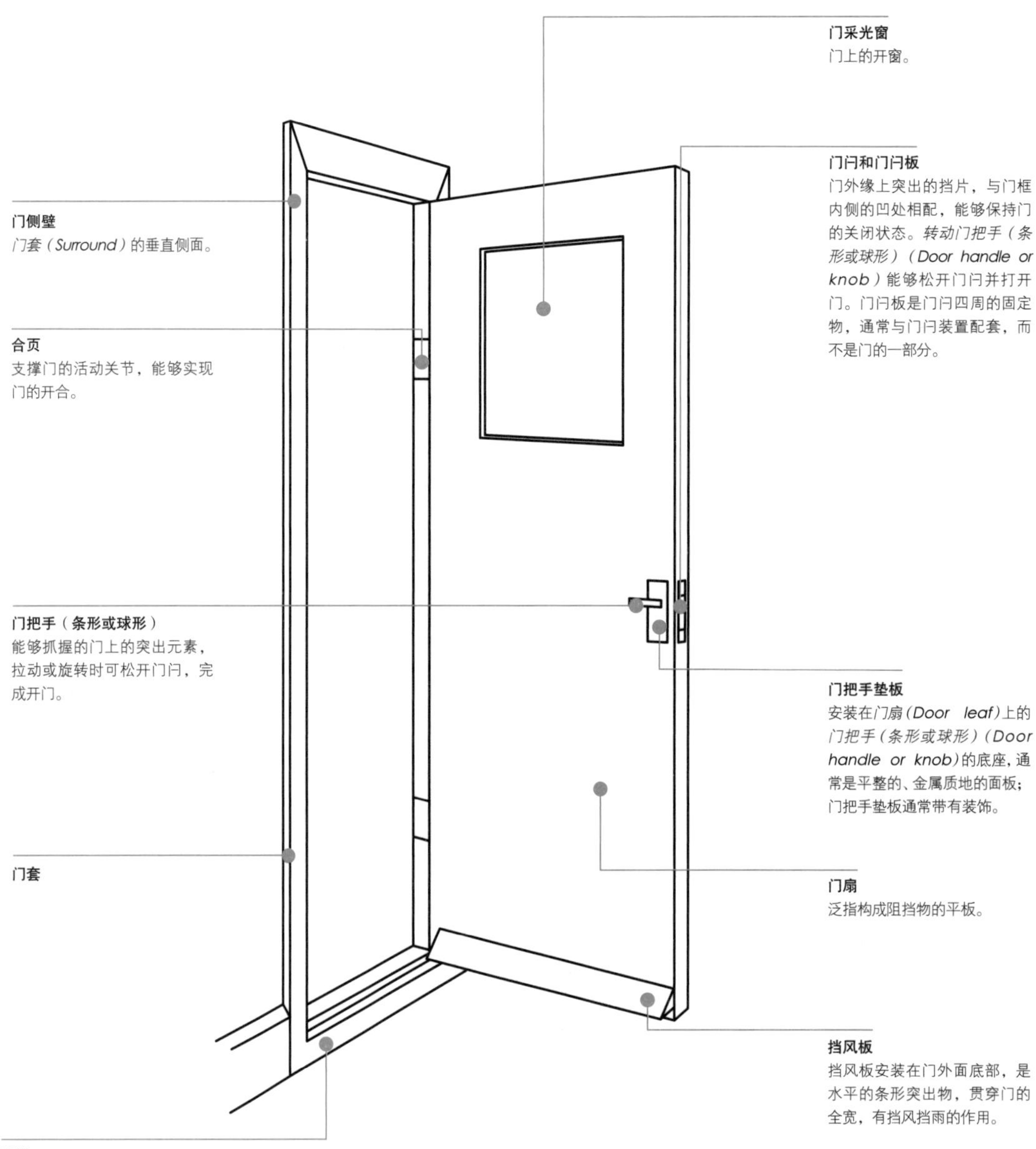

门采光窗
门上的开窗。

门闩和门闩板
门外缘上突出的挡片，与门框内侧的凹处相配，能够保持门的关闭状态。*转动门把手（条形或球形）*（*Door handle or knob*）能够松开门闩并打开门。门闩板是门闩四周的固定物，通常与门闩装置配套，而不是门的一部分。

门侧壁
*门套（Surround）*的垂直侧面。

合页
支撑门的活动关节，能够实现门的开合。

门把手（条形或球形）
能够抓握的门上的突出元素，拉动或旋转时可松开门闩，完成开门。

门把手垫板
安装在*门扇*（*Door leaf*）上的*门把手（条形或球形）*（*Door handle or knob*）的底座，通常是平整的、金属质地的面板；门把手垫板通常带有装饰。

门套

门扇
泛指构成阻挡物的平板。

挡风板
挡风板安装在门外面底部，是水平的条形突出物，贯穿门的全宽，有挡风挡雨的作用。

门槛
通常是石质或木质的横条，位于门框的底部。*门扇*（*Door leaf*）固定在门框上。

格板门

用木板填充在横梃、竖梃、直棂和门中梃构架中，这样的方式制作的门叫作格板门。*另见“沿街建筑”一节，第 41 页；“墙体和表皮”一节，第 105 页。*

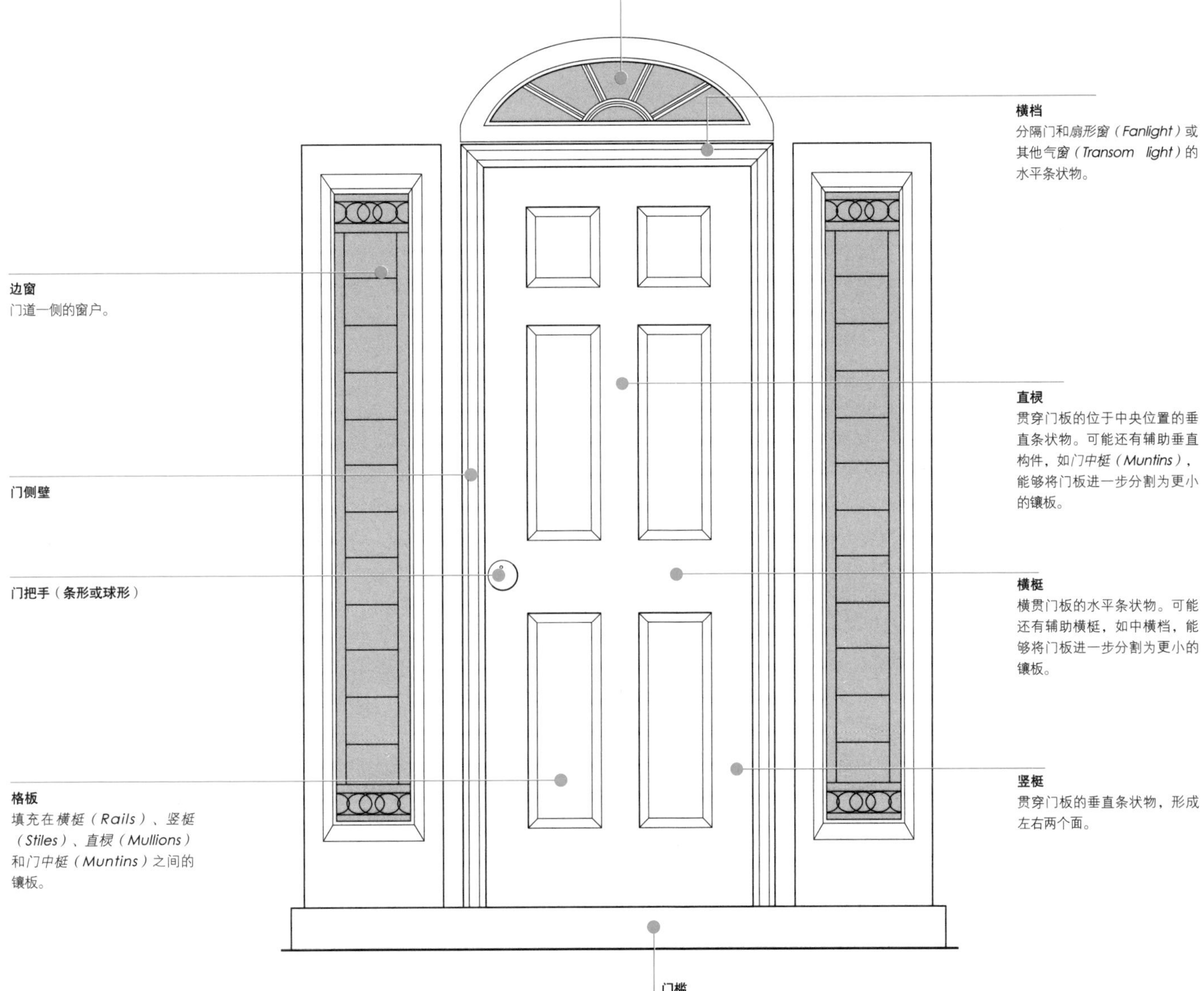

装饰开口 › 古典开口

窗和门的尺寸和间隔方式是古典建筑正面的比例逻辑的重要因素。虽然也有一些圆头窗和门（如果把气窗算作门的一部分），但是大部分古典开口是长方形的。古典建筑正面窗户的高度各不相同，如最高的主厅采光窗，较矮的夹层和地下室采光窗。

在古典建筑中，对窗和门的处理方式十分相似，通常四周用线脚做饰边，顶部装檐口。一般用涡卷支撑（双卷轴形状的支架）来支持檐口，并且与开口两侧的窗侧壁或门侧壁相连。大部分情况下，古典窗和门顶部都装设有三角山墙，并形成了小型柱式门廊神庙正面这种装饰主题。三角形的山墙是最常见的山墙形状，但也有其他形状。例如，在帕拉迪奥式建筑中，弓形山墙常常与三角形山墙交替出现在成行的窗户顶部。*另见“古典神庙”一节，第8页；“文艺复兴式教堂”一节，第22、23页；“郊区住宅和别墅”一节，第35、36页。*

三角山墙
坡度较小的三角形山墙端头；古典神庙正面的关键元素。此处，三角山墙位于开口顶部。*另见“古典神庙”一节，第8页；“文艺复兴式教堂”一节，第23、25页；“巴洛克教堂”一节，第27页。*

檐口
开口饰边顶部的突出线脚。

饰边
泛指开口的框架，通常带有装饰。*另见“沿街建筑”一节，第39、42页；“墙体和表皮”一节，第87页。*

窗侧壁内侧
窗户*侧壁（Jamb）*的内侧，垂直于窗框。如果不垂直，叫作“斜面”。

压顶
墙体、*栏杆（Balustrade）*或*三角山墙（Pediment）*顶部的覆盖层，一般是突出的、倾斜的，有排水作用。

凸肩
开口顶部的两个对称横向突出物。形成凸肩的一般是较小的长方形扁平物，有时也有更复杂的装饰。如果凸肩上结合了垂直的扁平物，形成长方形，这种四角上的装饰叫作门耳/窗耳（*Crossette*）。*另见“沿街建筑”一节，第39页；“公共建筑”一节，第46页。*

转延
线脚中的90度转弯。*另见“墙体和表皮”一节，第107页。*

肘托 ›
用来支撑窗套和门套（*Surround*）的*檐部（Entablature）*的托架。*另见“飞檐托饰”一节，第112页。*

涡卷支撑 ››
双卷轴形状的支架。此处用来支撑窗套和门套（*Surround*）的檐部（*Entablature*）。*另见“飞檐托饰”一节，第112页。*

窗间饰板 ›››
在窗户或*壁龛（Niche）*正下方的一块带有浮雕的平板，通常饰以其他装饰元素。*另见“墙体和表皮”一节，第108页。*

装饰开口 › 三角山墙类型

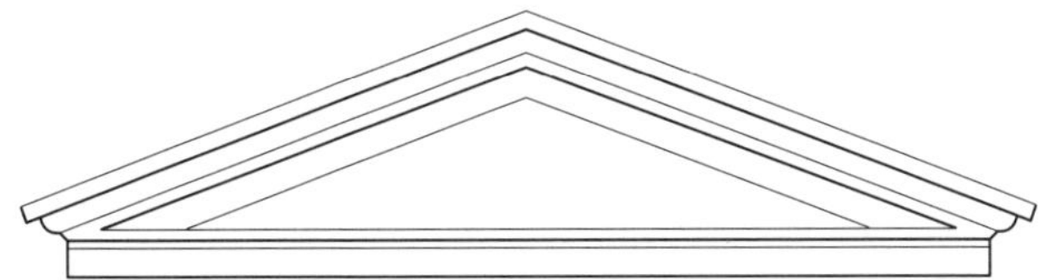

山墙饰内三角面
在古典建筑中，由*三角山墙*（*Pediment*）构成的三角形（或弓形）区域，有内嵌和装饰性的典型特征，往往饰以造型丰富的雕像。*另见“古典神庙”一节，第8页；“中世纪大教堂”一节，第19页；“公共建筑”一节，第48、50页。*

天鹅颈山墙
类似*涡卷饰三角山墙*（*Scrolled pediment*），山墙的端点造型是一对相对的弧度较小的S形曲线。

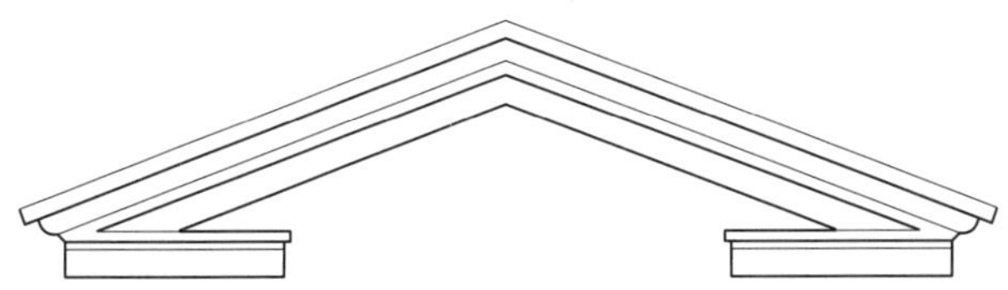

断裂山墙
任何水平底边中间有断开处的三角山墙，叫作断裂山墙。

开口山墙
山墙（三角形或弓形）的顶端留有缺口，山墙两端在中央不交会。

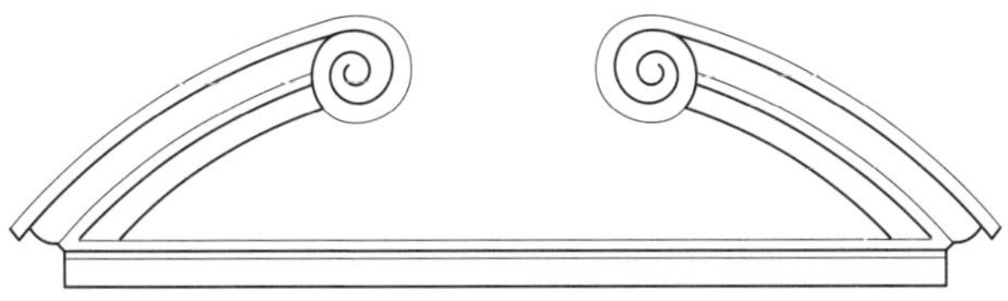

弓形山墙
类似于三角形山墙，只不过三角形被较平滑的曲线所代替。*另见“中世纪大教堂”一节，第25页；“公共建筑”一节，第47页。*

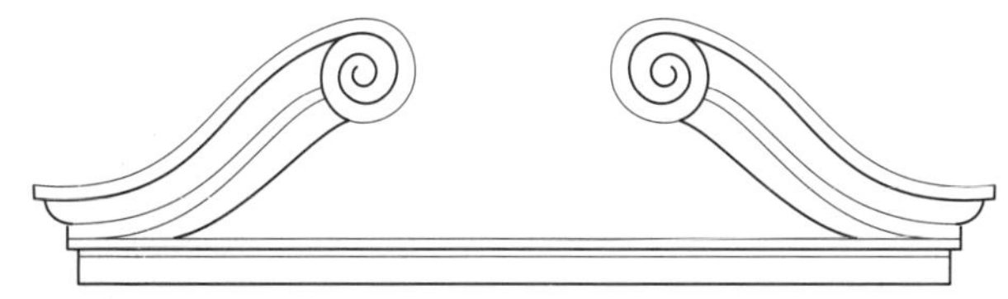

涡卷饰三角山墙
类似*开口弓形山墙*（*Open segmental pediment*），不同的是山墙端点卷曲成卷轴状。

哥特式开口 › 花饰窗格元素

如本书第二章中所述，哥特式窗和门的特征是各种形状的尖形拱券立面。与古典建筑的窗和门一样，哥特式窗对中世纪和中世纪化建筑的内、外立面的建筑连接起到了关键作用，特别是在大教堂建筑中。在中世纪教堂或大教堂中，窗户的排列与开间数量相呼应，建立起了内、外立面之间清晰的视觉连接。

哥特式窗户开口一般是带有“花饰窗格”的，配合着四周的细石条和镶嵌的彩色玻璃，形成装饰图案或人物场景。在不同的时期和地点，涌现出了不同的花饰窗格风格。

水滴形窗饰
形状像水滴的花饰窗格元素。

匕首形窗饰
形状像匕首的花饰窗格元素。

扁条
在构成花饰窗格图案的玻璃窗格之间的薄石条。

叶形饰
两个*尖瓣*（*Cusp*）之间形成的弯曲空间，有时是叶片的形状。

尖瓣
在曲线或叶形饰的拱形边上的弯曲的三角形凹痕。

拱檐线脚
一种罩在孔口上方的突出线脚，多用于中世纪建筑。如果拱檐线脚呈直线，叫作“矩形拱檐线脚”。*另见“墙体和表皮”一节，第104页。*

端点
位于*拱底座*（*Impost*）*层的拱檐线脚*（*Hood mould*）或矩形拱檐线脚的终止处。在端点处，有时会装饰*球心花饰*（*Ball flower*），有时拱檐线脚会在此处脱离开口。*另见“墙体和表皮”一节，第109页。*

门窗口的中央柱 ›
拱形的窗或门口的中央的*直棂*（*Mullion*）用于支撑两个较小拱券上方的山墙饰内*三角面*（*Tympanum*）。*另见“中世纪大教堂”一节，第19页。*

哥特式开口 › 花饰窗格类型

平板式花饰窗格 ›
一种基本的花饰窗格类型，平板式图案切入或穿透石头表面。

几何形花饰窗格 ››
一种简洁的花饰窗格，由一系列圆形组成，圆形内部通常装饰有*叶形饰（Foils）*。*另见“公共建筑”一节，第48页。*

Y形花饰窗格 ›››
一种简洁的花饰窗格，位于中央的*直棂（Mullion）*将窗孔一分为二，形成Y的形状。

交叉或分枝形花饰窗格 ›
*直棂（Mullion）*在起拱点将窗孔一分为二，并且继续延伸为平行于拱券的曲线。

曲线花饰窗格 ››
由连续的曲线和交叉的*扁条（Bars）*组成的花饰窗格。*另见“中世纪大教堂”一节，第14、15页。*

火焰式花饰窗格 ›››
形态更加复杂的*曲线花饰窗格（Curvilinear or flowing tracery）*。

网状花饰窗格 ›
重复的网状图案构成的花饰窗格，网格通常是四叶形，且顶部和底部的叶片形状被拉长成葱形（两条S形曲线）而不是圆曲线。

镶板或垂直花饰窗格 ››
用若干*直棂（Mullion）*将窗孔分隔成多个竖直单位的窗格图案。

盲式花饰窗格 ›››
用表面*浮雕（Relief）*代替开口的窗格图案。

常见窗户类型 / 1

以下选取的是各个建筑时期中，部分最常见的窗户类型和形状。

十字窗
一道*直棂*（*Mullion*）和一道*横楣*（*Transom*）交叉形成十字的窗户。

采光孔
一块或几块玻璃窗格构成的窗孔。

横楣
划分开口的水平细条或构件。*另见“沿街建筑”一节，第38页；“公共建筑”一节，第47页。*

直棂
另见“郊区住宅和别墅”一节，第37页；“沿街建筑”一节，第38、44、45页；“公共建筑”一节，第47页。

格子窗
小正方形或菱形玻璃窗格构成的窗户，窗格被有槽铅条分隔。

方形/菱形玻璃
小块的正方形或菱形玻璃，常用在铅条格子窗中。

有槽铅条
在竖铰链窗或彩色玻璃窗中，用来连接各个玻璃窗格的铅条，其横截面一般是H形，方便玻璃窗格的安装。

圆头窗 ›
过梁（*Lintel*）是拱形的窗户。*另见"拱券"一节，第73页；公共建筑（Public Buildings），第50页。*

尖窗 ››
过梁（*Lintel*）是尖券的窗户。*另见拱券（Arches），第74页。*

柳叶窗 ›››
细长的尖窗，常常三个一组。因其形似柳叶刀而得名。*另见"中世纪大教堂"一节，第19页。*

眼窗/公牛眼窗 ›
一种没有花饰窗格的简单圆窗。也指位于穹隆顶部的凸面采光孔，可以在建筑物内部看到（最著名的是罗马万神庙的眼窗）。*另见"文艺复兴式教堂"一节，第23页；"屋顶"一节，第141、142页。*

玫瑰窗 ››
一种圆形窗户，带有极其复杂的花饰窗格，呈现出多瓣玫瑰花的样式。*另见"中世纪大教堂"一节，第14页。*

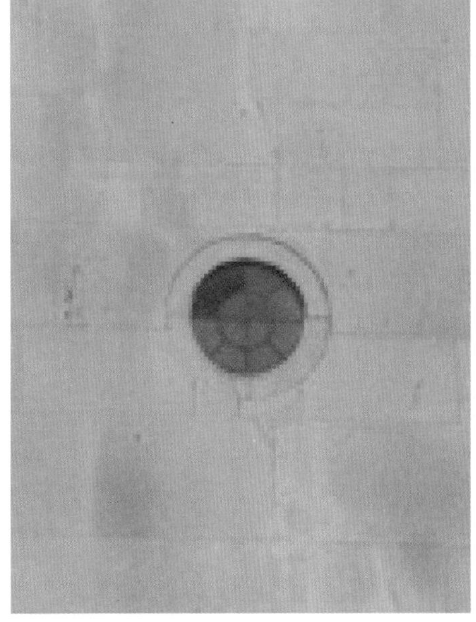

吉布斯窗 ›
一种古典窗户样式，特点是窗套装饰有重复的*粗面石块*（*Rustication*），顶部安放着较大块的*拱顶石*（*Keystone*）。吉布斯窗得名于英国建筑师詹姆斯·吉布斯（James Gibbs），并成为注册商标，但这种窗的样式可能起源于文艺复兴时期的意大利。*另见"窗和门"一节，第87页。*

威尼斯窗/帕拉迪奥窗/塞里欧窗 ››
一种三分式窗，中间的采光窗较大，顶部是拱形；两侧窗较小，顶部是平的。特别豪华的威尼斯窗/帕拉迪奥窗/塞里欧窗有柱子装饰和装饰性*拱顶石*（*Keystone*）。

常见窗户类型 / 2

迪欧克勒提安窗或浴室窗 ›
半圆形窗，被两根垂直的*直棂*（*Mullions*）分成三部分，中央采光孔较大。这种窗起源于罗马的迪欧克勒提安浴室，因此也被称为浴室窗。

钢构竖铰链窗 ››
一种使用钢而不是铅制作框架的竖铰链窗，通常可大规模生产。钢构竖铰链窗是20世纪早期建筑的特征之一。

陈列橱窗 ›
木制、类似橱窗的窗户，比较传统的是多窗格式，一般出现在商店*正面*（*Shop fronts*）。*另见“沿街建筑”一节，第38页。*

店面窗 ››
商店沿街面上的窗户，为了展示商品，通常较大。

水平长窗 ›
相同高度的一系列窗户，仅以*直棂*（*Mullions*）分隔，穿过建筑物形成水平带状。有时，窗上会安装折叠推拉框，能够调整阳光的入射角度，并能够折叠在一起。*另见“折叠推拉门”一节，第131页；“郊区住宅和别墅”一节，第37页；“公共建筑”一节，第51页；“现代建筑物”一节，第53页。*

PVC框架竖铰链窗 ››
能够大规模生产的竖铰链窗，框架材料是PVC。与钢构相比，PVC材料更加便宜，而且不易生锈。

突出窗和阳台 / 1

并不是所有的窗都与墙面齐平，相反地，有很多种窗户是突出在墙面之外的，有时是为了增加内部面积，有时纯粹是为了建筑效果。在这个部分中，也介绍了与窗户有关的突出元素，如阳台、百叶窗等。

凸肚窗 ›
突出于二层或更上层墙面的窗户，但是不会延伸到底层。*另见“郊区住宅和别墅”一节，第34页；“沿街建筑”一节，第38、43页。*

凸窗 ››
凸窗可能始于底层，高度延伸一层或更多层楼面，一般是呈直角的。“弓形窗”是凸窗的变体，一般是弯曲的。

外挑窗 ›
突出于外墙面的上层楼面窗户，与*凸窗（Oriel window）*的不同之处是，外挑窗的宽度通常大于一个开间。

梯形窗 ››
突出于外墙面的不规则四边形窗，有多个采光孔。

突出窗和阳台 / 2

阳台
阳台是附加在建筑外部的平台——悬臂式或由托架支撑，阳台边缘安装了*围栏（Railing）*或*栏杆（Balustrade）*。*另见“沿街建筑”一节，第39页；“现代建筑物”一节，第53、55页。*

围栏
部分围绕着一个空间或平台的类似篱笆的结构。支撑围栏的竖直构件通常带有装饰。*另见“沿街建筑”一节，第41页。*

眺台式窗栏
安装在上层楼层窗户的靠下部位的框架结构，一般为铸铁制造，有时也由*石头栏杆（Balustrade）*构成。*另见“沿街建筑”一节，第41-44页。*

栏杆柱
一般是石质结构，排列成排，与其他部件共同支撑*围栏（Railing）*或者*栏杆（Balustrade）*。

栏杆
支撑*围栏（Railing）*或*压顶（Coping）*的一系列栏杆柱。*另见“巴洛克教堂”一节，第26页；“沿街建筑”一节，第39、44页；“公共建筑”一节，第47页。*

活动窗板
用铰链固定在窗户一侧的面板，通常是百叶式的，用来遮光或防盗，可以安装在窗口内侧或外侧。*另见“沿街建筑”一节，第40、44页；“公共建筑”一节，第47页。*

百叶窗
安装在窗［通常是*活动窗板（Shutter）*上］、门或墙面上的成排的有角度的板条，可透光、通风，也能够遮挡直射阳光。*另见“高层建筑”一节，第59页。*

屋顶采光

各种屋顶都可以通过安装窗户来帮助下方的空间采光，小到嵌入住宅屋顶的小天窗，大到大教堂穹隆（*Dome*）顶部的穹顶（*Cupola*）。

天窗 ›
与屋顶面平行的窗子。有时会做出一个小穹隆（*Dome*），特别是平屋顶的情况下，目的是增加进光量。*另见“沿街建筑”一节，第42页。*

老虎窗 ››
突出坡屋顶平面的竖向窗。为了增加采光量和可用空间，常常会在已建成的房屋上增建老虎窗。*另见“沿街建筑”一节，第41、42、43页；“公共建筑”一节，第49页。*

屋顶窗 ›
*老虎窗（Dormer Window）*的一种，一般指安装在*尖顶（Spire）*上的*百叶式的（Louvres）*的*山墙（Gabled）*开口。*另见“中世纪大教堂”一节，第14页；“公共建筑”一节，第47页。*

穹顶 ››
一种类似穹隆的小型结构，通常在平面上呈圆形或八边形的构筑物，位于*穹隆（Dome）*顶部，有时被用作观景台。总是镶嵌着大面积玻璃，使得光线可以进入下面的空间，因此也被称为*“灯亭”（Lantern）*。*另见“屋顶”（Roofs），第141页。*

常见门类型

以下选取的是各个建筑时期中部分最常见的门的类型和形状。

单扇门 ›
只有一个门扇（*Leaf*）的门。

双扇门 ››
有两个门扇（*Leaf*）的门，门扇分别固定在相对的门框上。

荷兰门或两截门 ›
一种单扇门，在中央被水平地一分为二，所以上下两个门扇（*Leaf*）可以独立开合。

隐门 ››
一种与墙齐平的隐形内部门。

落地窗 ›
实际上是一种双扇门，带有很大窗孔，一般用在家庭住宅，开门即通往花园。

旋转门 ››
常用于客流量较大的建筑。由固定在中央旋转轴上的四个门扇组成，推动其中一扇可以转动门（有时是机动化的）。这种设计确保了门内外空气无法直接对流，对调节内部温度十分有效。

滑动门›
滑动门被安装在与门面平行的轨道上，开门时，门沿着轨道滑动，与墙面或相邻门洞的表面重合。有时，门会滑动进墙体内部。

折叠推拉门›
由一组门扇（*Leaf*）组成，可以沿轨道滑动，各个门扇能够折叠在一起；一般安装在比较大的门洞上。

上翻门››
能够借助配重装置升起到门洞顶部；一般用作车库门。

卷门›
由一系列组合在一起的水平板条构成的门，可以上卷开启。

自动开启/自动门››
不用借助人力就能打开的门。使用者只要触发了红外线、动作或压力感应器，门就会借助机械力打开。

屋顶 › 类型

建筑物能够保护内部空间不受外部因素侵袭，而屋顶作为闭合建筑物顶部的构件，是每座建筑物必不可少的。有些屋顶从墙体延伸而上，包含在建筑物结构中，而有些屋顶则采用了不同的样式或材质，几乎成为完全独立的结构。

屋顶的外表面基本都是倾斜的，方便排出沉淀物。尽管斜屋顶有这些优点，平屋顶却成为20世纪和21世纪建筑的常用形式，一方面是为了美观，另一方面为了创造更多有用空间。在建筑物内部，省去了无用的阁楼空间；在外部，平屋顶能够成为实现服务功能或休闲功能的平台。

本节介绍了各种屋顶样式，它们不仅具有重要的实用价值，而且也极具建筑表现力。例如，在教堂和大教堂中建造的尖顶和穹隆，就承载了美学、文化，甚至宗教意义。

单坡屋顶 ›
斜靠向垂直墙壁的只有一个斜面的屋顶。

坡屋顶 ››
有两个斜面的单屋脊屋顶，两端有*山墙*（*Gable*）。这个术语有时也可以指代任何斜面屋顶。*另见第136页。*

四坡屋顶 ›
类似于*坡屋顶*（*Pitched roof*），但是两端没有*山墙*（*Gable*）。四坡屋顶的四面都有坡面。如果相对两面是部分带斜屋脊、部分带山墙的，叫作半斜屋脊屋顶。

芒萨尔式屋顶 ››
有两道斜面的屋顶，下部比上部更陡。这种屋顶通常装设*老虎窗*（*Dormer windows*）并且在端头带斜*屋脊*（*Hipped*）。这种典型的法国设计得名于它最早的倡导者，法国建筑师弗朗索瓦·芒萨尔（1598—1666）。如果芒萨尔屋顶的端头是一片平山墙而不是斜屋脊，严格意义上应叫作“复折式屋顶”。

亭屋顶 ›
与*四坡屋顶（Hipped roof）*相似，但是顶点处是平面。

圆锥形屋顶 ››
圆锥形的屋顶，通常出现在塔顶，或者覆盖着穹隆。*另见“文艺复兴式教堂”一节，第22页。*

平屋顶 ›
坡度几乎达到水平的屋顶（保留轻微坡度是为了方便排水）。柏油和砾石是传统的密封材料，但是现在常用*合成膜（Synthetic membranes）*。*另见“郊区住宅和别墅”一节，第37页；“现代建筑物”一节，第52、53、54页；“现代结构”一节，第78页。*

锯齿形屋顶 ››
在锯齿形屋顶中，倾斜面与垂直面交替出现，且垂直面上常常装设了窗户。锯齿形屋顶常用于不适合使用*坡屋顶（Pitched roof）*的大面积空间。

筒形或曲面屋顶 ›
筒形或曲面屋顶的跨呈现连续的曲线的形状。筒形屋顶的截面弧线一般是半圆形或接近半圆形；曲面屋顶的截面弧线一般是更平滑的曲线（如此图）。

尖顶 ››
教堂或其他中世纪建筑的塔上的尖状三角形或圆锥形结构。*另见第138页。*

小穹隆 ›
由拱顶绕中心轴旋转360度形成的半球形结构。*另见第141、142、143页。*

瓦片和屋顶包层类型

遮风避雨是对建筑物屋顶的基本实际要求，因此屋顶包层材料必须具备抗水性和抗风性。陶瓷瓦和石瓦是最常用的屋顶包层材料。瓦片具备良好的不透水性和质轻的特点，因此特别适合用作包层材料，并且经久耐用。除了上述优点，陶瓷瓦片还可以被铸成各种形状，适用于特殊屋顶的屋脊和天沟等位置。关于瓦片，*另见“墙体和表面”一节，第94、95页。*

在历史上，金属也可用作屋顶包层材料，如铅和铜，但是由于金属产量稀少，因此价格昂贵。20世纪和21世纪的建筑中常使用金属做屋顶包层，但是现在更常用的是钢材，如大型波纹钢板。同时，多种多样的人造膜越来越多地被用作屋顶包层材料，有时与“绿色屋顶”共同使用——即用泥土和植被覆盖的屋顶。

挂瓦 ›
陶瓷挂瓦不仅常见于屋顶，也可用于覆盖建筑物外墙。通常，瓦片悬挂在下方的木构或砖砌体上，相邻两排瓦片部分重叠，这种排列方式叫作“叠瓦”。可以利用不同颜色的瓦片组成各种几何图案。*另见“墙体和表皮”，第94页。*

挂石板 ››
严格来说，石板属于石材，但是因为可以被制作成薄片，经常也会模仿*挂瓦*（*Hung tiles*）的做法。

屋脊瓦 ›
铺在屋脊上的瓦。有些情况下，屋脊瓦上还装饰着突出的竖向装饰瓦，即*“顶饰瓦”*（*Crest tiles*）。

波形瓦 ››
一种S形瓦片，相邻瓦片咬合在一起，形成脊状图案。

半圆形截面瓦或筒形瓦 ›
瓦的截面弧线是半圆形或筒形，交替排列成排，形成凹凸图案。

鱼鳞瓦 ››
瓦片的下端是曲线形状，相邻两排瓦片部分重叠，形成鱼鳞状。

屋顶油毡 ›
一种纤维材料，一般是玻璃纤维或聚酯材料，浸泡沥青或焦油后具有防水功能。为了固定，油毡上经常加盖一层木瓦，或者如此处的木质压条。

合成材料瓦 ››
用合成材料制成的瓦片，如玻璃纤维、塑料或现在已非常少见的石棉。

合成膜 ››
合成橡胶或耐热性塑料片材，焊接在一起形成防水层。

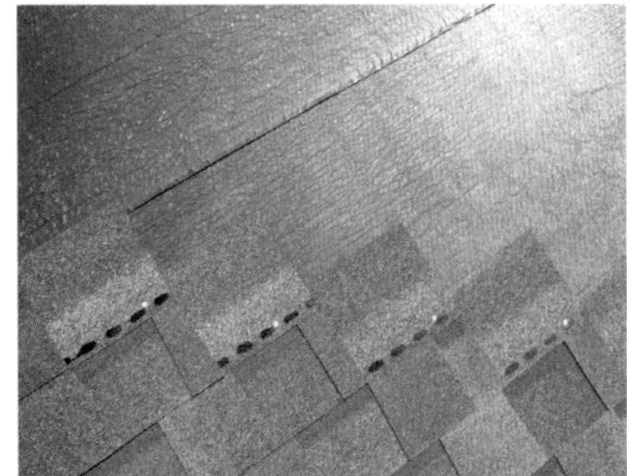

绿色屋顶 ›
全部或部分被植被（以及栽培基质、灌溉和排水系统）覆盖的屋顶。

波纹钢 ››
有波纹的钢片——由一系列交替出现的凹槽和凸起形成波纹状。一方面，波纹钢硬度更强；另一方面，造价低且建造速度快。*另见“墙体和表皮”一节，第101页。*

铅 ›
铅具有良好的抗腐蚀性和延展性，常常用于制作屋顶上的防水薄膜，也可用于建筑物的其他部分。通常被加工成薄片，覆盖在木质板条上。*另见“郊区住宅和别墅”一节，第36页；“墙体和表皮”一节，第100页。*

铜 ››
类似铅的作用，金属铜常常用于制作屋顶上的防水薄膜，也可用于建筑物的其他部分。由于铜的特性，很快会从刚安装时的闪光的淡橙色变成铜绿色，能够抵抗进一步腐蚀。*另见“墙体和表皮”一节，第100页。*

坡屋顶

有两个斜面的单屋脊屋顶，两端有山墙。这个术语有时也可以指代任何斜面屋顶。*另见132页；“中世纪大教堂”一节，第15、18、19页；“住宅和别墅”一节，第35页；“沿街建筑”一节，第38页。*

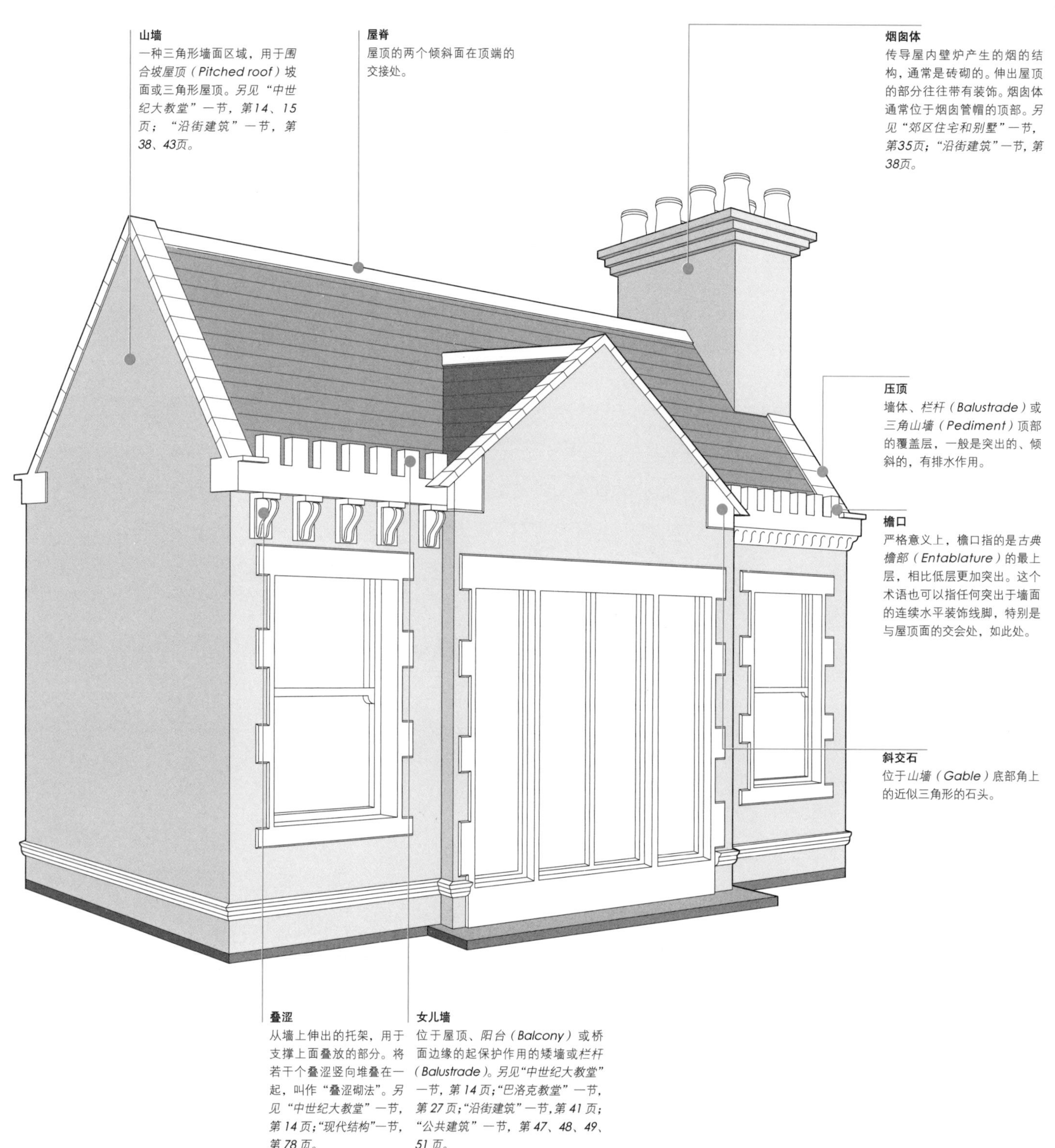

坡屋顶 › 山墙类型

直线形山墙 ›
起于屋顶线但是与屋顶线保持平行的山墙。

乌鸦-阶梯山墙 ››
突出在*坡屋顶*（*Pitched roof*）上方的呈阶梯状的山墙端。*另见“郊区住宅和别墅”一节，第34页；“沿街建筑”一节，第40页。*

侧山墙 ›
位于建筑物侧面的山墙，一般与正面垂直。两个*坡屋顶*（*Pitched roof*）交叉形成的V形凹槽叫作“天沟”。

小山墙 ›
扶壁（*Buttress*）上方的小型*山墙*（*Gable*）。*另见“中世纪大教堂”一节，第15页。*

四坡顶山墙 ››
如果四坡屋顶上相对两面是部分带斜屋脊、部分带山墙的，叫作四坡顶山墙。

曲线山墙 ›
曲线山墙的两边是由两段或更多曲线组成的。

荷兰式山墙 ››
荷兰式山墙的两边是曲线，顶部有三角*山墙*（*Pediment*）。

尖顶和城堡建筑

尖顶饰

一种位于小尖塔（*Pinnacle*）、尖顶（*Spire*）或屋顶上的凸起的装饰物。*另见“中世纪大教堂”一节，第14页；“沿街建筑”一节；“公共建筑”一节，第46、49、50页。*

尖顶

教堂或其他中世纪建筑的*塔*（*Tower*）上的尖状三角形或圆锥形结构。*另见第133页；“中世纪大教堂”一节，第14页。*

屋顶窗

老虎窗（*Dormer Window*）的一种，一般指安装在*尖顶*（*Spire*）上的*百叶式的*（*Louvres*）*山墙*（*Gabled*）开口。*另见“中世纪大教堂”一节，第14页；“公共建筑”一节，第47页；“窗和门”一节，第129页。*

角楼

一种从墙面或拐角处垂直探出的小型塔楼。*另见“郊区住宅和别墅”一节，第34页；“公共建筑”一节，第48、140页。*

钟楼

塔楼（*Tower*）中挂钟之处。*另见“中世纪大教堂”一节，第14页。*

塔楼

一种细而高的结构，从构筑物上突出并附属于构筑物，或者作为一个独立的结构。*另见“中世纪大教堂”一节，第14页；“防御建筑”，第31页；“公共建筑”一节，第46、51页；“郊区住宅和别墅”一节，第34页。*

尖顶和城堡建筑 › 尖顶类型 / 1

头盔形尖顶 ›
一种不常见的尖顶，由四个向内倾斜的菱形屋顶面构成，并且在*塔*（*Tower*）的四面形成了四个*山墙*（*Gable*）。

八角尖顶 ››
一种八角形尖顶，底座是正方形，各个三角面向上竖立。在底座的四个角上，通常有半金字塔形或“三角锥形”结构，将基座与尖顶四个角的面连接起来，四个角上的面与*塔楼*（*Tower*）的面并不一致。

八字脚尖顶 ›
类似*八角尖顶*（*Broach spire*），不同的是接近底部的四个角上的面越往顶部越尖细，并且四个从侧面向外伸展。

带女儿墙的尖顶 ››
一种典型的八角形尖顶，各个三角形面从*塔楼*（*Tower*）的边缘向后移。*塔楼*（*Tower*）顶部围绕着一圈*女儿墙*（*Parapet*），并且四个角上有*角楼*（*Turret*）或*小尖塔*（*Pinnacle*）。*另见“公共建筑”一节，第48页。*

针状尖顶 ›››
细长的、像长钉形状的尖顶，位于底座的中心位置。*另见“高层建筑”一节，第56页。*

开放式尖顶 ›
使用了由花饰*窗格*（*Tracery*）和*飞扶壁*（*Flying buttresses*）形成的开放式网格结构的尖顶。

皇冠形尖顶 ››
一种由*飞扶壁*（*Flying buttresses*）构成的开放式尖顶，飞扶壁在中心点集中，类似皇冠的形状。

尖顶和城堡建筑 › 尖顶类型 / 2

复合式尖顶 ›
组成尖顶的部分有的是开放的，有的是闭合的，而且有时材质也不同。

尖顶塔 ››
一种小型*尖顶（Spire）*，通常位于*坡屋顶（Pitched roof）*的屋脊上或两个垂直的坡屋顶的屋脊交叉处。*另见“郊区住宅和别墅”一节，第34页。*

小塔 ›
严格来讲，小塔不是一种尖顶，而是位于*圆锥形屋顶（Conical roof）*上方的小型*圆塔（Tower）*。

角楼 ››
一种从墙面或拐角处垂直探出的小型塔楼。*另见“郊区住宅和别墅”一节，第34页；“公共建筑”一节，第48页。*

雉堞 ›
在城墙顶部，有固定间隔的齿状突出。突出的片状物叫作*“城齿”（Merlons）*，它们之间的空隙叫作*“垛口”（Crenels）*。最初用于城堡或城墙的防御，后来演变为装饰元素。*另见“防御建筑”一节，第32、33页；“郊区住宅和别墅”一节，第34页。*

堞口 ››
支撑有雉堞的女儿墙的相邻叠涩之间的墙面上的孔洞。最初的堞口设计目的是防御之用，防卫者可以从堞口中向下方的敌人投下石块或液体，后来逐渐转向装饰目的。*另见“防御建筑”一节，第32页；“郊区住宅和别墅”一节，第34页。*

穹隆 › 外部

弯隆是由拱顶绕中心轴旋转360度形成的半球形结构。*另见“沿街建筑”一节，第43页；“公共建筑”一节，第50页。*

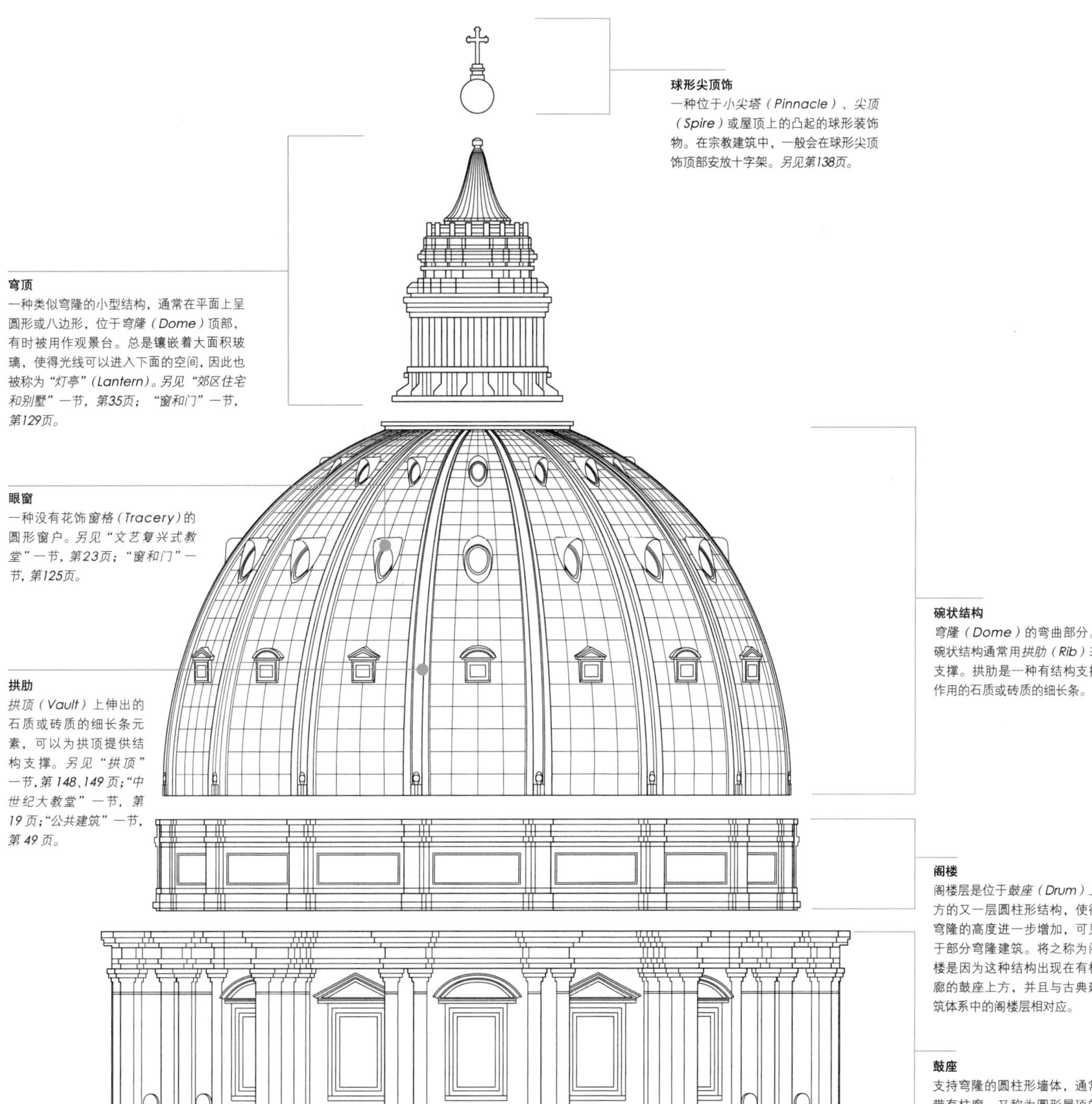

穹隆 › 内部

柱间墙高侧廊
柱间墙是支持穹隆的圆柱形墙体，通常在穹隆外部修建有柱廊，有时在内部围绕着高侧廊。

中央眼窗
眼窗是一种没有*花饰窗格*（*Tracery*）的圆形窗户，在此处位于*穹隆*（*Dome*）的中央顶点，有采光的作用。*另见141页；“窗和门”一节，第125页。*

藻井装饰
一种装饰形式，在表面使用一系列内凹的矩形嵌板，即凹格*天花板*（*lacunaria*）。*另见“巴洛克教堂”一节，第29页。*

穹隅
穹隅是指由穹隆及其支持拱券交叉形成的内凹的三角形区域。此处，穹隅上装饰了圆形装饰物（圆形或椭圆形的装饰牌匾，通常装饰有雕刻的绘画人物或场景）。*另见“巴洛克教堂”一节，第29页；“墙体和表皮”一节，第114页。*

支撑拱券
支撑上部*穹隆*（*Dome*）的拱券，一般是四个，有时是八个。

穹隆 › 类型

瓜形穹隆 ›
由一系列弯曲的拱肋提供结构支撑的穹隆，拱肋之间有填充物。*另见“公共建筑”一节，第49页。*

碟形穹隆 ››
如果穹隆升起的高度远远小于其跨度，形状类似于一只扁平的、碟底朝上的碟子，这样的穹隆叫作碟形穹隆。*另见“郊区住宅和别墅”一节，第35页。*

葱形穹隆 ›
类似洋葱形状的球根形穹隆，在顶端处终止于一个点，其横截面形似*葱形拱（Ogee arch）*。*另见“拱券”一节，第74页。*

双穹隆 ››
两个穹隆套在一起的组合。采用双穹隆或三穹隆的设计一般是为了提升穹隆的高度，使其高于建筑的屋顶线，并且从建筑物内部突出展示装饰精美的穹隆底面。

网格状穹隆 ›
部分或者整体为球形的结构，由三角形钢结构组成。

晶格穹隆 ››
一种现代穹隆样式，由多边形钢结构组成，通常镶嵌玻璃。

结构 › 桁架 / 1

一般来说，支撑建筑物的底层结构是隐藏在建筑物外部和内部的。但是，也有很多建筑物的屋顶内部结构暴露在外，而且带有华丽的装饰。例如，椽尾梁天花板、各类拱肋拱顶和穹隆的底面都已成为建筑物内部形式的基础部分。结构本身已经成为重要的审美表达手段，不仅限于传统建筑风格，20世纪后期的高科技建筑也是如此，如钢构桁架屋顶常常具备鲜明的特色。

桁架是由一个或多个三角形构件和直线构件组合形成的结构骨架，适用于较大跨度的承重结构，如屋顶。大部分桁架是用木梁或钢梁构成的。

单屋架屋顶
最简单的桁架屋顶，由一系列并排的横向主椽及其支撑的中央屋脊梁构成。

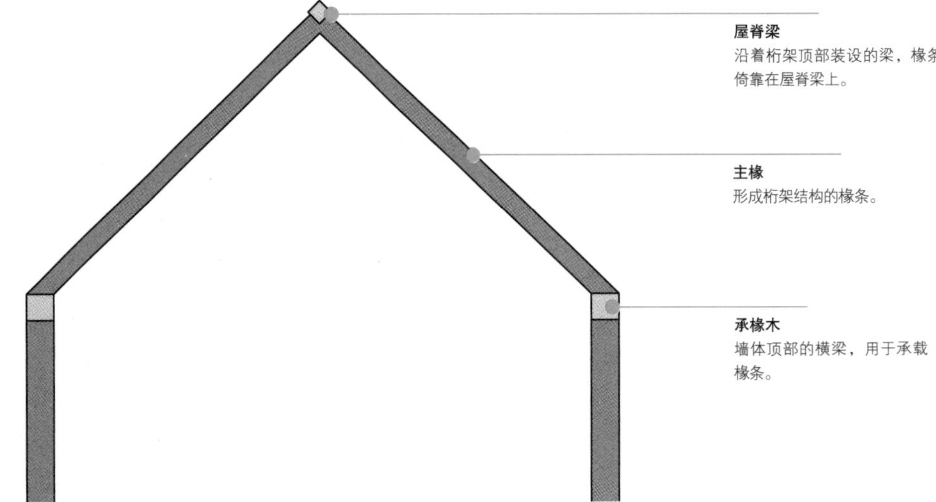

屋脊梁
沿着桁架顶部装设的梁，椽条倚靠在屋脊梁上。

主椽
形成桁架结构的椽条。

承椽木
墙体顶部的横梁，用于承载椽条。

双屋架屋顶
类似于*单屋架屋顶*（*Single-framed roof*），但是在结构上比单屋架屋顶多出若干纵向构件。

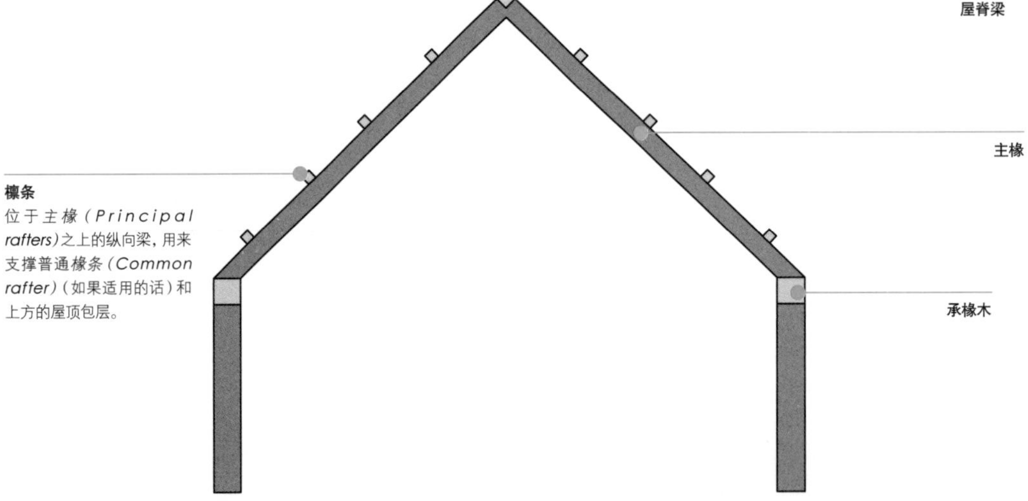

檩条
位于*主椽*（*Principal rafters*）之上的纵向梁，用来支撑*普通椽条*（*Common rafter*）（如果适用的话）和上方的屋顶包层。

筒形屋顶
在*单屋架*（*Single-framed roof*）或*双屋架屋顶*（*Double-framed roof*）结构基础上增加了*领梁*（*Collar beam*）、*拱形加固木*（*Arched braces*）和*方琢石支撑*（*Ashlar braces*）的屋顶。

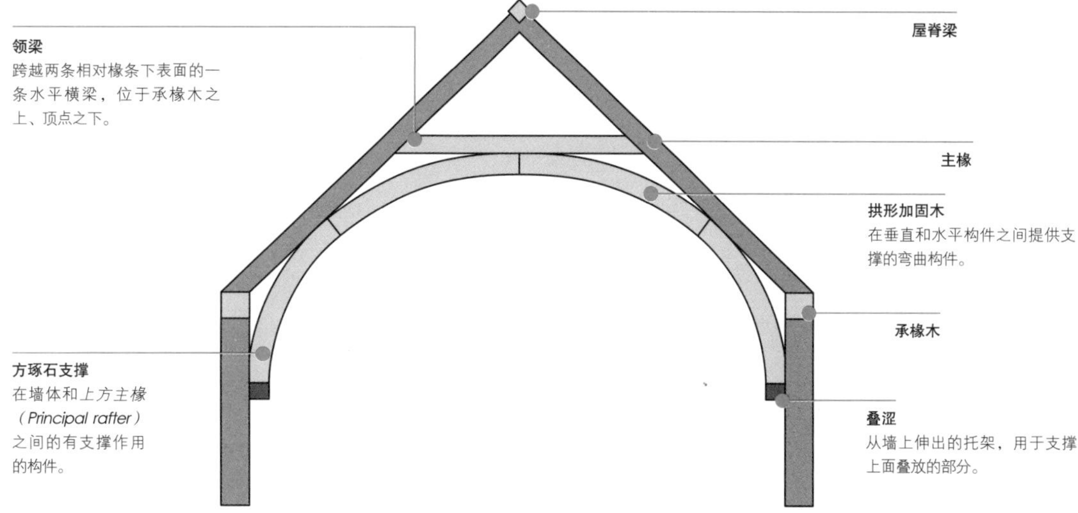

皇冠形桁架中柱屋顶
一种桁架屋顶，桁架中柱（柱子端头有四个分叉，形状类似皇冠）立在*系梁*（*Tie beam*）的中心位置，支撑着*领梁*（*Collar beam*）和*领檩条*（*Collar purlin*）。

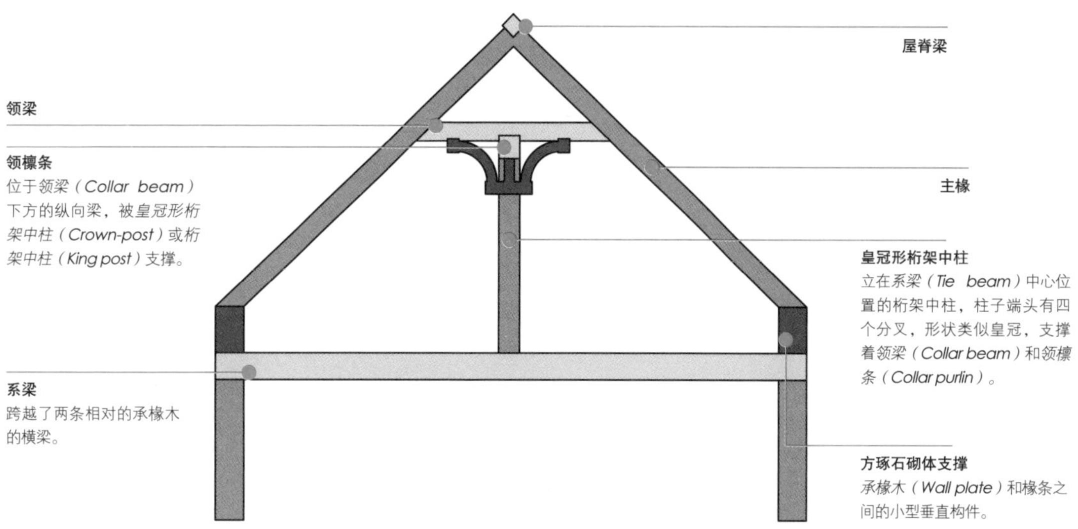

双柱式（后柱式）屋顶
一种桁架屋顶，有两根柱子立在*系梁*（*Tie beam*）的中心位置，支撑着上方的*主椽*（*Principal rafter*）。双柱的位置由上方的*领梁*（*Collar beam*）固定。

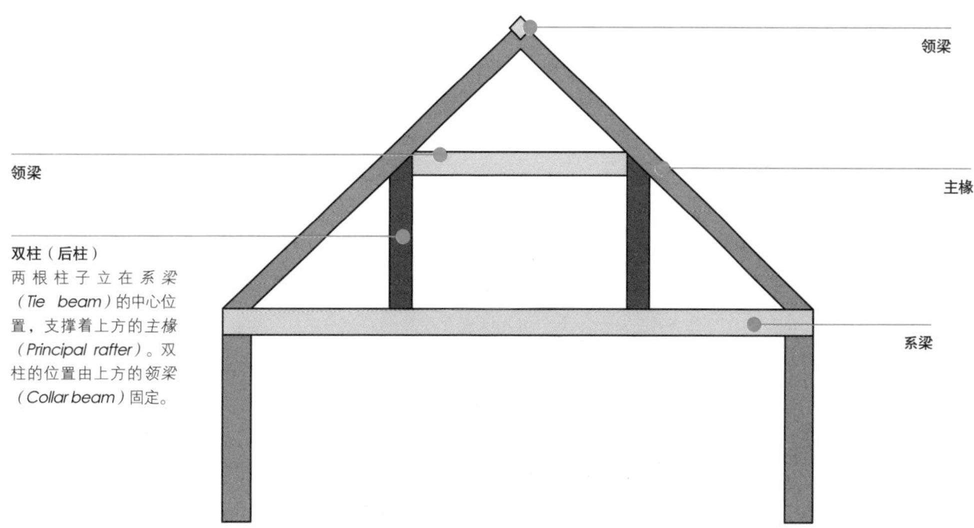

结构 › 桁架 / 2

桁架中柱（帝柱式）屋顶
一种桁架屋顶，桁架中柱立在*系梁*（*Tie beam*）的中心位置，支撑着*屋脊梁*（*Ridge beam*）。

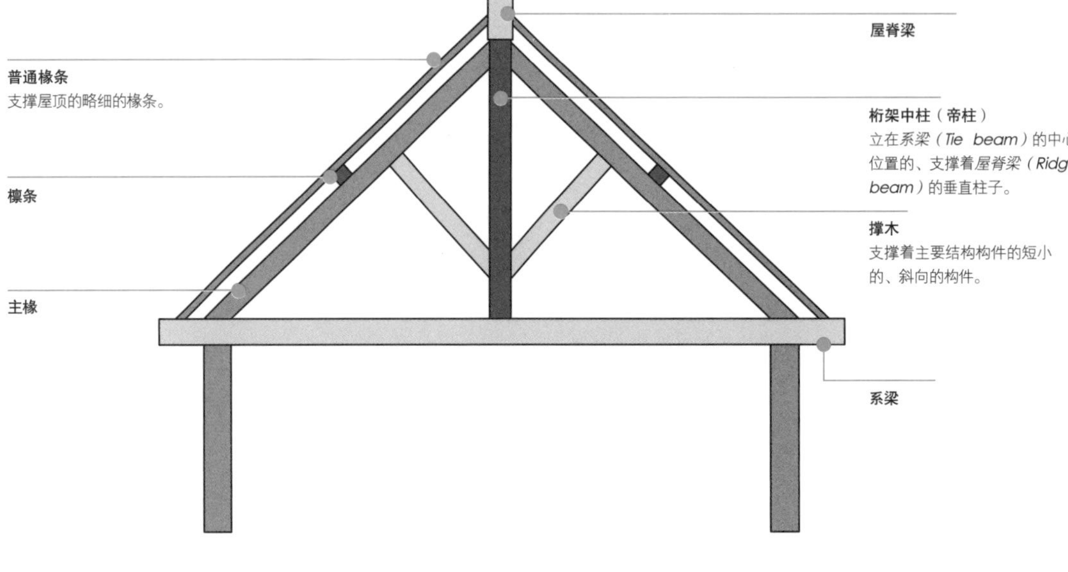

椽尾梁屋顶
一种桁架屋顶，用横向突出于墙面的短梁代替了通常使用的*系梁*（*Tie beam*）。这种短梁叫作*椽尾梁*（*Hammer beams*），一般由*拱形加固木*（*Arched braces*）和椽尾柱支撑。

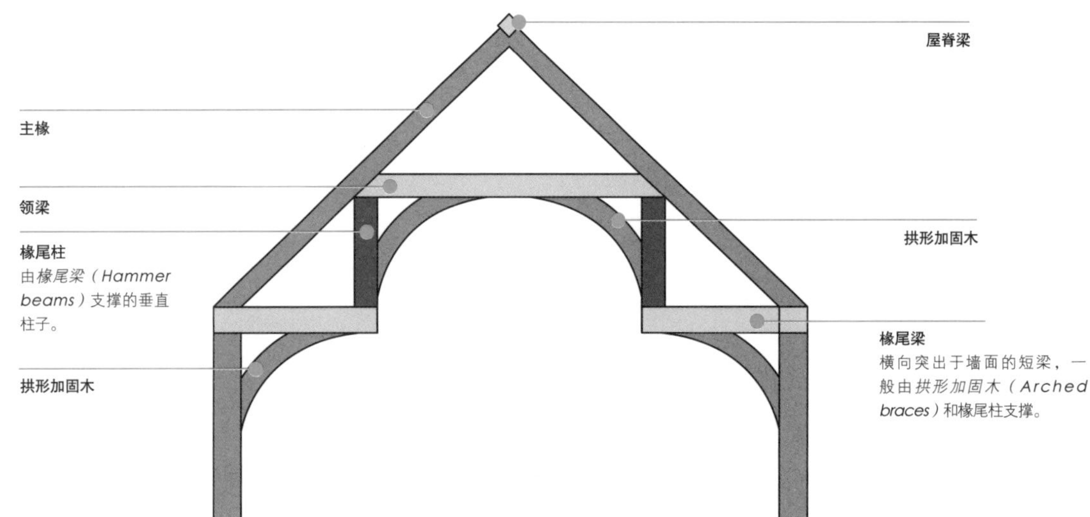

拱形桁架 ›
在桁架中，如果上弦杆和下弦杆是由多个构件连接成角度并形成曲线，则被称为拱形桁架。

平行弦杆桁架 ›
在桁架中，如果上、下构件（即弦杆）是平行的，则被称为平行弦杆桁架。上、下弦杆一般用三角形格子状的结构分隔开来。

普拉特式桁架 ›
一种平行弦杆桁架，平行弦杆之间的垂直和斜向构件构成三角形结构。

华伦式桁架 ›
一种平行弦杆桁架，平行弦杆之间的斜向构件构成三角形结构。

佛伦第尔式桁架 ›
一种非三角形桁架，所有构件都是水平或垂直的。

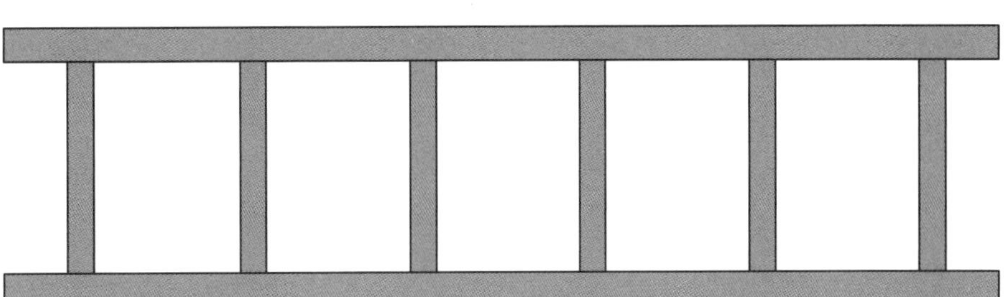

空间架构 ›
一种类似桁架的三维结构骨架，各个直线构件形成一系列重复的几何图案。空间架构十分牢固并且轻盈，支撑结构少，常用于跨越较长距离。

结构 › 拱顶

桶形拱顶 ›
最简单的一种拱顶，由一个半圆形拱券沿着一条轴线挤压而成，形成一个半圆柱形的拱顶。

拱棱拱顶 ››
两个桶形拱顶正交形成的拱顶。拱顶面相交处的拱形边缘叫作“拱棱”。

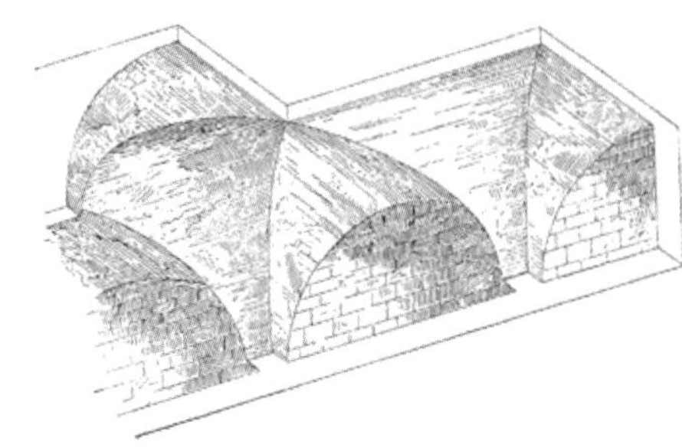

拱肋拱顶
类似于*拱棱拱顶*（*Groin vault*），不同的是用拱肋替代拱棱。拱肋是在*拱顶*（*Vault*）上伸出的石质或砖质的细长条元素，可以为拱顶提供结构框架，并支撑肋间填充物或*腹板*（*Web*）。

横肋
贯穿拱顶的结构性拱肋，与墙壁垂直，并确定了拱顶的跨度。

腹板
拱肋之间的填充表面。

脊肋
贯穿拱顶中央的装饰性纵向拱肋。

附墙拱肋
沿着墙壁表面的装饰性纵向拱肋。

斜肋
贯穿拱顶的对角线方向结构性拱肋。

博斯饰
拱肋结点处的隆起装饰物。

结构 › 拱顶 › 拱肋拱顶类型

四分拱顶 ›
如果拱顶跨度被*两条斜肋*（*Diagonal rib*）分隔为四个部分，叫作四分拱顶。

六分拱顶 ››
如果拱顶跨度被*两条斜肋*（*Diagonal rib*）和*一条横肋*（*Transverse rib*）分隔为六个部分，叫作六分拱顶。

居间拱肋拱顶 ›
从主要支撑拱肋上放射出若干条拱肋，并且与*横肋*（*Transverse rib*）或*脊肋*（*Ridge rib*）相邻，这样的拱顶叫作居间拱肋。

枝肋拱顶 ››
在相邻居间*拱肋*（*Tierceron*）、*横肋*（*Transverse rib*）和*脊肋*（*Ridge rib*）之间额外的拱肋，但是不是从主要支撑拱肋上放射出来的，这样的拱顶叫作枝肋拱顶。

扇形拱顶 ›
有大量相同尺寸、弯曲的拱肋从主要支撑拱肋上放射出来的，形成扇形图案的倒圆锥形拱顶。扇形拱顶常常带有华丽的花饰窗格，有时有垂饰——即相邻拱顶交接处的悬挂装饰品。

楼梯和电梯 › 楼梯组件

对于超过一层的建筑物，必须要建造连接各个楼层的部件。多种样式的楼梯是最经久耐用的连接部件，现在几乎所有超过一层的建筑物都会建造楼梯。因为楼梯对建筑物楼层间的流通起着中枢作用，所以一般带有华丽的装饰或鲜明的建筑特色。

如本节中举出的例子，虽然楼梯的样式繁多，但是其核心元素几乎是一致的。

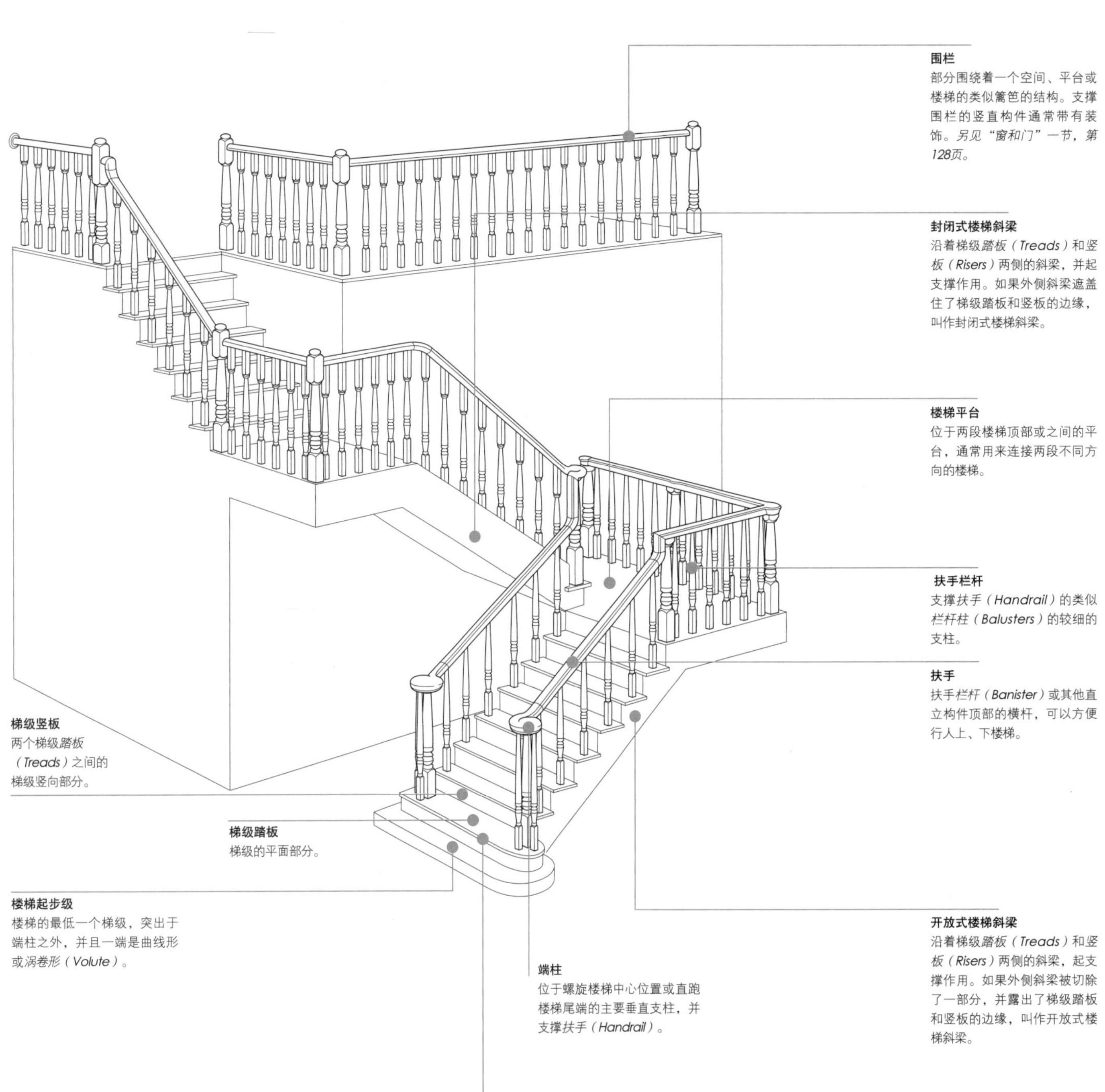

楼梯类型

直跑楼梯›
没有转弯的叫作直行单跑楼梯。如果两段直跑楼梯的方向相反，中间由楼梯平台（*Landing*）连接并且没有间隙，这样的楼梯叫作“折线式”楼梯。

斜踏步楼梯››
一种曲线形楼梯，全部或部分*踏板（Treads）*的一端比另一端窄。

开敞竖井式楼梯›
一种直线形楼梯，围绕着中央的空隙，即竖井上升。

悬空式楼梯››
悬空式楼梯的踏板是石质的，一端与墙体相连，每一级都直接建在正下方梯级上。如果悬空式楼梯的平面是半圆形或椭圆形，叫作“螺旋形楼梯”。

中心柱楼梯›
围绕着位于中央的端柱螺旋上升的楼梯。螺旋形楼梯是中心柱楼梯的一种。

螺旋形楼梯››
螺旋形楼梯的平面是半圆形或椭圆形，围绕着位于中央的端柱螺旋上升，形状类似“螺旋线”。“双螺旋”楼梯是比较少见的设计，即两个独立的楼梯在共同的半圆形或椭圆形空间里盘旋上升。

悬臂式楼梯›
梯级是悬臂式（只有一端被支撑）的楼梯。

开放式楼梯››
没有梯级竖板(*Risers*)的楼梯。

电梯和自动扶梯

虽然楼梯能够提供建筑物的竖向流通方式，但是只适用于楼层较少的建筑物，建筑物越高，楼梯的效率越低。另外，楼梯也不方便残疾人或体弱者上下。因此，在现在很多建筑物中，电梯成为必须建造的设施。然而，电梯对建筑的最大影响是它使得建造高层建筑成为可能。如果没有电梯，建造只有六层或七层的建筑也是不切实际的，因为所需楼梯梯级实在太多。

作为一种机械流通方式，自动扶梯对建筑的作用是非常重要的，虽然它的样式并不花哨。在人流量巨大的大型公共建筑中，几乎都能看到自动扶梯的身影，它大大促进了建筑的新发展，特别是在公共交通领域。

电梯 ›
电梯是一种垂直运输装置，本质上来说是通过机械手段实现上下移动的平台。主要驱动方式是滑轮系统（曳引式电梯）或液压活塞（液压电梯）。

自动扶梯 ›
由牵引链条和梯级组成的可以自动行走的楼梯。通常位于建筑物内部，也可以被附加在钢外壳上。*另见“现代结构”一节，第79页。*

术语表 / 1

A

柱顶石（Abacus）

在古典柱式中，位于*柱头（Capital）*顶部和*柱顶过梁（Architrave）*底部之间的一块平整或有时装饰线脚的石块。见圆柱和*墩柱（Columns and Piers）*，*第 64 页*。

拱座（Abutment）

用来支撑拱券横向侧推力而建的墙或墩柱。*见拱券（Arches），第 72 页*。

莨苕叶饰（Acanthus）

一种仿照莨苕植物叶片形状的装饰样式。可以作为*装饰科林斯（Corinthian）*及*复合柱式（Composite）柱头（Capitals）*的完整元素，也可以作为线脚组合的独立元素或部分。*见墙体和表皮（Walls and Surfaces），第 108 页*。

山花雕塑（Acroteria）

位于*三角山墙（Pediment）*顶部的平整基座上的雕塑，通常为瓮形、棕叶饰或雕像。如果雕塑位于三角山墙外角而不是顶端，则称之为"山花雕塑棱角"。*见古典神庙（The Classical Temple），第 9 页*。

相背组雕（Addorsed）

一种由两个形象构成的装饰线脚母题，通常是背对背排列的动物。如果二者面对面，则认为是"被冒犯的"。*见墙体和表皮（Walls and Surfaces），第 108 页*。

密室（Adyton）

在古典神庙中非常罕见的位于*内堂（Cella）*最远端的房间。如果神庙中建有密室，那么神像将放置在此，而非通常的内堂中。*见古典神庙（The Classical Temple），第 13 页*。

立柱山墙饰（Aedicule）

一种内凹进墙面的框架式建筑，在宗教建筑中用于放置神龛，意在突出某个艺术品或增加表面的多样性。*见壁龛（Niche），第 113 页。见墙体和表皮（Walls and Surfaces），第 103 页*。

装饰拱顶石（Agraffe）

有雕刻的*拱顶石（Keystone）*。*见墙体和表皮（Walls and Surfaces），第 108 页*。

侧廊（Aisle）

在大教堂或教堂中，主要*连拱（Arcades）*后的*中殿（Nave）*的两侧空间。

龛室（Alcove）

一种典型的在墙体表面的弓形凹陷。与*壁龛（Niche）*的区别之处是，龛室是延伸到地面的。*见壁龛（Niche），第 113 页。见墙体和表皮（Walls and Surfaces），第 108 页*。

圣坛（Altar）

在大教堂或教堂最东端的*圣殿（Sanctuary）*中的一个桌子式的构筑物，用于圣餐仪式。在新教教堂中，这种固定的圣坛被一张桌子代替。*主圣坛（High Altar）*是位于大教堂或教堂最东端的主要圣坛。*见中世纪大教堂（The Medieval Cathedral），第 24 页*。

圣坛的装饰品（Altarpiece）

圣坛的装饰品在大教堂或教堂中，安放在*圣坛（Altar）*后面的绘画或雕塑。*见中世纪大教堂（The Medieval Cathedral），第 21 页*。

圣坛围栏（Altar rails）

将*圣殿（Sanctuary）*与大教堂或教堂的其余部分分隔开来的*一组栏杆（Railings）*。*见中世纪大教堂（The Medieval Cathedral），第 20 页*。

自由形（Amorphous）

一种难以定义其形状的不规则造型建筑。*见现代结构（Modern Structures），第 81 页*。

扶壁斜压顶（Amortizement）

*扶壁（Buttress）*的倾斜部分，以利于排水。*见墙体和表皮（Walls and Surfaces），第 103 页*。

双前柱式风格（Amphiprostyle）

在古典庙宇中，如果在*后室（Opisthodomos）*和*内殿门廊（Pronaos）*都是前柱式排列，则称之为双前柱式风格。*见古典神庙（The Classical Temple），第 12 页*。

肘托（Ancon）

用来支撑窗套和*门套（Surround）*的*檐部（Entablature）*的托架。*见涡卷支撑（Console），第 110 页；飞檐托饰（Modillion），第 122 页。见窗和门（Windows and Doors），第 120 页*。

壁角柱（Antae）

在古典神庙中，*内堂（Cella）*外会突出两片连接自内堂的墙，（与内堂入口）围合形成内堂*前门廊（Pronaos）*[或*后室门廊（Opisthodomos）*]，这两片突出的墙体正面通常连接着*壁柱（Pilaster）*或采用半身柱的形式，被称为壁角柱。*见古典神庙（The Classical Temple），第 12 页*。

忍冬饰（Anthemion）

一种模仿忍冬的装饰样式，叶片向内卷。*见棕叶饰（Palmette），第 113 页。见墙体和表皮（Walls and Surfaces），第 109 页*。

柱端凹线脚（Apophyge）

在柱身与柱头或柱础连接点的轻微凹面的线脚。*见圆柱和墩柱（Columns and Piers），第 64 页*。

外加贴面（Applied trim）

应用在建筑物表皮或幕墙上的补充元素，通常是为了突出基本的结构构架。*见现代建筑物（The Modern Block），第 54 页*。

窗间饰板（Apron）

在窗户或*壁龛（Niche）*正下方的一块带有浮雕的平板，通常饰以其他装饰元素。*见窗和门（Windows and Doors），第 120 页*。

半圆后殿（Apse）

一种从*圣坛区（Chancel）*主体甚至教堂任何部分延伸出的一般为半圆形的殿室。

阿拉伯式花纹（Arabesque）

一种复杂的装饰线脚，组成元素为叶形饰、涡卷饰和异兽，没有人物形象。正如其名，阿拉伯式花纹起源于伊斯兰教装饰。*见墙体和表皮（Walls and Surfaces），第 109 页*。

疏柱式（Araeostyle）

柱距为柱径的 3.5 倍或更宽（大部分情况下，这种柱式由于柱距过大，不适用于石结构，只用于木结构。）*见古典神庙（The Classical Temple），第 11 页*。

连拱（Arcade）

一系列由圆柱或方柱支撑的连续拱券。如果连拱被用作表面或墙上的装饰元素，则称之为"盲拱"。*见拱券（Arches），第 76 页*。

拱形加固木（Arched brace）

在*桁架（Truss）*屋顶中，在垂直和水平构件之间提供支撑的弯曲构件。*见屋顶（Roofs），第 145 页*。

拱形桁架（Arched truss）

在桁架中，如果上弦杆和下弦杆是由多个构件连接成角度并形成曲线，则被称为拱形桁架。*见屋顶（Roofs），第 146 页*。

柱顶过梁（Architrave）

直接搁置在*柱头（Capitals）*上的一条大横梁，是*檐部（Entablature）*组成部分中最低的一个。*见圆柱和墩柱（Columns and Piers），第 64 页*。

垛口（Arrow slit）

供弓箭手射击用的极窄的窗户。为了拓宽弓箭手的射击角度，其内部墙壁往往被切掉一部分。最常见的垛口形状是十字形，这样的话弓箭手可以射击到更广更高的地方。*见防御建筑（Fortified Building），第 32 页*。

方琢石砌体（Ashlar）

表面平整的长方形石块砌成的墙面，接缝非常精确，所以整个墙面十分光滑。*见墙体和表皮（Walls and Surfaces），第 86 页*。

方琢石支撑（Ashlar brace）

在墙体和上方*主椽（Principal rafter）*之间的有支撑作用的构件。*见屋顶（Roofs），第 145 页*。

方琢石砌体支撑（Ashlar piece）

*承椽木（Wall plate）*和椽条之间的小型垂直构件。*见屋顶（Roofs），第 145 页*。

半圆线脚（Astragal）

一种小型外凸线脚，截面弧线是半圆形或四分之三圆形，一般嵌在两块平板之间[*嵌条（Fillet）*]。*见墙体和表皮（Walls and Surfaces），第 106 页*。

阁楼（Attic）

建筑物屋顶正下方的房间。在古典建筑中，也可以指主要*檐部（Entablature）*以上的楼层。在部分*穹窿（Dome）*结构中，阁楼层是位于*鼓座（Drum）*上方的又一层圆柱形结构，使得穹窿的高度进一步增加。*见屋顶（Roofs），第 141 页*。

遮篷窗/上悬窗（Awning or top-hung window）

用铰链固定在窗框顶端的窗户，常常需要安装撑条或摩擦铰链来保持窗户开启。如果铰链固定在窗框底端，叫作下悬窗。*见窗和门（Windows and Doors），第 116 页*。

B

防御堡场（Bailey）

见城堡外庭（Outer ward）。

眺台式窗栏（Balconette）

安装在上层楼层窗户的靠下部位的框架结构，一般为铸铁制造。*见窗和门（Windows and Doors），第 128 页*。

阳台（Balcony）

阳台是附加在建筑外部的平台——悬臂式或由托架支撑，阳台边缘安装了*围栏（Railing）*或*栏杆（Balustrade）*。*见窗和门（Windows and Doors），第 128 页*。

华盖（Baldacchino）

独立的礼仪用的*顶棚（Canopy）*，通常是木制的，有时悬挂有帏布。*见中世纪大教堂（The Medieval Cathedral），第 20 页*。

球心花饰（Ball flower）

一种近似球形的装饰，即在碗形物或三瓣开口的花形装饰中间嵌入了一颗球。*见墙体和表皮（Walls and Surfaces），第 109 页*。

栏杆柱（Baluster）

一般是石质结构，排列成排，与其他部件共同支撑*围栏（Railing）*或者*栏杆（Balustrade）*。*见窗和门（Windows and Doors），第 128 页*。

栏杆（Balustrade）

支撑*围栏（Railing）*或*压顶（Coping）*的一系列栏杆柱。*见窗和门（Windows and Doors），第 127 页*。

条状粗面砌体（Banded rustication）

只强调相邻石块交接处顶部和底部的建造墙体的方式。*见墙体和表皮（Walls and Surfaces），第 87 页*。

条带（Banding）

围绕着建筑物或其正面的水平条状或带状物。*见高层建筑（High-Rise Buildings），第 59 页*。

扶手栏杆（Banister）

支撑*扶手（Handrail）*的类似*栏杆柱（Balusters）*的较细的支柱。*见楼梯和电梯（Stairs and Lifts），第 150 页*。

扁条（Bar）

在构成花饰窗格图案的玻璃窗格之间的薄石条。*见窗和门（Windows and Doors），第 122 页。*

外堡（Barbican）

门楼前方的另一道防线，设计的目的是用来让穿越外城门的入侵者落入陷阱。攻城者一旦到了外堡，往往沦为弓箭和其他投射武器的攻击目标。外堡也指主要防御性城墙外的有防御工事的前哨站。*见防御建筑(Fortified Building)，第 31 页。*

筒形或曲面屋顶（Barrel or cambered roof）

筒形或曲面屋顶的跨呈现连续的曲线的形状。筒形屋顶的截面弧线一般是半圆形或接近半圆形；曲面屋顶的截面弧线一般是更平滑的曲线。*见屋顶（Roofs），第 133 页。*

桶形拱顶（Barrel vault）

最简单的一种拱顶，由一个半圆形拱券沿着一条轴线挤压而成，形成一个半圆柱形状的拱顶。*见屋顶（Roofs），第 148 页。*

柱础（Base）

立于*柱基（Stylobate）*、*基座（Pedestal）*或*基脚（Plinth）*之上的圆柱最下端部分。*见圆柱和墩柱（Columns and Piers），第 64 页。*

地下室（Basement）

地下室是建筑中的最低层，通常有部分或整体都位于地下。在古典主义建筑中，地下室位于主厅下方，与*基脚（Plinth）*或*基座（Pedestal）*同一高度。*见沿街建筑（Street-Facing Buildings），第 43 页。*

基础结构（Base-structure）

建筑物较低部位，直接承载建筑物或看上去像建筑物建筑的"根部"位置。*见现代结构（Modern Structures），第 78 页。*

篮状柱头（Basket capital）

如果柱头雕刻着交错的花纹，模仿柳条制品的造型，叫作篮状柱头，多用于拜占庭建筑。*见圆柱和墩柱（Columns and Piers），第 71 页。*

浅浮雕（Bas-relief）

见浮雕（Relief）。

棱堡（Bastion）

从*幕墙（Curtain Wall）*凸出来的结构或*塔楼（Tower）*，用来加强防御。*见防御建筑（Fortified Building），第 30 页。*

倾斜墙（Batter）

向顶端倾斜的墙面。*见现代结构（Modern Structures），第 80 页。*

月桂树叶形饰（Bay-leaf）

一种模仿月桂树叶形状的装饰样式，是常见的古典建筑装饰母题，多见于枕状的（凸出的）*檐壁（Friezes）*、*花彩（Festoons）*和*花环（Garlands）*装饰物。*见墙体和表皮（Walls and Surfaces），第 109 页。*

凸窗（Bay window）

凸窗可能始于底层，高度延伸一层或更多层楼面，一般是成直角的。"弓形窗"是凸窗的变体，一般是弯曲的。*见窗和门(Windows and Doors)，第 127 页。*

串珠线脚（Bead）

一种小型外凸线脚，截面弧线是半圆形。*见墙体和表皮（Walls and Surfaces），第 106 页。*

串珠线脚（Bead-and-reel）

由一连串椭圆形（有时是瘦长的菱形）或半圆形圆盘交替出现构成的线脚。*见墙体和表皮（Walls and Surfaces），第 109 页。*

鸟嘴饰（Beak-head）

由一系列重复出现的鸟头形状组成的装饰，鸟嘴通常十分突出。*见墙体和表皮（Walls and Surfaces），第 109 页。*

钟楼（Belfry）

*塔楼（Tower）*中挂钟之处。*见中世纪大教堂（The Medieval Cathedral），第 14 页。*

钟状拱（Bell arch）

类似于*并肩形拱（Shouldered arch）*，是一种由两个*叠涩(Corbels)*支撑的弯曲的拱。*见拱券（Arches），第 75 页。*

斜角或挖槽线脚（Bevelled or chamfered）

一种比较简洁的线脚，做法是将直角边切割出一个斜角。如果斜面是凹形而不是平整的，叫作"空心式"；如果斜面是内嵌的，叫作"凹陷式"；如果线脚没有延伸到整个斜角的长度，叫作"端式"。*见墙体和表皮（Walls and Surfaces），第 106 页。*

圆币饰（Bezant）

硬币或圆盘形状的装饰。*见墙体和表皮（Walls and Surfaces），第 109 页。*

条形线脚（Billet）

由一系列均匀分布长方体或圆柱体构成的线脚。*见墙体和表皮（Walls and Surfaces），第 109 页。*

盲拱（Blind arch）

嵌在表面或墙上的拱，但是没有开口。*见拱券（Arches），第 76 页。*

方块式柱头（Block capital）

最简单的柱头样式，底部是圆形，渐变为方形顶部。但是这种朴素的柱头样式往往装饰有各种*浮雕（Relief）*。*见圆柱和墩柱（Columns and Piers），第 70 页。*

块状粗面砌体（Blocked rustication）

用均匀间隔的缺口或明显的凹处来分割的粗面块体。这种粗面砌体，特别是用它装饰门套或窗套的方式，是由建筑师詹姆斯・吉布斯（James Gibbs）在英国以及其他地区推广的，因此，有时也被叫作吉布斯门 / 窗套。*见墙体和表皮（Walls and Surfaces），第 87 页。*

乱纹方琢石砌体（Boasted ashlar）

表面雕刻了横向或斜向凹槽的方琢石表面。*见墙体和表皮（Walls and Surfaces），第 86 页。*

凸出线脚（Bolection）

一种比较显著的线脚，可以是凹形的，也可以是凸出的，用来连接两个不同位面上的平行平面。*见墙体和表皮（Walls and Surfaces），第 106 页。*

博斯饰（Boss）

拱肋结点处的隆起装饰物。*见屋顶(Roofs)，第 148 页。*

碗状结构（Bowl）

*穹窿（Dome）*的弯曲部分。碗状结构通常用*拱肋（Rib）*来支撑。拱肋是一种有结构支撑作用的石质或砖质的细长条元素。*见屋顶（Roofs），第 141 页。*

挑出式檐部
（Breaking forward entablature）

檐部是指*柱头（Capital）*以上的上部构造，由*柱顶过梁（Architrave）*、*檐壁（Frieze）*和*檐口（Cornice）*组成。如果檐部伸出到圆柱或壁柱前方，叫作"挑出式"。*见沿街建筑（Street-Facing Buildings），第 39 页。*

砌体（Brickwork）

用成行的（被称为"皮"）砖砌成的墙体。*见墙体和表皮（Walls and Surfaces），第 89 页。*

方格遮阳罩（Brise-soleil）

附加在有*玻璃幕墙（Curtain wall）*的建筑物（也可以用于其他类型建筑）外部的结构，作用是遮阳或降低日照热量。*见墙体和表皮（Walls and Surfaces），第 102 页。*

八角尖顶（Broach spire）

一种八角形尖顶，底座是正方形，各个三角面向上竖立。在底座的四个角上，通常有半金字塔形或"三角锥形"结构，将基座与尖顶四个角的面连接起来，四个角上的面与*塔楼(Tower)*的面并不一致。*见屋顶(Roofs)，第 139 页。*

断裂山墙（Broken-based pediment）

水平底线中央有断开的三角山墙。*见窗和门（Windows and Doors），第 121 页。*

牛头饰（Bucranium）

公牛头骨造型的一种装饰母题，牛头两侧通常有*花环(garlands)*。*见墙体和表皮(Walls and Surfaces)，第 110 页。*

公牛眼窗（Bull' s eye window）

见眼窗（Oculus）。

凿石锤混凝土（Bush-hammered concrete）

有外露骨料饰面的混凝土，通常是在混凝土铺设后用电动锤加工完成这种效果的。*见墙体和表皮（Walls and Surfaces），第 96 页。*

扶壁（Buttress）

一种石质或砖结构，作用在于为墙体提供横向支撑。"*飞扶壁*"（*Flying buttress*）多用于大教堂，由几个"飞行的"单拱组成，可以将*中殿（Nave）*、*高拱顶（Vault）*或屋顶的推力传达到外部粗壮的墩柱上。"*角扶壁*"（*Angle buttress*）是由两个成 90 度角的扶壁构成的，分别位于垂直墙面的相邻两面。通常建在*尖塔（Tower）*的转角处。如果两个扶壁在转角处不碰头，叫作"*缩进式*"（*Setback*）。如果两个角扶壁在碰头处接合为一个扶壁而且包裹住整个转角，叫作"*接合式*"（*Clasping*）。"*斜扶壁*"（*Diagonal buttress*）只有一个，位于两面垂直墙面交会处的转角位置。*见墙体和表皮（Walls and Surfaces），第 103 页。*

C

陈列橱窗（Cabinet window）

木制、类似橱窗的窗户，比较传统的是多窗格式，一般出现在*商店正面（Shop fronts）*。*见窗和门（Windows and Doors），第 126 页。*

卷绳状线脚（Cable）

一种形状像卷绳或铁索的凸出线脚。*见墙体和表皮（Walls and Surfaces），第 110 页。*

有槽铅条（Cames）

在竖铰链窗或彩色玻璃窗中，用来连接各个玻璃窗格的铅条，其横截面一般是 H 形，方便玻璃窗格的安装。*见窗和门（Windows and Doors），第 124 页。*

钟形柱头（Campaniform capital）

一种钟形埃及柱头，模仿了盛开的纸莎草花朵的形态。*见圆柱和墩柱（Columns and Piers），第 71 页。*

顶棚（Canopy）

顶棚是建筑物的一个突出部分，有遮雨和遮光的作用。*见墙体和表皮（Walls and Surfaces），第 102 页。*

斜面（Cant）

建筑物正面小于 90 度的墙面。*见现代结构（Modern Structures），第 81 页。*

悬臂式楼梯（Cantilevered）

梯级是悬臂式（只有一端被支撑）的楼梯。*见楼梯和电梯（Stairs and Lifts），第 151 页。*

柱头（Capital）

*檐部(Entablature)*以下的圆柱最上端部分，通常是外倾并且带有装饰的。*见圆柱和墩柱（Columns and Piers），第 64 页。*

纸卷饰板（Cartouche）

一种装饰牌匾，多为椭圆形，其边缘形状类似纸卷，通常用于钻刻文字。*见墙体和表皮（Walls and Surfaces），第 110 页。*

术语表 / 2

女像柱（Caryatid）

有厚重的垂褶的女性雕像形象的支撑物，取代圆柱或方柱，用来支撑*檐部*（*Entablature*）。*见圆柱和墩柱（Columns and Piers），第 62 页。*

窗扉线脚（Casement moulding）

一种凹形线脚，凹痕曲度较大，多见于中世纪晚期的门和窗。*见墙体和表皮（Walls and Surfaces），第 106 页。*

竖铰链窗（Casement window）

用一个或多个铰链固定在窗框一侧的窗户。*见窗和门（Windows and Doors），第 116 页。*

现浇筑混凝土（Cast-in-place concrete）

现浇筑混凝土是在工地现场制作的，做法是在垂直面板（一般是木板条）上循序渐进地浇筑混凝土。为了增加审美效果，会保留木板的痕迹。*见墙体和表皮（Walls and Surfaces），第 96 页。*

悬链式或抛物线拱（Catenary or parabolic arch）

拱的曲线形似倒置的两端固定的悬挂链条，这样的拱叫作悬链式或抛物线拱。*见拱券（Arches），第 73 页。*

茎梗饰（Cauliculus）

在科林斯*柱头*（*Capital*）中，*莨苕叶饰*（*Acanthus*）的茎秆之一，支撑着*螺旋饰*（*Helix*）。*见圆柱和墩柱（Columns and Piers），第 68 页。*

凹弧线脚（Cavetto）

一种内凹的线脚，截面弧线通常是四分之一圆形。*见墙体和表皮（Walls and Surfaces），第 106 页。*

凹浮雕（Cavo-relievo）

见浮雕（Relief）。

天花板砖（Ceiling tiles）

天花板砖的材质一般是聚苯乙烯或矿物棉，质轻，借助金属框架结构悬挂在天花板上。天花板砖有隔音隔热的效果，并且能够隐藏起可能位于天花板底下的供应管道。*见墙体和表皮（Walls and Surfaces），第 95 页。*

内堂（Cella）

神庙的中心殿室，经常用于放置神像。比如帕提农神庙的内堂就安放着著名的遗失已久的雅典娜黄金巨像。*见古典神庙（The Classical Temple），第 13 页。*

地窖（Cellar）

建筑物底层下方的房间或空间，一般用于储物。

水泥灰泥或打底（Cement plaster or render）

加入了水泥的一种石灰泥。由于绝大部分水泥灰泥都有良好的不透水性，因此常常用于外部表面打底。现在常常在水泥灰泥中加入丙烯酸添加剂，用以进一步增加抗水性和颜色种类。*见墙体和表皮（Walls and Surfaces），第 97 页。*

挖槽状粗面砌体（Chamfered rustication）

石块的边被削出角度，接合处呈 V 形凹槽。*见墙体和表皮（Walls and Surfaces），第 87 页。*

圣坛区（Chancel）

教堂东部区域，与十字中心分离，包括*圣坛*（*Altar*）、*圣殿*（*Sanctuary*）和*唱诗厢*（*Choir*）（大部分情况下）。通常与教堂主体通过屏风或*栏杆*（*Railings*）相分隔，且高出一部分。*见中世纪大教堂（The Medieval Cathedral），第 16 页。*

圣坛屏（Chancel screen）

见圣坛屏（Rood screen）。

牧师会礼堂（Chapter house）

附属于大教堂的一个独立房间或建筑物，用于举行会议。*见中世纪大教堂（The Medieval Cathedral），第 17 页。*

教堂东端（Chevet）

在中世纪大教堂中，教堂东端是一间礼拜堂，通常与回廊辐射出的其他房间相连。*见中世纪大教堂（The Medieval Cathedral），第 17 页。*

V 形饰（Chevron）

重复的 V 形图案组成的线脚或装饰母题，常见于中世纪建筑。*见墙体和表皮（Walls and Surfaces），第 110 页。*

烟囱体（Chimney stack）

传导屋内壁炉产生的烟的结构，通常是砖砌的。伸出屋顶的部分往往带有装饰。烟囱体通常位于烟囱管帽的顶部。*见屋顶（Roofs），第 136 页。*

唱诗厢（Choir）

大教堂中的一个设有成排座位的区域，通常位于*圣坛区*（*Chancel*）内，供神职人员和唱诗班（隶属于大教堂或教堂的歌唱者团体）使用。*见中世纪大教堂（The Medieval Cathedral），第 17 页。*

圣坛上华盖（Ciborium）

圣坛（*Altar*）顶部的、通常用四根柱子支撑的*顶棚*（*Canopy*）。*见中世纪大教堂（The Medieval Cathedral），第 21 页。*

包层（Cladding）

包层是一种覆盖在下层表面上的材料覆盖层或应用，目的是保护下层面不受侵蚀或者是为了增加美感。

古典柱式（Classical orders）

古典柱式是古典建筑的首要组成部分，由柱础、柱身、柱头和檐部构成。通常将古典柱式分为五种，分别是塔斯干柱式、多立克柱式、爱奥尼柱式、科林斯柱式和复合柱式，这五种柱式的尺寸和比例各不相同。塔斯干柱式，这种罗马柱式是最朴素、最大型的柱式。多立克柱式可分为罗马多立克柱式和希腊多立克柱式两种：前者可能带有或没有柱身凹槽，但是有柱础；后者有柱身凹槽但是没有柱础。爱奥尼柱式虽然发源于希腊，但是在罗马被广泛使用，其特点是柱头带有涡卷，并且柱身有凹槽。科林斯柱式的柱头有莨苕叶饰。复合柱式起源于罗马，结合使用了爱奥尼的涡卷饰和科林斯的莨苕叶饰。*见圆柱和墩柱（Columns and Piers），第 64—69 页。*

天窗层（Clerestory）

中殿（*Nave*）、*十字翼殿*（*Transept*）或*唱诗厢*（*Choir*）的上层，通常天窗能够看到*侧廊*（*Aisle*）屋顶。*见中世纪大教堂（The Medieval Cathedral），第 18 页。*

高侧窗（Clerestory window）

贯穿*中殿*（*Nave*）、*十字翼殿*（*Transept*）或*唱诗厢*（*Choir*）上层的窗，能够看到*侧廊*（*Aisle*）屋顶。在除教堂外的其他建筑类型中，任何位于内墙上方的窗都可以被称为高侧窗。*见中世纪大教堂（The Medieval Cathedral），第 15 页。*

回廊（Cloister）

通常围绕着中心庭院的有屋顶的步道。中世纪的回廊大部分是带拱顶的。*见中世纪大教堂（The Medieval Cathedral），第 16 页。*

封闭式楼梯斜梁（Closed string）

见斜梁（String）。

簇柱（Clustered column）

见复合圆柱和墩柱（Compound column and pier）。

盾形纹章（Coat of arms）

代表个人、家族或者团体的纹章象征设计。

藻井装饰（Coffering）

一种装饰形式，在表面使用一系列内凹的矩形嵌板，即凹*格天花板*（*lacunaria*）。*见屋顶（Roofs），第 142 页。*

领梁（Collar beam）

跨越两条相对椽条下表面的一条水平横梁，位于承椽木之上、顶点之下。*见屋顶（Roofs），第 145 页。*

领檩条（Collar purlin）

位于*领梁*（*Collar beam*）下方的纵向梁，被*皇冠形桁架中柱*（*Crown-post*）或*桁架中柱*（*King post*）支撑。*见屋顶（Roofs），第 145 页。*

圆形柱廊（Colonnade）

支撑*檐部*（*Entablature*）的一系列圆柱。

巨型柱式（Colossal order）

巨型圆柱和墩柱延伸距离超过两层楼高，正因为如此，巨型圆柱较少被使用。*见圆柱和墩柱（Columns and Piers），第 63 页。*

圆柱（Column）

圆柱是指圆柱形的竖向支撑构件，通常包括*柱础*（*Base*）、*柱身*（*Shaft*）和*柱头*（*Capital*）。

五顺一丁砌法（Common bond）

全部用成行的*顺砖*（*Stretcher*）与*丁砖*（*Header*）砌成墙体的砌法。五皮顺、一皮丁相间隔。*见墙体和表皮（Walls and Surfaces），第 89 页。*

普通椽条（Common rafter）

在桁架屋顶中，支撑屋顶的略细的椽条。*见屋顶（Roofs），第 146 页。*

复合式尖顶（Complex spire）

组成尖顶的部分有的是开放的，有的是闭合的，并且有时材质也不同。*见屋顶（Roofs），第 140 页。*

复合柱式（Composite order）

见古典柱式（Classical orders）。

复合拱（Compound arch）

由两个或更多拱套在一起构成的拱。这些拱的尺寸逐渐缩小，且中心点相同。*见拱券（Arches），第 77 页。*

组合柱（Compound column or pier）

由多个*柱身*（*Shaft*）组合而成的圆柱或墩柱。也被称为*“簇柱”*（*Clustered*）。*见圆柱和墩柱（Columns and Piers），第 63 页。*

凹面（Concave）

向内凹陷形成一条曲线的表面或形状。

凹面式灰缝（Concave mortaring）

灰缝呈内凹的弧线形状。*见墙体和表皮（Walls and Surfaces），第 90 页。*

同心（Concentric）

一系列尺寸递减的形状套在一起，但是有共同的一个中心。

折叠推拉门（Concertina folding door）

由一组*门扇*（*Leaf*）组成，可以沿轨道滑动，各个门扇能够折叠在一起；一般安装在比较大的门洞上。*见窗和门（Windows and Doors），第 131 页。*

圆锥形屋顶（Conical roof）

圆锥形的屋顶，通常出现在塔顶，或者覆盖着穹隆。*见屋顶（Roofs），第 141 页。*

涡卷支撑（Console）

双卷轴形状的支架。*见墙体和表皮（Walls and Surfaces），第 110 页。*

压顶（Coping）

墙体、*栏杆*（*Balustrade*）或*三角山墙*（*Pediment*）顶部的覆盖层，一般是突出的、倾斜的，有排水作用。*见屋顶（Roofs），第 136 页。*

叠涩（Corbel）

从墙上伸出的托架，用于支撑上面叠放的部分。如果若干个叠涩上下堆叠在一起，叫作*"叠涩结构"（Corbelling）*。*见屋顶（Roofs），第 136 页。*

科林斯柱式（Corinthian order）

见古典柱式（Classical Orders）。

转角阁楼（Corner pavilion）

通过建造一个独立的或者放大比例的建筑元素来标示一系列建筑元素的结束。这样的结构叫作转角阁楼。*见公共建筑（Public Buildings），第 50 页。*

檐口（Cornice）

*檐部（Entablature）*的最上层，比较低层更加突出。[*见古典神庙（The Classical Temple），第 9 页。*] 这个术语也可以指任何突出于墙面之外的连续的水平线脚或者位于*开口饰边（Surround）*顶部的突出线脚。*见圆柱和墩柱（Columns and Piers），第 64 页。*

丰饶角饰（Cornucopia）

一种代表丰饶的装饰元素，通常是羊角内呈现满溢的鲜花、水果及谷物。*见墙体和表皮（Walls and Surfaces），第 110 页。*

挑檐（Corona）

古典檐口的平整的垂直面。*见圆柱和墩柱（Columns and Piers），第 64 页。*

波纹状（Corrugated）

由一系列交替出现的凹槽和凸起形成波纹状。

波纹钢屋顶（Corrugated steel roof）

有波纹的钢片，由一系列交替出现的凹槽和凸起形成波纹状。一方面，波纹钢硬度更强；另一方面，造价低且建造速度快。*见屋顶（Roofs），第 135 页。*

对柱（Coupled columns）

两根柱子并排排列时，称为"对柱"。如果对柱的*柱头（Capitals）*有重叠部分，叫作"生长式"柱头。*见圆柱和墩柱（Columns and Piers），第63页。*

凹圆线脚（Cove）

墙壁和天花板之间的凹形线脚，有时也被称为深凹饰。如果凹圆线脚较大，被视为天花板的一部分，则称之为"凹圆天花板"。*见墙体和表皮（Walls and Surfaces），第 104 页。*

雉堞（Crenellations）

在城墙顶部，有固定间隔的齿状突出。突出的片状物叫作*"城齿"（Merlons）*，它们之间的空隙叫作*"垛口"（Crenels）*。最初用于城堡或城墙的防御，后来演变为装饰元素。*见屋顶（Roofs），第 140 页。*

台阶式基座（Crepidoma）

三阶式基座，庙宇或庙宇正面立于其上。在古典神庙中，包括*最底基（Euthynteria）*、*底基（Stereobate）*和*柱基（Stylobate）*。*见古典神庙（The Classical Temple），第 8 页。*

卷叶饰（Crockets）

卷轴状的伸出的叶片样式。

十字窗（Cross window）

一道*直棂（Mullion）*和一道*横楣（Transom）*交叉形成十字的窗户。*见窗和门（Windows and Doors），第 124 页。*

门耳 / 窗耳（Crossette）

常见于门套或窗套四角上的长方形线脚，一般是垂直或水平的扁平物或突出物。*见墙体和表皮（Walls and Surfaces），第 110 页。*

十字中心（Crossing）

中殿（Nave）、*翼殿（Transept）*和*圣坛区（Chancel）*交叉而形成的空间。*见中世纪大教堂（The Medieval Cathedral），第 16 页。*

乌鸦—阶梯山墙（Crow-stepped gable）

突出在*坡屋顶（Pitched roof）*上方的呈阶梯状的山墙端。*见屋顶（Roofs），第 137 页。*

皇冠形桁架中柱（Crown post）

立在*系梁（Tie beam）*中心位置的桁架中柱，柱子端头有四个分叉，形状类似皇冠，支撑着*领梁（Collar beam）*和*领檩条（Collar purlin）*。*见屋顶（Roofs），第 145 页。*

皇冠形桁架中柱屋顶（Crown-post roof）

一种桁架屋顶，桁架中柱（柱子端头有四个分叉，形状类似皇冠）立在*系梁（Tie beam）*的中心位置，支撑着*领梁（Collar beam）*和*领檩条（Collar purlin）*。*见屋顶（Roofs），第 145 页。*

皇冠形尖顶（Crown spire）

一种由*飞扶壁（Flying buttresses）*构成的开放式尖顶，飞扶壁在中心点集中，类似皇冠的形状。*见屋顶（Roofs），第 139 页。*

结晶形状（Crystalline）

一种由形状完全相同或十分相似的单位不断重复而形成的三维结构。*见现代结构（Modern Structures），第 80 页。*

穹顶（Cupola）

小型*穹隆（Dome）*状结构，通常位于大屋顶上方，有时被用作观景台。总是镶嵌着大面积玻璃，使得光线可以进入下面的空间，因此也被称为*"灯亭"（Lantern）*。*见屋顶（Roofs），第 141 页。*

楼梯起步级（Curtail step）

楼梯的最低一个梯级，突出于端柱之外，并且一端是曲线形或涡卷形（Volute）。*见楼梯和电梯（Stairs and Lifts），第 150 页。*

幕墙（Curtain wall）

在城堡建筑中，幕墙是指围合城堡*外庭（Bailey）*或内庭的防御城墙。在更大范围内，幕墙是不承载结构负荷的建筑围墙或外壳，悬挂在结构框架之外。很多材料都能够用来制作幕墙，如砖、石、木材、灰墁和金属等。但是在当代建筑中，玻璃是最常用的幕墙材料，可以使大量光线进入建筑物。*见墙体和表皮（Walls and Surfaces），第 98 页。*

曲线形式（Curvilinear）

如果建筑物的形状是由一个或多个弯曲表面而不是一系列平面形成的，被称为曲线形式。*见现代结构（Modern Structures），第 81 页。*

曲线花饰窗格
（Curvilinear or flowing tracery）

由连续的曲线和交叉的*扁条（Bars）*组成的花饰窗格（装在窗孔中的装饰性石制品）。*见窗和门（Windows and Doors），第 123 页。*

垫块状柱头（Cushion capital）

近似立方体形状的柱头样式，底部的两角呈圆弧状。由此形成的半圆形面叫作"盾"，有时角上有雕刻的细槽，叫作"缝褶"。*见圆柱和墩柱（Columns and Piers），第 70 页。*

尖瓣（Cusp）

在曲线或叶形饰的拱形边上的弯曲的三角形凹痕。*见窗和门（Windows and Doors），第 122 页。*

中空的环形柱廊式（Cyclostyle）

环形排列的柱子，没有*内殿（Naos）*或核心。*见古典神庙（The Classical Temple），第 10 页。*

西马正向线脚（Cyma recta）

一种由两段曲线组成的古典线脚，上端内凹，下端外凸。*见墙体和表皮（Walls and Surfaces），第 106 页。*

西马反向线脚（Cyma reversa）

一种由两段曲线组成的古典线脚，上端外凸，下端内凹。*见墙体和表皮（Walls and Surfaces），第 106 页。*

D

墙裙（Dado）

在内墙面上有显著标志的部分，相当于*古典柱式（Classical order）*中的*柱础（Base）*或*基座（Pedestal）*层。标记出墙裙层顶端的连续线脚叫作"墙裙木条"。*见墙体和表皮（Walls and Surfaces），第 105 页。*

匕首形窗饰（Dagger）

形状像匕首的花饰窗格元素。*见窗和门（Windows and Doors），第 122 页。*

十柱式门廊（Decastyle）

神庙正面有十根圆柱[或*壁柱（Pilaster）*]。*见古典神庙（The Classical Temple），第 10 页。*

解构形式（Deconstructivist）

建筑物表皮采用强烈的非线性设计，形成相异的、通常是有角的建筑元素之间的并置。*见现代结构（Modern Structures），第 81 页。*

齿状线脚（Dentil）

古典檐口的底面上重复出现的正方形或者长方形块体。*见圆柱和墩柱（Columns and Piers），第 67 页。*

对角拉条（Diagonal braces）

由多个有角度的构件形成的三角形系统，能够为*直线钢构架（Rectilinear steel frame）*提供额外的支撑。这种在钢构架上添加对角构件的做法叫作"三角形划分"。*见现代结构（Modern Structures），第 79 页。*

斜肋（Diagonal rib）

贯穿拱顶的对角线方向结构性拱肋。*见屋顶（Roofs），第 148 页。*

钻石面粗面砌体
（Diamond-faced rustication）

石块表面被削砍成规则的、重复的浅金字塔形状。*见墙体和表皮（Walls and Surfaces），第 87 页。*

花格装饰（Diaper）

任何重复网格组成的装饰图案。*见墙体和表皮（Walls and Surfaces），第 89 页。*

三径柱距式（Diastyle）

柱距为柱径的 3 倍。*见古典神庙（The Classical Temple），第 11 页。*

迪欧克勒提安窗或浴室窗
（Diocletian or thermal window）

半圆形窗，被两根垂直的*直棂（Mullions）*分成三部分，中央采光孔较大。这种窗起源于罗马的迪欧克勒提安浴室，因此也被称为浴室窗。*见窗和门（Windows and Doors），第 126 页。*

双廊式（Dipteral）

如果神庙四周由两排柱子环绕，即双重绕柱，叫作双廊式。*见古典神庙（The Classical Temple），第 12 页。*

减重拱（Discharging arch）

建在过梁上方的拱，用于分担开口两侧的重量。也叫作"relieving arch"。*见拱券（Arches），第 77 页。*

双柱式门廊（Distyle）

神庙正面有两根圆柱[或*壁柱（Pilaster）*]。*见古典神庙（The Classical Temple），第 10 页。*

折线式楼梯（Dog-leg staircase）

两段平行的楼梯，方向相反，在*楼梯平台（Landing）*相连，中间没有中心楼梯井，这种楼梯被称为直跑楼梯。*见楼梯和电梯（Stairs and Lifts），第 151 页。*

犬齿形饰（Dog-tooth）

分成四瓣的金字塔形状装饰，常见于中

术语表 / 3

世纪建筑。见墙体和表皮（Walls and Surfaces），第 111 页。

穹隆（Dome）

由拱顶绕中心轴旋转 360 度形成的半球形结构。见屋顶（Roofs），第 133 页。

门扇（Door leaf）

泛指构成阻挡物的平板。见窗和门（Windows and Doors），第 118 页。

门采光窗（Door light）

门上的开窗。见窗和门（Windows and Doors），第 118 页。

多立克柱式（Doric order）

见古典柱式（Classical Orders）。

老虎窗（Dormer）

突出坡屋顶平面的竖向窗。为了增加采光量和可用空间，常常会在已建成的房屋上增建老虎窗。见窗和门（Windows and Doors），第 129 页。

双穹隆（Double dome）

两个穹隆套在一起的组合。采用双穹隆或三穹隆的设计一般是为了提升穹隆的高度，使其高于建筑的屋顶线，并且从建筑物内部突出展示装饰精美的穹隆底面。见屋顶（Roofs），第 143 页。

双屋架屋顶（Double-framed roof）

类似于单屋架屋顶（Single-framed roof），但是在结构上比单屋架屋顶多出若干纵向构件。见屋顶（Roofs），第 144 页。

双重双柱神庙（Double temple in antis）

带有后室（Opisthodomos）的双柱神庙。见古典神庙（The Classical Temple），第12页。

吊桥（Drawbridge）

护城河（Moat）上面的可以升起或降下的可移动桥梁。一般为木制，通过配重系统操控。有些城堡有两座连续的吊桥，目的是进一步阻止或延缓敌人攻城。见防御建筑（Fortified Building），第 32 页。

滴水槽线脚（Drip）

线脚或檐口（Cornice）底面的突出部分，用以挡住从屋檐滴下的雨水。见墙体和表皮（Walls and Surfaces），第 106 页。

水滴形饰（Drop）

从一个点垂落下来的表面装饰物。见墙体和表皮（Walls and Surfaces），第 111 页。

平圆拱（Drop arch）

平圆拱是比等边拱（Equilateral arch）更低矮的拱券，两条曲线的中心都位于拱跨（Span）之内。见拱券（Arches），第 74 页。

鼓座（Drum）

支持穹隆的圆柱形墙体，又称为圆形屋顶的柱间墙 "tambour"。见屋顶（Roofs），第 141 页。

干砌石墙（Dry-stone wall）

完全利用石头的咬合作用而不用灰泥而建造的石墙。见墙体和表皮（Walls and Surfaces），第 86 页。

荷兰式山墙（Dutch gable）

荷兰式山墙的两边是曲线，顶部有三角山墙（Pediment）。见屋顶（Roofs），第 137 页。

荷兰门或两截门（Dutch or stable door）

一种单扇门，在中央被水平地一分为二，所以上下两个门扇（Leaf）可以独立开合。见窗和门（Windows and Doors），第 130 页。

E

柱帽（Echinus）

在多立克柱头（Doric capital）中，支撑柱顶石（Abacus）的一圈线脚。见圆柱和墩柱（Columns and Piers），第 64 页。

蛋矛线脚（Egg-and-dart）

一种装饰线脚，由蛋形和尖顶形交替排列而构成。见墙体和表皮（Walls and Surfaces），第 111 页。

电梯（Elevator）

见电梯（Lift）。

椭圆拱（Elliptical arch）

椭圆拱的曲线是半个椭圆状。椭圆是圆锥与平面的截线。见拱券（Arches），第 73 页。

紧急楼梯（Emergency stairs）

贯穿整个建筑物的楼梯，用于在紧急情况下疏散人群，如发生火灾时。见高层建筑（High-Rise Buildings），第 58 页。

附墙柱（Engaged column）

一根非独立的、嵌在墙里或表面的圆柱。见圆柱和墩柱（Columns and Piers），第 62 页。

英式砌法（English bond）

一皮顺砖（Stretcher）一皮丁砖（Header）的砌法。见墙体和表皮（Walls and Surfaces），第 89 页。

罗马多立克檐部（Entablature）

檐部是指柱头（Capital）以上的上部构造，由柱顶过梁（Architrave）、檐壁（Frieze）和檐口（Cornice）组成。见圆柱和墩柱（Columns and Piers），第 65 页。

等边拱（Equilateral arch）

由两条交叉的曲线形成的拱券，曲线的中心分别位于相对的拱底座（Impost）。每条曲线的弦长都等于拱跨。见拱券（Arches），第 74 页。

自动扶梯（Escalator）

由牵引链条和梯级组成的可以自动行走的梯。通常位于建筑物外壳内部，也可以被附加在钢外壳上。见楼梯和电梯（Stairs and Lifts），第 153 页。

门把手垫板（Escutcheon plate）

安装在门扇（Door leaf）上的门把手（条形或球形）（Door handle or knob）的底座，通常是平整的、金属质地的面板；门把手垫板通常带有装饰。见窗和门（Windows and Doors），第 118 页。

二径又四分之一柱距式（Eustyle）

柱距为柱径的 2.25 倍。见古典神庙（The Classical Temple），第 11 页。

最底层（Euthynteria）

直接建在地面之上的底基（Stereobate）的最低一层台阶。见古典神庙（The Classical Temple），第 8 页。

外露骨料（Exposed aggregate）

露出内部骨料的混凝土，做法是在混凝土未全干前去除其外表面。见墙体和表皮（Walls and Surfaces），第 96 页。

露石混凝土（Exposed concrete）

为了审美效果或节约成本，混凝土不做包层和油漆，直接暴露在建筑物外部或内部。这种混凝土做法也有一个法语名称—béton brut，字面意思是未加工的混凝土。见现代结构（Modern Structures），第 78 页。

明框玻璃幕墙（Exposed-frame curtain wall）

不同于隐框玻璃幕墙，明框玻璃幕墙的框极明显地突出在玻璃表面上，也可能带有其他贴面装饰。虽然框架较明显，但是它唯一的结构作用是将玻璃窗格固定在玻璃背面的支撑架上。见墙体和表皮（Walls and Surfaces），第 99 页。

外部贴瓦（External set tiles）

主要为了防水的目的，在建筑物外部贴瓦的做法。由于瓦片可以很方便地被加工成各种颜色、形状和装饰细节，因此常用作表面装饰材料。见墙体和表皮（Walls and Surfaces），第 94 页。

拱顶面（Extrados）

拱的上表面。见拱券（Arches），第 72 页。

F

扇形窗（Fanlight）

门上方的半圆形或细长窗，外围有完整的窗套。窗上的玻璃格条呈扇形或放射状。如果窗户位于门的上方，但不是扇形，叫作气窗（Transom light）。见窗和门（Windows and Doors），第 119 页。

扇形拱顶（Fan vault）

有大量相同尺寸、弯曲的拱肋从主要支撑拱肋上放射出来的，形成扇形图案的倒圆锥形拱顶。扇形拱顶常常带有华丽的花饰窗格，有时有垂饰即相邻拱顶交接处的悬挂装饰品。见屋顶（Roofs），第 149 页。

柱顶过梁的横带（Fascia）

在古典柱式中，位于柱顶过梁上的平整的横向带状物。见墙体和表皮（Walls and Surfaces），第 106 页。

花彩形饰（Festoon）

在建筑物表面上，悬挂在若干（一般是偶数）相隔的点之间的成串的花朵装饰，通常呈弓形或曲线形状。

嵌条（Fillet）

两条相邻线脚之间的平带或者表面，有时比周边表面突出。见墙体和表皮（Walls and Surfaces），第 106 页。这个术语也指圆柱柱身（Shaft）上凹槽（Flute）之间的扁平条状物。

尖顶饰（Finial）

一种位于小尖塔（Pinnacle）尖顶（Spire）或屋顶上的凸起的装饰物。见屋顶，第 138 页。

鱼鳞瓦（Fish-scale tiles）

瓦片的下端是曲线形状，相邻两排瓦片部分重叠，形成鱼鳞状。见屋顶，第 135 页。

固定窗（Fixed window）

没有可以开启或关闭部分的窗户。使用固定窗的原因有很多。早期主要是因为制造开启装置的难度和花费都较高，比如华丽的花饰窗格。在现代，可能是为了确保整幢建筑的环境和空调系统的工作效率，或者是出于安全因素，如高层建筑中使用的固定窗。见窗和门（Windows and Doors），第 116 页。

火焰式花饰窗格（Flamboyant tracery）

形态更加复杂的曲线花饰窗格（Curvilinear or flowing tracery）。见窗和门（Windows and Doors），第 123 页。

平拱（Flat arch）

平拱的拱顶面（Extrados）和拱底面（Intrados）都是水平方向的，构成拱面的拱石（Voussoirs）有特别的角度。见拱券（Arches），第 75 页。

平叶片装饰柱头（Flat-leaf capital）

一种简洁的有叶形装饰的柱头，每个角上有宽大的叶片形装饰。见圆柱和墩柱（Columns and Piers），第 70 页。

平屋顶（Flat roof）

坡度几乎达到水平的屋顶（保留轻微坡度是为了方便排水）。柏油和砾石是传统上常用的密封材料，但是现在常用合成膜（Synthetic membranes）。见屋顶（Roofs），第 133 页。

尖顶塔（Flèche）

一种小型尖顶（Spire），通常位于坡屋顶（Pitched roof）的屋脊上或两个垂直的坡屋顶的屋脊交叉处。见屋顶（Roofs），第 140 页。

荷兰式砌法（Flemish bond）

在同一皮中，顺砖（Stretcher）和丁砖

（Header）交替砌成。上下皮间顺砖竖缝相互错开1/4砖长，同时每隔一皮的丁砖是对齐的。*见墙体和表皮（Walls and Surfaces），第89页。*

花形图案装饰（Fleuron）

大致是圆形的花形装饰，有时出现在科林斯或复合柱头（Capital）上。*见圆柱和墩柱（Columns and Piers），第68页。*

地砖（Floor tiles）

地砖通常是陶瓷或石板材质，可以用于整个建筑，但是由于地砖的耐久性和抗水性，最常用于公共区域、卫生间或者厨房，特别是在家庭装饰中。*见墙体和表皮（Walls and Surfaces），第95页。*

佛罗伦萨式拱（Florentine arch）

一种半圆形拱，*拱顶面（Extrados）*曲线的中心高于*拱底面（Intrados）*曲线中心。*见拱券（Arches），第75页。*

齐平式灰缝（Flush mortaring）

灰缝与相邻两块砖面齐平。*见墙体和表皮（Walls and Surfaces），第90页。*

齐平饰面（Flushwork）

用碎打火石和修琢石排列成装饰图案的做法，一般是象棋棋盘的图案。*见墙体和表皮（Walls and Surfaces），第86页。*

柱身凹槽（Flute）

*圆柱柱身（Shaft）*上垂直的内凹的浅槽。*柱身凹槽（Flutes）*之间的扁平条状物叫作*嵌条（Fillet）*。*见圆柱和墩柱（Columns and Piers），第67页。*

悬空式楼梯（Flying stair）

悬空式楼梯的踏步是石质的，一端与墙体相连，每一级都直接建在正下方梯级上。如果悬空式楼梯的平面是半圆形或椭圆形，叫作"螺旋形楼梯"。*见楼梯和电梯（Stairs and Lifts），第151页。*

飞扶壁（Flying buttress）

见扶壁（Buttress）。

舞台塔（Fly tower）

剧院舞台上方的一片较大空间，装设有换景系统——用来升降舞台场景的一系列配重和滑轮装置。*见公共建筑（Public Buildings），第51页。*

叶形饰（Foil）

两个*尖瓣（Cusp）*之间形成的弯曲空间，有时是叶片的形状。*见窗和门（Windows and Doors），第122页。*

叶形装饰（Foliated）

任何叶片形装饰的通用术语。*见墙体和表皮（Walls and Surfaces），第111页。*

洗礼池（Font）

一个带有装饰的水盆，通常被罩面覆盖，用来盛放洗礼水。有时，洗礼池被安放在"洗礼堂"内。洗礼堂是与大教堂主体分隔开来的单独区域，洗礼池往往位于其中心位置。*见中世纪大教堂（The Medieval Cathedral），第16页。*

四心拱或平坦拱
（Four-centred or depressed arch）

由四条交叉曲线形成的拱。外侧两条曲线的中心位于*拱底座（Impost）*层，且在*拱跨（Span）*之内；中间两条曲线的中心也在*拱跨（Span）*之内，但是低于*拱底座（Impost）*层。*见拱券（Arches），第74页。*

独立圆柱（Free-standing column）

分离的、通常是圆柱形的竖直柱身（Shaft）或构件。*见圆柱和墩柱（Columns and Piers），第62页。*

落地窗（French window）

实际上是一种双扇门，带有很大窗孔，一般用在家庭住宅，开门即通往花园。

回纹饰（Fret）

完全用直线组成的重复的几何形线脚。*见墙体和表皮（Walls and Surfaces），第111页。*

檐壁（Frieze）

*檐部（Entablature）*的中心部分，位于*柱顶过梁（Architrave）*和*檐口（Cornice）*之间，往往饰以浮雕。*见古典神庙（The Classical Temple），第9页。*这个术语也可以指任何沿着墙壁的连续的水平带状浮雕。*见圆柱和墩柱（Columns and Piers），第64页。*

凹槽砖（Frogged brick）

一种常用砖，顺砖摆放时，顶部和底部都有凹槽，"Frog"这个术语指的是砖面上的凹槽，也可以指在制模过程中用来造出凹槽的块体。凹槽砖比实心砖轻，在砌成一皮时，也有足够的空间用来填充灰泥。*见墙体和表皮（Walls and Surfaces），第91页。*

霜冻式粗面砌体（Frosted rustication）

石块表面被削砍成钟乳石或冰柱的形状。*见墙体和表皮（Walls and Surfaces），第87页。*

G

石笼（Gabions）

填充了密实材料（如石头，也用沙和泥）的金属笼。石笼通常只有纯粹的结构作用，特别是在土木工程项目中。但是在很多现代建筑物中，也会使用石笼作为一种建筑特色。*见墙体和表皮（Walls and Surfaces），第86页。*

山墙（Gable）

一种三角形墙面区域，用于围合坡屋顶坡面或*三角形屋顶（Pitched roof or gabled roof）*。*见屋顶（Roofs），第136页。*

小山墙（Gablet）

*扶壁（Buttress）*上方的小型*山墙（Gable）*。*见屋顶（Roofs），第137页。*

高侧廊层（Gallery）

在中世纪大教堂中，高侧廊层是主要连拱以上和侧高窗以下的中间层，常常镶嵌浅拱，浅拱后面是位于侧廊上方的高侧廊通道。有时，高侧廊层会建造盲拱，被称为"三角高侧廊"。*见中世纪大教堂（The Medieval Cathedral），第18页。*

碎石片式灰缝（Galletting）

在灰缝未干时，插入小石片，起到装饰作用。*见墙体和表皮（Walls and Surfaces），第90页。*

怪兽形滴水嘴（Gargoyle）

形状怪异的雕像，通常探出墙头以使水滴远离滴水嘴以下的墙面。*见中世纪大教堂（The Medieval Cathedral），第14页。*

花环饰（Garland）

由花和叶组成的花环状线脚。*见墙体和表皮（Walls and Surfaces），第111页。*

中庭（Garth）

由回廊（Cloisters）环绕的庭院空间。*见中世纪大教堂（The Medieval Cathedral），第16页。*

门楼（Gatehouse）

城门上的防御结构或*塔楼（Tower）*，向内探出到城堡中。门楼是城堡防御中的潜在薄弱点，因此通常会强化此处的防御工事，包括*吊桥（Drawbridge）*、一个或多个*吊闸（portcullises）*。*见防御建筑（Fortified Building），第30页。*

标准拱（Gauged arch）

标准拱的形状没有特别指定，但是通常是圆拱或平拱。拱石呈放射状，从一个中心点发散出来。*见拱券（Arches），第75页。*

标准砌体（Gauged brickwork）

接合非常紧密的砖砌体，通常会把砖砍成适合的形状，用于过梁。*见墙体和表皮（Walls and Surfaces），第89页。*

网格状穹隆（Geodesic dome）

部分或者整体为球形的结构，由三角形钢结构组成。*见屋顶（Roofs），第143页。*

几何形花饰窗格（Geometric tracery）

一种简洁的花饰窗格，由一系列圆形组成，圆形内部通常装饰有*叶形饰（Foils）*。*见窗和门（Windows and Doors），第123页。*

大型圆柱（Giant column）

大型圆柱的延伸距离能够达到两层楼高（或更高）。*见圆柱和墩柱（Columns and Piers），第63页。*

吉布斯窗或门套
（Gibbs window or door surround）

一种古典窗户样式，特点是窗套装饰有重复的*粗面石块（Rustication）*，顶部安放着较大块的*拱顶石（Keystone）*。吉布斯窗得名于英国建筑师詹姆斯·吉布斯（James Gibbs），并成为注册商标，尽管这种窗的样式可能起源于文艺复兴时期的意大利。*见窗和门（Windows and Doors），第125页。*

玻璃砖（Glass brick）

玻璃砖起源于二十世纪早期，通常是正方形。由于相对较厚，玻璃砖建成的墙面呈半透明状，自然光线仍然能够进入内部空间。*见墙体和表皮（Walls and Surfaces），第91页。*

玻璃幕墙（Glass curtain wall）

见幕墙（Curtain wall）。

釉面砖（Glazed brick）

砖的表面经过烧釉处理的砖，可以做出各种色彩和图案。*见墙体和表皮（Walls and Surfaces），第91页。*

城堡大厅（Great hall）

城堡中的礼仪和行政中心。城堡大厅是聚餐、招待客人的场所，通常有繁复精致的装饰，特别是带纹章的装饰品。*见防御建筑（Fortified Building），第30页。*

希腊十字平面（Greek cross plan）

一种教堂平面，即四臂等长的*翼殿（Transept）*围绕着中央核心，形成十字形。*见文艺复兴式教堂（The Renaissance Church），第24页。*

希腊多立克柱式（Greek Doric order）

见古典柱式（Classical orders）。

绿色屋顶（Green roof）

全部或部分被植被（以及栽培基质、灌溉和排水系统）覆盖的屋顶。*见屋顶（Roofs），第135页。*

纯灰色画装饰（Grisaille）

完全用灰色浓淡变化描绘形象，用来模拟浮雕（Relief）的效果。*见墙体和表皮（Walls and Surfaces），第111页。*

拱棱拱顶（Groin vault）

两个桶形拱顶正交形成的拱顶。拱顶面相交处的拱形边缘叫作"拱棱"。*见屋顶（Roofs），第148页。*

怪异风格装饰（Grotesquery）

一种类似阿拉伯式花纹的复杂装饰线脚，但是带有人物形象。这种怪异风格装饰起源于被重新发现的古罗马装饰形式。*见墙体和表皮（Walls and Surfaces），第111页。*

扭索纹饰（Guilloche）

由两个或更多个交叉、弯曲的窄条带重复出现构成的线脚。*见墙体和表皮（Walls and Surfaces），第111页。*

锥形饰（Guttae）

位于多立克*檐部（Entablature）*中的方嵌条（*Regula*）之下的小型锥形突出物。*见圆柱和墩柱（Columns and Piers），第65页。*

术语表 / 4

石膏灰泥（Gypsum plaster）

也叫熟石膏，通过加热石膏粉并加水形成糊状物，在变硬前可以涂在建筑物表皮。因为石膏灰泥的抗水性较差，通常只用于建筑物内部。*见墙体和表皮（Walls and Surfaces），第 96 页。*

H

椽尾梁屋顶（Hammer beam）

一种桁架屋顶，用横向突出于墙面的短梁代替了通常使用的*系梁（Tie beam）*。这种短梁叫作*椽尾梁（Hammer beams）*，一般由拱形加固木（*Arched braces*）和椽尾柱支撑。*见屋顶（Roofs），第 146 页。*

椽尾梁（Hammer-beam roof）

横向突出于墙面的短梁，一般由拱形*加固木（Arched braces）*和椽尾柱支撑。*见屋顶（Roofs），第 146 页。*

椽尾柱（Hammer post）

由*椽尾梁（Hammer beams）*支撑的垂直柱子。*见屋顶（Roofs），第 146 页。*

扶手（Handrail）

扶手*栏杆（Banister）*或其他直立构件顶部的横杆，可以方便行人上、下楼梯。*见楼梯和电梯（Stairs and Lifts），第 150 页。*

拱腰（Haunch）

*拱底座（Impost）*和*拱顶石（Keystone）*之间的拱券的弯曲部分。*见拱券（Arches），第 72 页。*

丁砖（Header）

一种水平放砖的方式，大面在底部，露出砖的丁面。*见墙体和表皮（Walls and Surfaces），第 88 页。*

丁砖砌法（Header bond）

一种简单的砌法，全部用*丁砖（Header）*进行平砌。*见墙体和表皮（Walls and Surfaces），第 89 页。*

螺旋形楼梯（Helical stair）

螺旋形楼梯的平面是半圆形或椭圆形，围绕着位于中央的端柱螺旋上升，形状类似“螺旋线”。“双螺旋”楼梯是比较少见的设计，即两个独立的楼梯在共同的半圆形或椭圆形空间里盘旋上升。*见楼梯和电梯（Stairs and Lifts），第 151 页。*

螺旋饰（Helix）

科林斯*柱头（Capital）*上的小型*涡卷（Volute）*。*见圆柱和墩柱（Columns and Piers），第 68 页。*

头盔形尖顶（Helm spire）

一种不常见的尖顶，由四个向内倾斜的菱形屋顶面构成，并且在*塔（Tower）*的四面形成了四个*山墙（Gable）*。*见屋顶（Roofs），第 139 页。*

头像界碑（Herm）

见头像界碑（Term）。

人字形砌法（Herringbone bond）

通常把顺砖斜砌，砌成人字形图案的砌法。*见墙体和表皮（Walls and Surfaces），第 89 页。*

六柱式门廊（Hexastyle）

神庙正面有六根圆柱［或*壁柱（Pilaster）*］。*见古典神庙（The Classical Temple），第 10 页。*

隐框玻璃幕墙（Hidden-frame curtain wall）

玻璃窗格嵌在长方形的金属框上，金属框隐蔽在玻璃背后，在室外几乎不可见。*见墙体和表皮（Walls and Surfaces），第 99 页。*

主圣坛（High altar）

见圣坛（Altar）。

四坡顶山墙（Hipped gable）

如果四坡屋顶上相对两面是部分带斜屋脊、部分带山墙的，叫作四坡顶山墙。*见屋顶（Roofs），第 137 页。*

四坡屋顶（Hipped roof）

类似于*坡屋顶（Pitched roof）*，但是两端没有*山墙（Gable）*。四坡屋顶的四面都有坡面。如果相对两面是部分带斜屋脊、部分带山墙的，叫作半斜屋脊屋顶。*见屋顶（Roofs），第 132 页。*

历史图案柱头（Historiated or figured capital）

装饰着人物或动物图案的柱头，通常结合叶形装饰。有时，会通过图案再现某个故事。*见圆柱和墩柱（Columns and Piers），第 71 页。*

空心砖（Hollow brick）

带有长方形或圆柱形横向通孔的砖，质轻，隔音降噪。*见墙体和表皮（Walls and Surfaces），第 91 页。*

拱檐线脚（Hood mould）

一种罩在孔口上方的突出线脚，多用于中世纪建筑。如果拱檐线脚呈直线，叫作“矩形拱檐线脚”。*见窗和门（Windows and Doors），第 122 页。*

马蹄形拱（Horseshoe arch）

马蹄形拱的曲线形似马蹄铁，*拱腰（Haunch）*层的宽度大于拱底座层的宽度。马蹄形拱是伊斯兰建筑的代表特征。*见拱券（Arches），第 73 页。*

挂石板（Hung slate）

严格来说，石板属于石材，但是因为可以被制作成薄片，经常也会*模仿挂瓦（Hung tiles）*的做法。*见墙体和表皮（Walls and Surfaces），第 94 页。*

挂瓦（Hung tiles）

陶瓷挂瓦不仅常见于屋顶，也可用于覆盖建筑物外墙。通常，瓦片悬挂在下方的木构或砖砌体上，相邻两排瓦片部分重叠，这种排列方式叫作“叠瓦”。可以利用不同颜色的瓦片组成各种几何图案。*见墙体和表皮（Walls and Surfaces），第 94 页。*

壳状饰（Husk）

一种像钟形的装饰母题；有时连接着*花彩饰（Festoon）*、*花环饰（Garland）*或*水滴形饰（Drop）*。*见墙体和表皮（Walls and Surfaces），第 112 页。*

I

形梁贴面（I-beam）

横截面为 I 形或 H 形的金属梁，广泛应用于钢架结构。此处，I 形梁是建筑物表皮的附加元素，用于突出下方的结构构架。*见高层建筑（High-Rise Buildings），第 57 页。*

拱底座（Impost）

圆拱发券处的一般为水平的条带（虽然可以不必如此描绘），拱底座上方是*起拱石（Springer voussoir）*。*见拱券（Arches），第 72 页。*

内弯拱（Inflexed arch）

由两条外凸的曲线（而不是常见的内凹曲线）构成的尖券。*见拱券（Arches），第 75 页。*

城堡内庭（Inner ward）

围绕着*要塞（Keep）*的第二道高处的防御围场。内庭通常位于*城堡外庭（Outer ward）*（*Bailey*）内部或者与其相邻，被第二道*幕墙（Curtain Walls）*或木栅包围。*见防御建筑（Fortified Building），第 30 页。*

凹浮雕（Intaglio）

见浮雕（Relief）。

镶嵌细工（Intarsia）

在表面镶嵌木细条或其他形状木材，形成装饰图案或人物画的工艺。也可以用大理石镶嵌在墙壁、尤其是地板上，形成极其光滑的装饰图案。*见墙体和表皮（Walls and Surfaces），第 112 页。*

柱距（Intercolumniation）

相邻两根圆柱直接的距离。*见古典神庙（The Classical Temple），第 11 页。*

内墙砖（Interior wall tiles）

内墙砖通常是陶瓷或石板材质，最常用于卫生间或者厨房，有防水功能。*见墙体和表皮（Walls and Surfaces），第 95 页。*

交叉或分枝形花饰窗格（Intersecting or branched tracery）

直棂（Mullion）在起拱点将窗孔一分为二，并且继续延伸为平行于拱券的曲线。*见窗和门（Windows and Doors），第 123 页。*

拱底面（Intrados）

专门指拱的底面。同义词是“*底面*”（*Soffit*）。“底面”这个术语的适用范围更广，可以指代各种结构或表面的下表面。*见拱券（Arches），第 72 页。*

倒拱（Inverted arch）

上下颠倒的拱，一般用在建筑物底层。*见拱券（Arches），第 75 页。*

爱奥尼柱式（Ionic order）

见古典柱式（Classical orders）。

不规则开窗布局（Irregular fenestration）

窗户之间的距离不等，通常窗户的大小也不同。*见高层建筑（High-Rise Buildings），第 59 页。*

J

窗户侧壁（Jamb）

*窗套（Surround）*的垂直侧面。*见窗和门（Windows and Doors），第 116 页。*

隐门（Jib door）

一种与墙齐平的隐形内部门。*见窗和门（Windows and Doors），第 130 页。*

K

龙骨形线脚（Keel）

这种线脚的两道曲线相接，形成类似船的龙骨形状的尖形边缘。*见墙体和表皮（Walls and Surfaces），第 106 页。*

拱顶石（Keystone）

拱券顶部中央的楔形石块，它确定了其他*拱石（Voussoirs）*的位置。*见拱券（Arches），第 72 页。*

拱顶石面具（Keystone mask）

装饰有人物或动物面部雕刻的拱顶石。*见公共建筑（Public Buildings），第 47 页。*

桁架中柱（帝柱式）屋顶（King post）

一种桁架屋顶，桁架中柱立在*系梁（Tie beam）*的中心位置，支撑着*屋脊梁（Ridge beam）*。*见屋顶（Roofs），第 146 页。*

碎打火石砌体（Knapped flint）

在墙面上使用打火石的做法，打火石被敲碎，黑色面向外。*见墙体和表皮（Walls and Surfaces），第 86 页。*

斜交石（Kneeler）

位于*山墙（Gable）*底部角上的近似三角形的石头。*见屋顶（Roofs），第 136 页。*

L

圣母堂（Lady chapel）

通常与*圣坛区（Chancel）*分离开来的一间附属礼拜堂，用于供奉圣母玛利亚。*见中世纪大教堂（The Medieval Cathedral），第 17 页。*

尖顶拱（Lancet arch）

尖顶拱是比*等边拱（Equilateral arch）*更

细长的拱券，两条曲线的中心都位于*拱跨*（*Span*）之外。*见拱券*（*Arches*），*第 74 页*。

柳叶窗（**Lancet window**）

细长的尖窗，常常三个一组。因其形似柳叶刀而得名。*见窗和门*（*Windows and Doors*），*第 125 页*。

楼梯平台（**Landing**）

位于两段楼梯顶部或之间的平台，通常用来连接两段不同方向的楼梯。*见楼梯和电梯*（*Stairs and Lifts*），*第 150 页*。

灯亭（**Lantern**）

见穹顶（*Cupola*）。

门闩和门闩板（**Latch and latch plate**）

门外缘上突出的挡片，与门框内侧的凹处相配，能够保持门的关闭状态。转动门把手（*条形或球形*）（*Door handle or knob*）能够松开门闩并打开门。门闩板是门闩四周的固定物，通常与门闩装置配套，而不是门的一部分。*见窗和门*（*Windows and Doors*），*第 118 页*。

晶格穹隆（**Lattice dome**）

一种现代穹隆样式，由多边形钢结构组成，通常镶嵌玻璃。*见屋顶*（*Roofs*），*第 143 页*。

格子窗（**Lattice window**）

小正方形或菱形玻璃窗格构成的窗户，窗格被有槽铅条分隔。*见窗和门*（*Windows and Doors*），*第 124 页*。

单坡屋顶（**Lean-to roof**）

斜靠向垂直墙壁的只有一个斜面的屋顶。*见屋顶*（*Roofs*），*第 132 页*。

读经台（**Lectern**）

演讲时使用的台架，带有倾斜面，以便于放置书或笔记。有些教堂会用读经台来代替*讲坛*（*Pulpit*）。*见文艺复兴式教堂*（*The Renaissance Church*），*第 25 页*。

枝肋拱顶（**Lierne vault**）

在相邻居间*拱肋*（*Tierceron*）、*横肋*（*Transverse rib*）和*脊肋*（*Ridge rib*）之间的额外的拱肋，但是不是从主要支撑拱肋上放射出来的，这样的拱顶叫作枝肋拱顶。*见屋顶*（*Roofs*），*第 149 页*。

电梯（**Lift**）

电梯是一种垂直运输装置，本质上来说是通过机械手段实现上下移动的平台。主要驱动方式是滑轮系统（曳引式电梯）或液压活塞（液压电梯）。*见楼梯和电梯*（*Stairs and Lifts*），*第 152 页*。

采光孔（**Light**）

一块或几块玻璃窗格构成的窗孔。*见窗和门*（*Windows and Doors*），*第 116 页*。

石灰泥（**Lime plaster**）

历史上的最常用的灰泥，是用沙子、石灰和水混合而成的，有时会加入动物纤维增强黏合度。石灰泥能够用于壁画绘制。*见墙体和表皮*（*Walls and Surfaces*），*第 96 页*。

过梁（**Lintel**）

位于窗户或门顶端的支撑构件，通常是水平的。*见窗和门*（*Windows and Doors*），*第 116 页*。

小木屋（**Log cabin**）

一种在北美地区常见的木构建筑，主要是用原木水平搭叠在一起建成的。原木的末端有凹口，所以在转角处能够形成非常牢固的咬合。原木间的空隙可以填充灰泥、水泥或者泥浆。*见墙体和表皮*（*Walls and Surfaces*），*第 93 页*。

凉廊（**Loggia**）

有屋顶的空间，至少有一边连接着*连拱*（*Arcades*）或*柱廊*（*Colonnade*）。可以是大型建筑的一部分，也可以是一个独立结构。*见墙体和表皮*（*Walls and Surfaces*），*第 102 页*。

莲花柱头（**Lotus capital**）

一种埃及柱头，呈莲花形。*见圆柱和墩柱*（*Columns and Piers*），*第 71 页*。

百叶窗（**Louvres**）

安装在窗［通常是*活动窗板*（*Shutter*）上］、门或墙面上的成排的有角度的板条，可透光、通风，但是能够遮挡直射阳光。*见窗和门*（*Windows and Doors*），*第 128 页*。

屋顶窗（**Lucarne**）

一种安装在*尖顶*（*Spire*）上的较小的*老虎窗*（*Dormer Window*）；通常是百叶式的。*见窗和门*（*Windows and Doors*），*第 129 页*。

M

堞口（**Machicolations**）

支撑有雉堞的女儿墙的相邻叠涩之间的墙面上的孔洞。最初的堞口设计目的是防御之用，防卫者可以从堞口中向下方的敌人投下石块或液体，后来逐渐转向装饰目的。*见屋顶*（*Roofs*），*第 140 页*。

主要连拱层（**Main arcade level**）

中殿（*Nave*）内部的最低层，带有一系列大型拱券，由侧廊前方的墩柱支撑。*见中世纪大教堂*（*The Medieval Cathedral*），*第 18 页*。

芒萨尔式屋顶（**Mansard roof**）

有两道斜面的屋顶，下部比上部更陡。这种屋顶通常装设*老虎窗*（*Dormer windows*）并且在端头*带斜屋脊*（*Hipped*）。这种典型的法国设计得名于它最早的倡导者，法国建筑师弗朗索瓦·芒萨尔（1598–1666）。如果芒萨尔屋顶的端头是一片平山墙而不是斜屋脊，严格意义上应叫作"复折式屋顶"。*见屋顶*（*Roofs*），*第 132 页*。

面部雕像（**Mask**）

一种装饰母题，一般式风格化的人物或动物面部。*见墙体和表皮*（*Walls and Surfaces*），*第 112 页*。

石材外包（**Masonry cladding or veneer**）

在建筑物表皮使用石材，而不是为了结构支撑的目的。这种做法叫作石材外包。*见墙体和表皮*（*Walls and Surfaces*），*第 86 页*。

桅杆（**Mast**）

高耸、竖直的柱子或结构，可以用来悬吊其他元素。*见高层建筑*（*High-Rise Buildings*），*第 58 页*。

（大奖章形的）圆形装饰物（**Medallion**）

圆形或椭圆形的装饰牌匾，通常装饰有雕刻或绘画人物或场景。*见墙体和表皮*（*Walls and Surfaces*），*第 112 页*。

上下窗碰头横档（**Meeting rail**）

上下两扇直拉窗中的横档，当窗户关闭时相互碰合。*见窗和门*（*Windows and Doors*），*第 117 页*。

瓜形穹隆（**Melon dome**）

由一系列弯曲的拱肋提供结构支撑的穹隆，拱肋之间有填充物。*见屋顶*（*Roofs*），*第 143 页*。

柱间壁（**Metope**）

多立克*檐部*（*Frieze*）上的*三垄板*（*Triglyphs*）之间的区域。*见圆柱和墩柱*（*Columns and Piers*），*第 65 页*。

夹层（**Mezzanine**）

位于两个主要楼层之间的较低楼层，通常是*主厅*（*Piano nobile*）层和*阁楼*（*Attic*）层之间。

半圆形截面瓦或筒形瓦
（Mission or barrel tiles）

瓦的截面弧线是半圆形或筒形，交替排列成排，形成凹凸图案。*见屋顶*（*Roofs*），*第 135 页*。

飞檐托饰（**Modillion**）

一种*涡卷支撑*（*Console*），通常附加着从科林斯或*复合柱头*（*Capital*）的挑檐底面伸出来的莨苕叶饰的*叶片*（*acanthus leaf*）。*见圆柱和墩柱*（*Columns and Piers*），*第 68 页*。

纪念碑圆柱（**Monumental column**）

为了纪念重大胜利或英雄而建造的高耸、独立的圆柱。有时，纪念碑圆柱的顶部有雕像，或装饰着浮雕。*见圆柱和墩柱*（*Columns and Piers*），*第 63 页*。

灰泥（**Mortar**）

灰泥是用砂混合黏合剂（如水泥或石灰等）制成的，加水后呈糊状，可以黏合墙内的相邻砖块。如果在灰泥凝固前用工具处理灰泥接缝，叫作"已处理灰缝"。*见墙体和表皮*（*Walls and Surfaces*），*第 88 页*。

护城河（**Moat**）

围绕着城堡的起防御作用的水渠或壕沟；通常有陡峭的斜坡，并注满水，形成护城河。*见防御建筑*（*Fortified Building*），*第 31 页*。

马赛克（**Mosaic**）

马赛克是用小块彩色瓷砖、玻璃或石头（即"镶嵌片"）拼接形成的抽象图案或人物画。使用灰泥或灌浆将镶嵌片固定在表面。马赛克可以用于墙面或地面装饰。*见墙体和表皮*（*Walls and Surfaces*），*第 95 页*。

水滴形窗饰（**Mouchette**）

形状像水滴的花饰窗格元素。*见窗和门*（*Windows and Doors*），*第 112 页*。

直棂（**Mullion**）

划分开口的垂直细条或构件。*见窗和门*（*Windows and Doors*），*第 116 页*。

多叶形或尖瓣形拱
（Multifoiled or cusped arch）

由若干小圆形或尖曲线构成的拱，形成的凹处叫作叶形，三角形突出物叫作尖瓣。*见拱券*（*Arches*），*第 75 页*。

公共空间（**Municipal space**）

对公众开放的开阔空间，如公园或仪式广场。

门中梃／窗格条（**Muntin**）

在*木镶板门*（*Panel door*）中，有辅助作用的、一般比竖梃更细的垂直木条或构件叫作门中梃，能够把门板分割为更小的镶板。在*直拉窗*（*Sash window*）中，这个术语指的是附属的玻璃装配条，用来分隔并固定玻璃窗格，叫作窗格条。

檐下托板（**Mutule**）

一块突出来的长方块，有时底面是倾斜的，位于多立克檐口的挑檐下方。*见圆柱和墩柱*（*Columns and Piers*），*第 65 页*。

N

钉头饰（**Nail-head**）

一系列重复出现的像钉头形状的金字塔形突出物构成的线脚。如果金字塔形突出物缩进墙里面，叫作"空心四方块体"。常见于诺曼式和罗马式建筑。*见墙体和表皮*（*Walls and Surfaces*），*第 113 页*。

内殿（**Naos**）

希腊神庙中用*绕柱*（*Peristasis*）封闭起来的中心区域，经常被分隔为几个殿室。*见古典神庙*（*The Classical Temple*），*第 13 页*。

教堂前厅（**Narthex**）

大教堂的西部区域，通常不被认为是大教堂的一部分。*见中世纪大教堂*（*The Medieval Cathedral*），*第 16 页*。

中殿（**Nave**）

大教堂或教堂的主体部分，从西端延伸到*十字中心*（*Crossing*）或*圣坛区*（*Chancel*）

术语表 / 5

（如果没有十字翼殿）。*见中世纪大教堂（The Medieval Cathedral），第 16 页。*

柱颈（Neck）

*柱头（Capital）*底部和*柱身（Shaft）*顶部的*半圆线脚（Astragal）*之间的扁平部分。*见圆柱和墩柱（Columns and Piers），第 64 页。*

针状尖顶（Needle spire）

细长的、像长钉形状的尖顶。*见屋顶（Roofs），第 139 页。*

端柱（Newel）

位于螺旋楼梯中心位置或直跑楼梯尾端的主要垂直支柱，并支撑*扶手（Handrail）*。*见楼梯和电梯（Stairs and Lifts），第 150 页。*

中心柱楼梯（Newel stair）

围绕着位于中央的端柱螺旋上升的楼梯。螺旋形楼梯是中心柱楼梯的一种。*见楼梯和电梯（Stairs and Lifts），第 151 页。*

壁龛（Niche）

墙面上的拱形凹处，用来放置雕像或者只是为了增加表面变化。*见墙体和表皮（Walls and Surfaces），第 113 页。*

砖壁木架（Nogging）

在木构建筑中，用砖或小石块填充在木架之间的空隙里，叫作砖壁木架。*见墙体和表皮（Walls and Surfaces），第 93 页。*

梯级突沿（Nosing）

梯级*踏板（Treads）*外缘上的圆形突出物。*见楼梯和电梯（Stairs and Lifts），第 150 页。*

O

方尖碑（Obelisk）

一种高而窄，大致为长方形的结构，越往顶部越细，顶端是金字塔形。*见圆柱和墩柱（Columns and Piers），第 63 页。*

八柱式门廊（Octastyle）

神庙正面有八根圆柱［或*壁柱（Pilaster）*］。*见古典神庙（The Classical Temple），第 10 页。*

眼窗 / 公牛眼窗（Oculus or bull's eye window）

一种没有花饰窗格的简单圆窗。也指位于穹隆顶部的凸面采光孔，可以在建筑物内部看到；最著名的是罗马万神庙的眼窗。*见窗和门（Windows and Doors），第 125 页。*

葱形拱（Ogee arch）

葱形拱两侧的曲线分别是由下部内凹、上部外凸的两段曲线交叉形成的。外侧两条凹曲线的中心位于*拱底座（Impost）*层，且在*拱跨（Span）*之内，或者正是拱跨中心。内侧两条凸曲线的中心高出*矢高（Rise）*。*见拱券（Arches），第 74 页。*

葱形穹隆（Onion dome）

类似洋葱形状的球根形穹隆，在顶端处终止于一个点，其横截面形似*葱形拱（Ogee arch）*。*见屋顶（Roofs），第 143 页。*

开口山墙（Open pediment）

山墙（三角形或弓形）的顶端留有缺口，山墙两端在中央不交会。*见窗和门（Windows and Doors），第 121 页。*

开放式尖顶（Open spire）

使用了由*花饰窗格（Tracery）*和*飞扶壁（Flying buttresses）*形成的开放式网格结构的尖顶。*见屋顶（Roofs），第 139 页。*

开放式楼梯（Open stair）

没有梯级*竖板（Risers）*的楼梯。*见楼梯和电梯（Stairs and Lifts），第 151 页。*

开放式楼梯斜梁（Open string）

见斜梁（String）。

开敞竖井式楼梯（Open-well stair）

一种直线形楼梯，围绕着中央的空隙，即竖井上升。*见楼梯和电梯（Stairs and Lifts），第 151 页。*

后室（Opisthodomos）

有时被略去的类似内*殿门廊（Pronaos）*的空间，位于内堂的另一端，但是没有直达的道路。*见古典神庙（The Classical Temple），第 13 页。*

球形尖顶饰（Orb finial）

一种位于*小尖塔（Pinnacle）*、*尖顶（Spire）*或屋顶上的凸起的球形装饰物。在宗教建筑中，一般会在球形尖顶饰顶部安放十字架。*见屋顶（Roofs），第 141 页。*

凸肚窗（Oriel window）

突出于二层或更上层墙面的窗户，但是不会延伸到底层。*见窗和门（Windows and Doors），第 127 页。*

城堡外庭（Outer ward）

有时也称之为"bailey"。有防御的围场，城堡主人的住处，也包括马厩、工场，有时也有兵营。*见防御建筑（Fortified Building），第 30 页。*

门头饰（Overdoor）

安装在门顶部的通常带有绘画或半身像的装饰镶板；有时嵌在门框里。*见墙体和表皮（Walls and Surfaces），第 113 页。*

外悬突堤（Overhanging jetty）

在木构建筑中，位于上层的突出物，伸出下层表面之外。*见墙体和表皮（Walls and Surfaces），第 93 页。*

外挑窗（Oversailing window）

突出于外墙面的上层楼面窗户，与*凸肚窗（Oriel window）*的不同之处是，外挑窗的宽度通常大于一个开间。*见窗和门（Windows and Doors），第 127 页。*

卵形窗（Ovoidal window）

大致为椭圆形的窗户。*见沿街建筑（Street-Facing Buildings），第 44 页。*

圆凸形线脚（Ovolo）

一种凸面的线脚装饰，截面弧线是四分之一圆形。*见墙体和表皮（Walls and Surfaces），第 107 页。*

卵形饰（Ovum）

一种蛋形装饰元素，如蛋矛线脚（Egg-and-dart）中的蛋形装饰物。*见墙体和表皮（Walls and Surfaces），第 113 页。*

P

棕榈叶柱头（Palm capital）

一种埃及柱头，用展开的叶片形状模仿棕榈树的形态。*见圆柱和墩柱（Columns and Piers），第 71 页。*

棕叶饰（Palmette）

一种模仿扇形棕榈叶的装饰样式，叶片向外卷。不同于*忍冬饰（Anthemion）*。*见墙体和表皮（Walls and Surfaces），第 113 页。*

镶板（Panel）

位于表面的长方形的凹进或突出的平板。在木镶板或格板门中，镶板被填充在*横梃（Rails）*、*竖梃（Stiles）*、*直棂（Mullions）*和*门中梃（Muntins）*之间。

格板门（Panel door）

用木板填充在横梃（Rails）、竖梃（Stiles）、直棂（Mullions）和门中梃（Muntins）构架中，这样的方式制作的门叫作格板门。*见窗和门（Windows and Doors），第 119 页。*

镶板或垂直花饰窗格（Panel or perpendicular tracery）

用若干*直棂（Mullion）*将窗孔分隔成多个竖直单位的窗格图案。*见窗和门（Windows and Doors），第 123 页。*

波形瓦（Pantiles）

一种 S 形瓦片，相邻瓦片咬合在一起，形成脊状图案。*见屋顶（Roofs），第 134 页。*

平行弦杆桁架（Parallel chord truss）

在桁架中，如果上、下构件（即弦杆）是平行的，则被称为平行弦杆桁架。上、下弦杆一般用三角形格子状的结构分隔开来。*见屋顶（Roofs），第 147 页。*

女儿墙（Parapet）

位于屋顶、*阳台（Balcony）*或桥面边缘的起保护作用的矮墙或*栏杆（Balustrade）*。*见屋顶（Roofs），第 136 页。*

带女儿墙的尖顶（Parapet spire）

一种典型的八角形尖顶，各个三角形面从*塔楼（Tower）*的边缘向后移。塔楼（Tower）顶部围绕着一圈*女儿墙（Parapet）*，并且四个角上有*角楼（Turret）*或*小尖塔（Pinnacle）*。*见屋顶（Roofs），第 139 页。*

浮雕粉饰（Pargetting）

木构建筑外部灰泥表面上的装饰，一般是隆起或内凹的装饰图案。*见墙体和表皮（Walls and Surfaces），第 97 页。*

圆花饰（Patera）

多见于多立克*檐壁（Doric frieze）*的*柱间壁（Metopes）*上的圆盘状装饰［通常与*牛头饰（Bucranium）*交替出现］。*见墙体和表皮（Walls and Surfaces），第 113 页。*

亭屋顶（Pavilion roof）

与*四坡屋顶（Hipped roof）*相似，但是顶点处是平面。*见屋顶（Roofs），第 133 页。*

小卵石灰泥（Pebble-dash）

一种用于外部表面的水泥灰泥或打底，做法是在墙面涂抹水泥灰泥后再嵌上小卵石，有时也会嵌上小贝壳。另外还有一种工艺，即在水泥灰泥上墙之前先行掺入小卵石（和贝壳），叫作"粗灰泥"。*见墙体和表皮（Walls and Surfaces），第 97 页。*

基座（Pedestal）

支撑圆柱或*壁柱（Pilaster）*的带线脚的块体。*见沿街建筑（Street-Facing Buildings），第 39 页。*

三角山（Pediment）

坡度较小的三角形山墙端头；古典神庙正面的关键元素；经常用在开口的顶部，并不都是三角形。*见窗和门（Windows and Doors），第 121 页。*

盾形饰（Pelta）

形状像椭圆形或者新月形盾牌的装饰母题。*见墙体和表皮（Walls and Surfaces），第 113 页。*

穹隅（Pendentive）

穹隅是指由穹隆及其支持拱券交叉形成的内凹的三角形区域。*见屋顶（Roofs），第 142 页。*

多孔砖（Perforated brick）

一种标准砖，带有两个或三个与受压面垂直的孔洞，质轻，利于通风。*见墙体和表皮（Walls and Surfaces），第 91 页。*

绕柱式（Peripteral）

如果内殿被柱廊环绕，叫作绕柱式。*见古典神庙（The Classical Temple），第 12 页。*

绕柱（Peristasis）

围绕神庙外部一圈的单排或双排柱子，并且有结构支撑的作用。也叫作"Peristyle"。*见古典神庙（The Classical Temple），第 12 页。*

门阶（Perron）

通向*大门（Portal）*的外部台阶。*见郊区住宅和别墅（Country Houses and Villas），*

第 35 页。

主厅（**Piano nobile**）

古典建筑物的主要楼层。*见郊区住宅和别墅（Country Houses and Villas），第 35 页。*

墩柱（**Pier**）

有垂直结构支撑作用的竖直（罕见情况下有一定角度）构件。

壁柱（**Pilaster**）

壁柱是平的圆柱，从墙面上略微突出。*见圆柱和墩柱（Columns and Piers），第 62 页。*

底层架空立柱（**Piloti**）

用于指称将建筑物抬离地面的墩柱或圆柱，使地面空间空出，可以用来流通或储藏。*见郊区住宅和别墅（Country Houses and Villas），第 37 页。*

小尖塔（**Pinnacle**）

小尖塔是一种细长的三角形结构，尖端指向天空，经常带有卷叶形花饰——涡卷或叶饰（*Crockets*）。*见中世纪大教堂（The Medieval Cathedral），第 14 页。*

坡屋顶（**Pitched or gabled roof**）

有两个斜面的单屋脊屋顶，两端有山墙。这个术语有时也可以指代任何斜面屋顶。*见屋顶（Roofs），第 132 页。*

平板式花饰窗格（**Plate tracery**）

一种基本的花饰窗格类型，平板式图案切入或穿透石头表面。*见窗和门（Windows and Doors），第 123 页。*

基脚（**Plinth**）

柱础（*Base*）最底层的部分。*见圆柱和墩柱（Columns and Piers），第 64 页。*

点式玻璃幕墙
（**Point-loaded/supported glass curtain wall**）

幕墙是不承载结构负荷的建筑围墙或外壳，悬挂在结构框架之外。在点式结构中，强化玻璃窗格的固定方式是：窗格四个角上的附着点固定在支承架的臂上，或者其他附着点借助托架被固定在结构支撑物上。*见墙体和表皮（Walls and Surfaces），第 99 页。*

尖窗（**Pointed window**）

过梁（Lintel）是尖券的窗户。*见窗和门（Windows and Doors），第 125 页。*

吊闸（**Portcullis**）

木制或金属的格子状大门，安装在门楼或外堡门口，能够通过滑轮装置快速升起或降下。*见防御建筑（Fortified Building），第 32 页。*

门廊（**Portico**）

门廊是指一条由建筑物主体延伸出来的廊子，通常造型是有*柱列的*（*Colonnade*）神庙正面，顶部建有三角山墙（*Pediment*）。*见郊区住宅和别墅（Country Houses and Villas），第 35 页。*

门侧壁（**Post**）

门套（*Surround*）的垂直侧面。*见窗和门（Windows and Doors），第 118 页。*

普拉特式桁架（**Pratt truss**）

一种平行弦杆桁架，平行弦杆之间的垂直和斜向构件构成三角形结构。*见屋顶（Roofs），第 147 页。*

预制混凝土（**Precast concrete**）

在工地外预先制作好的标准混凝土板或墩柱，能够在现场快速安装。*见墙体和表皮（Walls and Surfaces），第 96 页。*

圣坛台阶（**Predella**）

安放圣坛的台阶，使之高出*圣坛区*（*Chancel*）的其他部分。这个术语也可以指圣坛装饰品（*Altarpiece*）或*圣坛后屏风*（*Reredos*）底部的绘画或雕塑。*见中世纪大教堂（The Medieval Cathedral），第 21 页。*

司祭席（**Presbytery**）

临近唱诗厢或唱诗厢内的一部分区域，是宗教仪式进行时高级神职人员的居所。*见中世纪大教堂（The Medieval Cathedral），第 17 页。*

主椽（**Principal rafter**）

在*桁架*（*Truss*）屋顶中，形成桁架结构的椽条。*见屋顶（Roofs），第 144 页。*

凸窗（**Projecting window**）

突出于墙面的窗户。*见沿街建筑（Street-Facing Buildings），第 45 页。*

突出部分（**Projection**）

突出的部分只有一端被支撑，下方没有支撑墩柱。*见现代结构（Modern Structures），第 80 页。*

内殿门廊（**Pronaos**）

神庙中内殿一端的门廊，由*内堂*（*Cella*）边墙外突部分与外突部分之间的列柱构成。*见古典神庙（The Classical Temple），第 13 页。*

舞台拱（**Proscenium arch**）

在剧院中，一种位于舞台顶端的拱，在舞台和观众席之间构造出了一个空间。*见拱券（Arches），第 77 页。*

前柱式（**Prostyle**）

如果有独立的柱子（通常是四根或六根）设立在门廊前面，这种形式被称作前柱式。*见古典神庙（The Classical Temple），第 12 页。*

仿双廊式（**Pseudodipteral**）

如果神庙*门廊*（*Pronaos*）环接着两排独立的柱子，并且侧边和后面有一个单独的柱廊［可以与*内殿*（*Naos*）的*附墙柱*（*Engaged Columns*）或*壁柱*（*Pilasters*）相呼应］，被称为仿双廊式。*见古典神庙（The Classical Temple），第 12 页。*

仿绕柱式（**Pseudoperipteral**）

如果环绕内殿的是*附墙柱*（*Engaged Columns*）或*壁柱*（*Pilasters*），而不是独立的柱子，叫作仿绕柱式。*见古典神庙（The Classical Temple），第 12 页。*

讲坛（**Pulpit**）

布道用的高出地面的、带装饰的平台。

檩条（**Purlin**）

位于*主椽*（*Principal rafters*）之上的纵向梁，用来支撑普通*椽条*（*Common rafter*）和上方的屋顶包层。*见屋顶（Roofs），第 146 页。*

裸体小儿雕像饰（**Putto**）

小男孩雕像，通常是裸体的小天使造型。*见墙体和表皮（Walls and Surfaces），第 113 页。*

框架竖铰链窗
（**PVC-framed casement window**）

能够大规模生产的竖铰链窗，框架材料是 PVC。与钢构相比，PVC 材料更加便宜，而且不易生锈。*见窗和门（Windows and Doors），第 126 页。*

列柱式（**Pycnostyle**）

柱距为柱径的 1.5 倍。*见古典神庙（The Classical Temple），第 11 页。*

Q

四分拱顶（**Quadripartite vault**）

如果拱顶跨度被两条*斜肋*（*Diagonal rib*）分隔为四个部分，叫作四分拱顶。*见屋顶（Roofs），第 149 页。*

方形 / 菱形玻璃（**Quarry**）

小块的正方形或菱形玻璃，常用在铅条格子窗中。*见窗和门（Windows and Doors），第 124 页。*

毛面粗面砌体（**Quarry-faced rustication**）

石块表面处理粗糙，像是未完成的样子。

双柱式（后柱式）屋顶（**Queen post**）

一种桁架屋顶，有两根柱子立在*系梁*（*Tie beam*）的中心位置，支撑着上方的*主椽*（*Principal rafter*）。双柱的位置由上方的*领梁*（*Collar beam*）固定。*见屋顶（Roofs），第 145 页。*

深槽线脚（**Quirked**）

一种凹痕是连续的横向 V 字的线脚。*见墙体和表皮（Walls and Surfaces），第 107 页。*

隅石（**Quoins**）

位于建筑边角上的大型石块。通常由*粗面*（*Rusticated*）石块组成，有时与建筑本身的材料不同。*见墙体和表皮（Walls and Surfaces），第 87 页。*

R

锯齿叶形饰（**Raffle leaf**）

卷曲的、边缘有锯齿的叶片形状装饰，常见于洛可可式装饰。*见墙体和表皮（Walls and Surfaces），第 114 页。*

横梃（**Rail**）

木镶板或格板门（Panel door）中的水平木条或构件。*见墙体和表皮（Walls and Surfaces），第 105 页。*

围栏（**Railing**）

部分围绕着一个空间、平台或楼梯的类似篱笆的结构。支撑围栏的构件通常带有装饰。*见窗和门（Windows and Doors），第 128 页。*

嵌入式灰缝（**Raked mortaring**）

灰泥面与上下两块砖面平行，但是内嵌进接合处。

内凹式（**Recessed**）

内凹进墙面或建筑物外壳内的窗或阳台。

直线结构（**Rectilinear**）

由一系列垂直和水平元素构成的建筑物或正面。*见现代结构（Modern Structures），第80页。*

芦苇形线脚（**Reed**）

由两个或更多个平行的隆起或突出的线脚组合在一起构成的线脚。*见墙体和表皮（Walls and Surfaces），第 107 页。*

方嵌条（**Regula**）

在多立克柱式檐部中，*柱顶过梁*（*Architrave*）中的带形*花边饰*（*Tenia*）下面的小型长方形带状物，从中伸出了*锥形饰*（*Guttae*）。*见圆柱和墩柱（Columns and Piers），第 65 页。*

浮雕（**Relief**）

一种雕刻表面，花纹突出于或有时内凹进表面。浅浮雕或“‘basso-relievo”的人物从背景突出的程度不超过他们的真实深度一半；高浮雕或“alto-relievo”的人物从背景突出的程度超过他们的真实深度一半；半浮雕或“mezzo-relievo”介于高浮雕和低浮雕之间。凹浮雕或“cavo-relievo”的雕刻场景凹进于而不是突出于背景，也被称为“intaglio”或“diaglyph”。扁平浮雕或“Rilievo stiacciato”是一种人物极端扁平的浮雕，这种手法最常见于意大利文艺复兴时期的雕刻作品中。*见墙体和表皮（Walls and Surfaces），第 114 页。*

圣坛后屏风（**Reredos**）

放置在*主圣坛*（*High Altar*）后面的屏风，通常是木制的，刻画着宗教圣像或圣经场景。*见中世纪大教堂（The Medieval Cathedral），第 21 页。*

拱柱（**Respond**）

一种*附墙柱*（*Engaged Columns*）或叠涩

术语表 / 6

（*Corbel*），通常位于连拱（*Arcade*）尾端，附在墙上或墩柱上。*见拱券（Arches），第76页。*

网状花饰窗格（Reticulated tracery）

重复的网状图案构成的花饰窗格，网格通常是四叶形，且顶部和底部的叶片形状被拉长成葱形（两条S形曲线）而不是圆曲线。*见窗和门（Windows and Doors），第123页。*

唱诗班席位（Retrochoir）

位于主圣坛（*High altar*）后面的空间，有时被略去。*见中世纪大教堂（The Medieval Cathedral），第17页。*

转延（Return）

线脚中的90度转弯。*见墙体和表皮（Walls and Surfaces），第107页。*

窗侧壁内侧（Reveal）

窗户*侧壁*（*Jamb*）的内侧，垂直与窗框。如果不垂直，叫作"斜面"。*见窗和门（Windows and Doors），第120页。*

反向葱形拱（Reverse ogee arch）

形状类似葱形拱，只是曲线下部是外凸的，而上部是内凹的。*见拱券（Arches），第74页。*

旋转门（Revolving door）

常用于客流量较大的建筑。由固定在中央旋转轴上的四个门扇组成，推动其中一扇可以转动门（有时是机动化的）。这种设计确保了门内外空气无法直接对流，对调节内部温度十分有效。*见窗和门（Windows and Doors），第130页。*

拱肋（Rib）

拱顶（*Vault*）上伸出的石质或砖质的细长条元素，可以为拱顶提供结构支撑。*见屋顶（Roofs），第141页。*

拱肋拱顶（Rib vault）

类似于拱撑*拱顶*（*Groin vault*），不同的是用拱肋替代拱撑。拱肋是在*拱顶*（*Vault*）上伸出的石质或砖质的细长条元素，可以为拱顶提供结构框架，并支撑肋间填充物或*腹板*（*Web*）。*见屋顶（Roofs），第148页。*

水平长窗（Ribbon window）

相同高度的一系列窗户，仅以*直棂*（*Mullions*）分隔，穿过建筑物形成水平带状。*见窗和门（Windows and Doors），第126页。*

屋脊（Ridge）

屋顶的两个倾斜面在顶端的交接处。*见屋顶（Roofs），第136页。*

屋脊梁（Ridge beam）

在*桁架*（*Truss*）屋顶中，沿着桁架顶部装设的梁，椽条倚靠在屋脊梁上。*见屋顶（Roofs），第144页。*

屋脊瓦（Ridge tiles）

铺在屋脊上的瓦。有些情况下，屋脊瓦上还装饰着突出的竖向装饰瓦，即*"顶饰瓦"*（*Crest tiles*）。*见屋顶（Roofs），第134页。*

脊肋（Ridge rib）

贯穿拱顶中央的装饰性纵向拱肋。*见屋顶（Roofs），第148页。*

卷草纹条饰（Rinceau）

由多茎的、交织的葡萄藤和叶子构成的装饰母题。*见墙体和表皮（Walls and Surfaces），第114页。*

矢高（Rise）

从*拱底座*（*Impost*）层到*拱顶石*（*Keystone*）下表面之间的高度，即拱的高度。*见拱券（Arches），第72页。*

梯级竖板（Riser）

两个梯级*踏板*（*Treads*）之间的梯级竖向部分。*见楼梯和电梯（Stairs and Lifts），第150页。*

卷形线脚（Roll）

一种简单的凸出线脚，截面弧线一般是半圆形，有时大于半圆形，常见于中世纪建筑。"卷形－嵌条线脚"是卷形线脚的一种变体，由一个圆形线脚和一根或两根*嵌条*（*Fillet*）组合而成。*见墙体和表皮（Walls and Surfaces），第107页。*

罗马多立克柱式（Roman Doric order）

见古典柱式（Classical orders）。

圣坛屏（Rood or chancel screen）

分隔唱诗厢与十字中心或中殿的屏风。*十字架*（*Rood*）是特指悬挂在十字架横梁上的有木刻耶稣受难像的十字架。有时还有一道"讲坛屏"，用来分隔唱诗厢与十字中心或中殿，则圣坛屏西移。*见中世纪大教堂（The Medieval Cathedral），第20页。*

屋顶油毡（Roof felt）

一种纤维材料，一般是玻璃纤维或聚酯材料，浸泡沥青或焦油后具有抗水功能。为了固定，油毡上经常加盖一层木瓦，或者如此处的木质压条。*见屋顶（Roofs），第135页。*

屋顶花园或平台（Roof garden or terrace）

位于建筑物屋顶的花园或平台，不仅提供了休闲场所，这一点在寸土寸金的环境中十分有利，而且对调节室内温度有一定作用。*见现代建筑物（The Modern Block），第53页。*

屋顶空间（Roof space）

高侧廊*连拱*（*Arcade*）以上和*坡屋顶*（*Pitched roof*）底面以下产生的空间。*见中世纪大教堂（The Medieval Cathedral），第18页。*

玫瑰窗（Rose window）

一种圆形窗户，带有极其复杂的花饰窗格，呈现出多瓣玫瑰花的样式。*见窗和门（Windows and Doors），第125页。*

玫瑰形饰（Rosette）

像是玫瑰花形状的圆形装饰。*见窗和门（Windows and Doors），第114页。*

小圆盘饰（Roundel）

一种圆形镶板或线脚。小圆盘饰能够被用作独立的装饰主题（如此处），但是更常见的是作为一个较大的装饰组合中的一部分。*见窗和门（Windows and Doors），第114页。*

圆头窗（Round-headed window）

过梁（*Lintel*）是拱形的窗户。*见窗和门（Windows and Doors），第125页。*

斗砌丁砖（Rowlock header）

一种水平放砖的方式，条面在底部，露出砖的丁面。*见墙体和表皮（Walls and Surfaces），第88页。*

斗砌顺砖或面砖（Rowlock stretcher or shiner）

一种水平放砖的方式，条面在底部，露出砖的大面。*见墙体和表皮（Walls and Surfaces），第88页。*

碎石砌体（Rubble masonry）

使用不规则石块建造墙体的方式。这些石块通常被混在很厚的灰浆之中。如果填充在石块之间的是长方形的不同高度的"小垫石"，叫作*乱石砌体*（*Snecked rubble masonry*）。如果石块的大小相似，被砌成高度不同的水平层列，叫作*层列式碎石砌体*（*Coursed rubble masonry*）。*见墙体和表皮（Walls and Surfaces），第86页。*

连续花饰（Running ornament）

延续不断的装饰，通常是交缠的带状装饰。*见墙体和表皮（Walls and Surfaces），第114页。*

粗面石块砌体（Rustication）

强调相邻石块交接处的建造墙体的方式。在部分粗面砌体中，对石块表面也进行了各种刻画。*见墙体和表皮（Walls and Surfaces），第87页。*

S

圣器收藏室（Sacristy）

存放宗教仪式中的法衣和其他器具的房间。可能位于大教堂或教堂主体或侧边。*见中世纪大教堂（The Medieval Cathedral），第17页。*

横向玻璃嵌条（Saddle bar）

在固定窗的附属*采光孔*（*Light*）上的横向支撑条，一般是用铅制作的。*见窗和门（Windows and Doors），第116页。*

立砌顺砖（Sailor）

一种垂直放砖的方式，露出砖的大面。*见墙体和表皮（Walls and Surfaces），第88页。*

圣殿（Sanctuary）

圣坛区（Chancel）的一部分，用于安放主圣坛（High Altar），是大教堂中最神圣的区域。见中世纪大教堂（The Medieval Cathedral），第17页。

直拉窗（Sash window）

由一个或更多框格组成的窗户。框格是指装有一片或更多窗格玻璃的木制边框。直拉窗被嵌入*窗户侧壁*（*Jambs*）的凹槽中，可以垂直上下拉动。配重装置通常隐藏在窗框里，通过细绳或滑轮系统与框格相连。*见窗和门（Windows and Doors），第117页。*

碟形穹隆（Saucer dome）

如果穹隆的升起高度远远小于其跨度，形状类似于一只扁平的、碟底朝上的碟子，这样的穹隆叫作碟形穹隆。*见屋顶（Roofs），第143页。*

锯齿形屋顶（Saw-tooth roof）

在锯齿形屋顶中，倾斜面与垂直面交替出现，且垂直面上常常装设了窗户。锯齿形屋顶常用于不适合使用*坡屋顶*（*Pitched roof*）的大面积空间。*见屋顶（Roofs），第133页。*

扇贝形饰（Scallop）

通过交错的凸起锥形和凹槽创造出像扇贝一样的图案。*见墙体和表皮（Walls and Surfaces），第115页。*

扇贝柱头（Scallop capital）

尖细的立方体形状的柱头，通过交错的凸起锥形和凹槽创造出像扇贝一样的图案。如果锥形图案没有覆盖到整个柱头，叫作"滑动的"。*见圆柱和墩柱（Columns and Piers），第71页。*

凹圆线（Scotia）

在古典柱式中，位于柱础中部、两条柱脚圆环线脚之间的内凹线脚。*见墙体和表皮（Walls and Surfaces），第107页。*

卷轴形线脚（Scroll）

一种伸出的线脚，类似*卷形线脚*（*Roll*），但是与之不同的是，卷轴形线脚是由两段曲线组成的，并且上部的曲线伸出到下部曲线之外。*见墙体和表皮（Walls and Surfaces），第107页。*

涡卷饰三角山墙（Scrolled pediment）

类似*开口弓形山墙*（*Open segmental pediment*），不同的是山墙端点卷曲成卷轴状。*见窗和门（Windows and Doors），第121页。*

弓形拱（Segmental arch）

弓形拱的曲线是半圆形的一部分，其中心低于*拱底座*（*Impost*）层；因此*拱跨*（*Span*）远远大于*矢高*（*Rise*）。*见拱券（Arches），第73页。*

弓形山墙（Segmental pediment）

类似于三角形山墙，只不过三角形被较平滑

的曲线所代替。*见窗和门（Windows and Doors），第 121 页。*

自动开启 / 自动门（Self-opening or automatic door）

不用借助人力就能打开的门。使用者只要触发了红外线、动作或压力感应器，门就会借助机械力打开。*见窗和门（Windows and Doors），第 131 页。*

半圆拱（Semicircular arch）

拱券的曲线只有一个中心，且*矢高（Rise）*等于*拱跨（Span）*的一半，呈半圆形，这样的拱券叫作半圆拱。*见拱券（Arches），第 73 页。*

贴瓦（Set tiles）

不同于悬挂在底部结构上的挂瓦，贴瓦是通过在瓦片之间勾灰泥或灌浆将其直接固定在表面的做法。*见墙体和表皮（Walls and Surfaces），第 94 页。*

六分拱顶（Sexpartite vault）

如果拱顶跨度被*两条斜肋（Diagonal rib）*和*一条横肋（Transverse rib）*分隔为六个部分，叫作六分拱顶。*见屋顶（Roofs），第 149 页。*

柱身（Shaft）

圆柱上*柱础（Base）*与*柱头（Capital）*之间细长的部分。*见圆柱和墩柱（Columns and Piers），第 64 页。*

曲线山墙（Shaped gable）

曲线山墙的两边是由两段或更多曲线组成的。*见屋顶（Roofs），第 137 页。*

店面窗（Shopfront window）

商店沿街面上的窗户，为了展示商品，通常较大。*见窗和门（Windows and Doors），第 126 页。*

并肩形拱（Shouldered arch）

由两个外部拱券，有时被视作单独的*叠涩（Corbels）*支撑的平拱。*见拱券（Arches），第 75 页。*

凸肩（Shoulders）

开口顶部的两个对称横向突出物。形成凸肩的一般是较小的长方形扁平物，有时也有更复杂的装饰。如果凸肩上结合了垂直的扁平物，形成长方形，这种四角上的装饰叫作门耳 / 窗耳*(Crossette)*。*见窗和门(Windows and Doors)，第 120 页。*

活动窗板（Shutter）

用铰链固定在窗户一侧的面板，通常是百叶式的，用来遮光或防盗，可以安装在窗口内侧或外侧。*见窗和门（Windows and Doors），第 128 页。*

侧圣坛（Side altar）

次要的圣坛，可能带有献词，位于主圣坛旁边。*见文艺复兴式教堂（The Renaissance Church），第 24 页。*

侧山墙（Side gable）

位于建筑物侧面的山墙，一般与主正面垂直。两个*坡屋顶（Pitched roof）*交叉形成的 V 形凹槽叫作“天沟”。*见屋顶（Roofs），第 137 页。*

边窗（Sidelight）

门道一侧的窗户。*见窗和门（Windows and Doors），第 119 页。*

窗台（Sill）

窗套（Surround）底部的水平基座。*见窗和门（Windows and Doors），第 116 页。*

单屋架屋顶（Single-framed roof）

最简单的桁架屋顶，由一系列并排的横向主椽极其支撑的中央屋脊梁构成。*见屋顶（Roofs），第 144 页。*

踢脚线（Skirting）

一般是木质板条，装饰着线脚，固定在内墙与地板相接处。*见墙体和表皮（Walls and Surfaces），第 104 页。*

天窗（Skylight）

与屋顶面平行的窗子。有时会做出一个小*穹隆（Dome）*，特别是平屋顶的情况下，目的是增加进光量。*见窗和门（Windows and Doors），第 129 页。*

滑动门（Sliding door）

滑动门被安装在与门面平行的轨道上，开门时，门沿着轨道滑动，与墙面或相邻门洞的表面重合。有时，门会滑动进墙体内部。*见窗和门（Windows and Doors），第 131 页。*

底（Soffit）

泛指建筑结构或表面的下表面，参考“Intrados”。*见拱券（Arches），第 72 页。*

立砌丁砖（Soldier）

一种垂直放砖的方式，露出砖的长面。*见墙体和表皮（Walls and Surfaces），第 88 页。*

所罗门王圆柱（Solomonic column）

*柱身（Shaft）*扭曲的螺旋形圆柱。据称起源于耶路撒冷的所罗门神殿。所罗门王圆柱顶端可以使用任何类型的柱头。这种圆柱主要用于家具，用于建筑的情况比较罕见，特别是带有装饰的。*见圆柱和墩柱（Columns and Piers），第 62 页。*

空间架构（Space frame）

一种类似桁架的三维结构骨架，各个直线构件形成一系列重复的几何图案。空间架构十分牢固并且轻盈，支承结构少，常用于跨越较长距离。*见屋顶（Roofs），第 147 页。*

拱跨（Span）

拱券跨越的全距离，不计算额外的支撑物。*见拱券（Arches），第 72 页。*

拱肩（Spandrel）

相邻两拱券之间的近似三角形的区域，或者是由单拱券的曲线和相邻水平边界［如*腰线（String course）*］，以及垂直线脚、柱子或墙面构成的三角形区域。*见拱券（Arches），第 76 页。*

上下层窗间空间镶板（Spandrel panel）

上下层窗间空间镶板属于*幕墙（Curtain wall）*的一部分，位于窗户顶部和其上层窗户底部之间，经常用于遮挡楼层之间的给水管和电缆。*见墙体和表皮（Walls and Surfaces），第 98 页。*

螺旋式楼梯（Spiral staircase）

围绕一根中心单柱旋绕的圆形楼梯，是*中心柱（Newel）*楼梯的一种。*见楼梯和电梯（Stairs and Lifts），第 151 页。*

尖顶（Spire）

教堂或其他中世纪建筑的塔上的尖状三角形或圆锥形结构。*见屋顶（Roofs），第 138 页。*

八字脚尖顶（Splayed-foot spire）

类似*八角尖顶（Broach spire）*，不同的是接近底部的四个角上的面越往顶部越尖细，并且四个从侧面向外伸展。*见屋顶(Roofs)，第 139 页。*

起拱石（Springer）

最低的*拱石（Voussoir）*，位于拱从竖直支撑物上升起的点。*见拱券(Arches)，第 72 页。*

内角拱（Squinch）

由两面垂直的墙的交叉形成的拱，跨越空间的角部。内角拱的作用通常是提供额外的结构支撑，特别是针对*穹隆（Dome）*或*塔楼（Tower）*。*见拱券（Arches），第 76 页。*

顺砖堆栈砌法（Stacked bond）

全部用顺砖砌成，上下皮间竖缝是对齐的。因此，这种砌法砌成的墙黏合相对不够坚固，常用于空斗墙，特别是钢构建筑。*见墙体和表皮（Walls and Surfaces），第 89 页。*

唱诗班席位（Stalls）

成排的座位，通常位于唱诗厢内，有时也散布在教堂内其他位置。一般装有高扶手和后背。*见中世纪大教堂（The Medieval Cathedral），第 20 页。*

纵向玻璃嵌条（Stanchion bar）

在固定窗的附属*采光孔（Light）*上的纵向支撑条，一般是用铅制作的。*见窗和门（Windows and Doors），第 124 页。*

撑条（Stay）

用来保持窗户开启或关闭的金属棒，带有若干穿孔，方便调整角度。*见窗和门(Windows and Doors)，第 116 页。*

钢构竖铰链窗（Steel-framed casement window）

一种使用钢而不是铅制作框架的竖铰链窗，通常可大规模生产。钢构竖铰链窗是二十世纪早期建筑的特征之一。*见窗和门（Windows and Doors），第 126 页。*

底基（Stereobate）

从*最底基（Euthynteria）*开始的两级台阶，构成上层结构的可见基础。在非庙宇建筑中，“Stereobate”是指直接承载建筑物的底部或地基。*见古典神庙（The Classical Temple），第 8 页。*

密叶式装饰柱头（Stiff-leaf capital）

一种有叶形装饰的柱头，叶片的形态是三裂片式，且顶端向外卷曲。*见圆柱和墩柱（Columns and Piers），第 70 页。*

竖梃（Stile）

木镶板中的垂直木条或构件。有辅助作用的、一般比竖梃更细的垂直木条或构件叫作*门中梃（Muntin）*。*见墙体和表皮（Walls and Surfaces），第 105 页。*

上心拱（Stilted arch）

拱的*拱底座（Impost）*层低于*起拱石（Springer）*，这样的拱叫作上心拱。*见拱券（Arches），第 75 页。*

端点（Stop）

位于*拱底座（Impost）*层的*拱檐线脚（Hood mould）*或矩形拱檐线脚的终止处。在端点处，有时会装饰球心花饰（Ball flower），有时拱檐线脚会在此处脱离开口。*见窗和门（Windows and Doors），第 122 页。*

圣水钵（Stoup）

一种用于盛放圣水的小水盆，通常设在靠近大教堂或教堂入口处的墙壁上。特别是在罗马天主教堂中，一些圣会成员会在进入和离开教堂时用手指蘸圣水并画十字。*见中世纪大教堂（The Medieval Cathedral），第 20 页。*

直跑楼梯（Straight stair）

没有转弯的叫作直行单跑楼梯。如果两段直跑楼梯的方向相反，中间由*楼梯平台（Landing）*连接并且没有间隙，这样的楼梯叫作“折线式”楼梯。*见楼梯和电梯(Stairs and Lifts)，第 151 页。*

直线形山墙（Straight-line gable）

起于屋顶线但是与屋顶线保持平行的山墙。*见屋顶（Roofs），第 137 页。*

伸张拱（Strainer arch）

跨越对立墩柱或墙的拱券，能够加强横向支承。*见拱券（Arches），第 77 页。*

顺砖（Stretcher）

一种水平放砖的方式，大面在底部，露出砖的长面。*见墙体和表皮（Walls and Surfaces），第 88 页。*

顺砖砌法（Stretcher bond）

最简单的砌合法，全部用*顺砖（Stretcher）*砌成，上下皮间竖缝相互错开 1/2 砖长。这样砌出的墙体厚度为一砖，常用于空斗墙、木构或钢构建筑。*见墙体和表皮（Walls and Surfaces），第 89 页。*

术语表 / 7

斜梁（Strings）

在楼梯中，沿着梯级*踏板（Treads）*和*竖板（Risers）*两侧并对它们起支撑作用的结构叫作斜梁。如果外侧斜梁被切除了一部分，并露出了梯级踏板和竖板的边缘，叫作开放式*楼梯斜梁（Open string）*；如果外侧斜梁遮盖住了梯级踏板和竖板的边缘，叫作封闭式楼梯斜梁（Closed string）。*见楼梯和电梯（Stairs and Lifts），第 150 页。*

腰线（String course）

墙体表面的一种较细的外突水平线脚。如果腰线连续环绕圆柱一周，则称之为“柱环饰”。*见墙体和表皮（Walls and Surfaces），第 104 页。*

下斜灰缝（Struck mortaring）

有角度的灰缝，从上方砖面开始向内倾斜。

撑木（Strut）

支撑着主要结构构件的短小的、斜向的构件。*见屋顶（Roofs），第 146 页。*

灰墁（Stucco）

传统上来说，灰墁是一种硬的*石灰泥（Lime plaster）*，用于建筑物外表面打底，能够遮住下方的砖结构，美化表面。在这里，灰墁混合了石料，用来涂平墙壁。现代灰墁是*水泥灰泥（Cement plaster）*的代表类型。*见墙体和表皮（Walls and Surfaces），第 97 页。*

柱基（Stylobate）

台阶式基座的最上面一层台阶，直接承载柱列。也指任何支撑柱列的连续的基础。*见古典神庙（The Classical Temple），第 8 页。*

嵌进镶板（Sunk panel）

建筑物正面的嵌入式镶板，虽然此处是空白的，但是更常见的是带有雕塑或*浮雕（Relief）*装饰。*见墙体和表皮（Walls and Surfaces），第 105 页。*

上部构造（Superstructure）

位于建筑物主体顶部的结构。*见高层建筑（High-Rise Buildings），第 58 页。*

支撑拱券（Supporting arch）

支撑上部*穹隆（Dome）*的拱券，一般是四个，有时是八个。*见屋顶（Roofs），第 142 页。*

饰边（Surround）

泛指开口的框架，通常带有装饰。*见窗和门（Windows and Doors），第 120 页。*

垂花饰（Swag）

类似于*花彩形饰（Festoon）*，垂花饰是在建筑物表面上悬挂在若干（一般是偶数）相隔的点之间的成串的织物形态装饰，通常呈弓形或曲线形状。*见墙体和表皮（Walls and Surfaces），第 115 页。*

天鹅颈山墙（Swan-neck pediment）

类似涡卷饰三角山墙（*Scrolled pediment*），山墙的端点造型是一对相对的弧度较小的S形曲线。*见窗和门（Windows and Doors），第 121 页。*

合成膜（Synthetic membrane）

合成膜一般用于建筑物外壳或表层。通常被拉伸展开，与压缩构件［如*柱杆（Mast）*］配套。也用于屋顶，将合成橡胶或耐热性塑料片材焊接在一起形成防水层。*见墙体和表皮（Walls and Surfaces），第 101 页。*

合成材料瓦（Synthetic tiles）

用合成材料制成的瓦片，如玻璃纤维、塑料或现在已非常少见的石棉。*见屋顶（Roofs），第 135 页。*

双径柱距式（Systyle）

柱距为柱径的 2 倍。*见古典神庙（The Classical Temple），第 11 页。*

T

圣所（Tabernacle）

精心装饰的容器，用来保存圣餐。*见中世纪大教堂（The Medieval Cathedral），第 21 页。*

柱间墙（Tambour）

见鼓座（Drum）。

卷门（Tambour door）

由一系列组合在一起的水平板条构成的门，可以上卷开启。*见窗和门（Windows and Doors），第 131 页。*

柱间墙高侧廊（Tambour gallery）

柱间墙是支持穹隆的圆柱形墙体，通常在穹隆外部修建有柱廊，有时在内部围绕着高侧廊。*见屋顶（Roofs），第 142 页。*

双柱神庙（Temple in antis）

最简单的神庙样式，在*内堂（Cella）*外两片出挑的墙面［即*壁角柱（Antae）*］正面没有*绕柱（Peristasis）*，*门廊（Pronaos）*的两根柱子强调了神庙正面。*见古典神庙（The Classical Temple），第 12 页。*

带形花边饰（Tenia）

在多立克柱式檐部中，柱顶过梁（*Architrave*）上方、*檐壁（Frieze）*下方的*嵌条（Fillet）*。*见圆柱和墩柱（Columns and Piers），第 65 页。*

头像界碑（Term）

底端渐细的雕像*基座（Pedestal）*，上端是神话人物或动物的半身像。“Term”一词源自“Terminus”，指的是罗马的边界之神。如果界碑上的雕像是希腊神话中的信使神赫尔墨斯（罗马神话中的墨丘利），则使用“Term”的变体——“Herm”。*见墙体和表皮（Walls and Surfaces），第 112 页。*

共鸣板（Tester/sounding-board）

悬在圣坛或讲坛上方的木板，用来反射神父或传教士的声音。*见中世纪大教堂（The Medieval Cathedral），第 20 页。*

四柱式门廊（Tetrastyle）

神庙正面有四根圆柱［或*壁柱（Pilaster）*］。*见古典神庙（The Classical Temple），第 10 页。*

索洛斯（Tholos）

如果柱子是围绕圆形*内堂（Cella）*而排列成环形的，叫作索洛斯。*见古典神庙（The Classical Temple），第 12 页。*

三心拱（Three-centred arch）

由三条交叉曲线形成的拱。中间的曲线半径大于两边的曲线半径，且中心低于*拱底座（Impost）*层。*见拱券（Arches），第 73 页。*

三叶形拱（Three-foiled arch）

一种三心拱，中间曲线的中心高于*拱底座（Impost）*层，形成三个显著的弧形或叶形。*见拱券（Arches），第 75 页。*

门槛（Threshold）

通常是石质或木质的横条，位于门框的底部。*门扇（Door leaf）*固定在门框上。*见窗和门（Windows and Doors），第 118 页。*

系梁（Tie beam）

在*桁架（Truss）*屋顶中，跨越了两条相对的承椽木的横梁。*见屋顶（Roofs），第 145 页。*

居间拱肋拱顶（Tierceron vault）

从主要支撑拱肋上放射出若干条拱肋，并且与*横肋（Transverse rib）*或*脊肋（Ridge rib）*相邻，这样的拱顶叫作居间拱肋。*见屋顶（Roofs），第 149 页。*

木材外包（Timber cladding）

在现代建筑中，木材是一种常用的贴面材料。使用木材做*挡风板（Weatherboarding）*时，几乎都是板条水平排列并重叠的做法；但是用木材做贴面材料时，板条可以排列成各种角度，并且不一定重叠。对木材包层，大部分采用染色或不抛光的处理，很少刷油漆，这样能够更好地保留板条组合的颜色和花纹的韵律感。*见墙体和表皮（Walls and Surfaces），第 93 页。*

木构建筑（Timber-framed building）

在木构建筑中，最常见的结构框架是用垂直的木柱子和水平横梁组成的（有时也使用对角梁）。框架中的空隙一般会填入砖石、灰泥、水泥或抹灰篱笆。如果木格栅（较大型柱子之间的小型垂直构件）之间的距离非常狭窄，叫作“密集格栅”木构。有些情况下，木构外部铺设了木包层、瓷砖或砖墙。

木格栅（Timber studs）

较大型的柱子之间的小型垂直构件。*见沿街建筑（Street-Facing Buildings），第 38 页。*

柱脚圆环线脚（Torus）

主要位于古典圆柱*柱础（Base）*上的显著的外突圆线脚，截面弧线大致是半圆形。*见墙体和表皮（Walls and Surfaces），第 107 页。*

小塔（Tourelle）

严格来讲，小塔不是一种尖顶，而是位于圆锥形*屋顶（Conical roof）*上方的小型*圆塔（Tower）*。*见屋顶（Roofs），第 140 页。*

塔楼（Tower）

竖立在教堂*十字中心（Crossing）*或者西端上方的细而高的结构。见*中世纪大教堂（The Medieval Cathedral）*，第 14 页。更大范围来说，也指一种细而高的结构，从一个构筑物上突出、附属于一个构筑物，或者作为一个独立的结构。*见屋顶（Roofs），第 138 页。*

花饰窗格（Tracery）

在窗格、玻璃之间装设石制细条，形成装饰图案或人物场景。见盲式*花饰窗格（Blind tracery）*；*曲线花饰窗格（Curvilinear or flowing tracery）*；*火焰式花饰窗格（Flamboyant tracery）*；*几何形花饰窗格（Geometric tracery）*；*交叉或分枝形花饰窗格（Intersecting or branched tracery）*；镶板或*垂直花饰窗格（Panel or perpendicular tracery）*；*平板式花饰窗格（Plate tracery）*；*网状花饰窗格（Reticulated tracery）*；*Y形花饰窗格（Y-tracery）*。

十字翼殿（Transepts）

在拉丁十字（十字的一臂比其余三臂更长）平面中，十字翼殿将*中殿（Nave）*的东端二等分。*见中世纪大教堂（The Medieval Cathedral），第 16 页。*

转换梁（Transfer beam）

建筑物的水平构件，作用是将结构负荷转移到垂直支撑物上。*见现代建筑物（The Modern Block），第 52 页。*

横楣（Transom）

划分开口的水平细条或构件。*见窗和门（Windows and Doors），第 116 页。*

横档（Transom bar）

分隔门和*扇形窗（Fanlight）*或其他*气窗（Transom light）*的水平条状物。*见窗和门（Windows and Doors），第 119 页。*

气窗（Transom light）

位于门上方的长方形窗，外围有完整的窗套。*见公共建筑（Public Buildings），第 40 页。*

横肋（Transverse rib）

贯穿拱顶的结构性拱肋，与墙壁垂直，并确定了拱顶的跨度。*见屋顶（Roofs），第 148 页。*

梯形窗（Trapezoid window）

突出于外墙面的不规则四边形窗，有一个或更多采光孔。*见窗和门（Windows and Doors），第 127 页。*

梯级踏板（Trapezoid window）

梯级的平面部分。*见楼梯和电梯（Stairs and Lifts），第 150 页。*

三重大门（Tri-partite portal）

大门通常是巨大、复杂、精心制作的大教堂入口，三重大门有三个开口，一般位于中世纪大教堂和教堂的西端，有时也面向十字*翼殿（Transept）*。*见中世纪大教堂（The Medieval Cathedral），第 14 页。*

三角形拱（Triangular arch）

最简单的尖券样式，由两个用拱底座支撑的斜线构件在顶点相交形成。*见拱券（Arches），第 74 页。*

三垄板（Triglyph）

*多立克檐壁（Doric frieze）*上有着垂直凹槽的长方形体块。*见圆柱和墩柱（Columns and Piers），第 65 页。*

凯旋门（Triumphal arch）

一种古代建筑母题，中央拱门两侧各有一个较小的开口。在古代建筑中，凯旋门通常是一种独立结构，后来在文艺复兴时期再次兴起，成为各类建筑中的一种母题元素。*见拱券（Arches），第 77 页。*

错视画（Trompe-l'œil）

法语，意为"欺骗眼睛"，是一种绘画技巧，能够在二维平面上创造出三维幻觉的艺术形式。*见墙体和表皮（Walls and Surfaces），第 115 页。*

门窗口的中央柱（Trumeau）

拱形的窗或门口的中央的*直棂（Mullion）*用于支撑两个较小拱券上方的山墙饰内三角*面（Tympanum）*。*见窗和门（Windows and Doors），第 122 页。*

桁架（Truss）

桁架是由一个或多个三角形构件和直线构件组合形成的结构骨架，适用于较大跨度的承重结构，如屋顶。大部分桁架一般是用木梁或钢梁构成的。*见屋顶（Roofs），第 144 页。*

都铎式拱（Tudor arch）

经常被当作*四心拱（Four-centred arch）*的同义词。严格来说，都铎式拱的外侧两条曲线的中心位于*拱底座（Impost）*层，且在*拱跨（Span）*之内，曲线向内延伸为对角直线，在中心顶点处相交。*见拱券（Arches），第 74 页。*

角楼（Turret）

一种从墙面或拐角处垂直探出的小型塔楼。*见屋顶（Roofs），第 140 页。*

斯干柱式（Tuscan order）

另见古典柱式（Classical orders）。

山墙饰内三角面（Tympanum）

在古典建筑中，由三*角山墙（Pediment）*构成的三角形（或弓形）区域，内嵌且有装饰性是其典型特征，往往饰以造型丰富的雕像。*见古典神庙（The Classical Temple），第 8 页。*在中世纪建筑中，指的是一般带有装饰的被填充的空间，位于拱券的*拱底座（Impost）*上方，由两个小拱券支撑。*见中世纪大教堂（The Medieval Cathedral），第 19 页。*

U

地下室窗（Undercroft window）

地下室的采光窗。*见中世纪大教堂（The Medieval Cathedral），第 15 页。*

波浪形状（Undulating）

建筑物的形状是由交叉的外突和内凹曲线形成的，像是波浪的形状。*见现代结构（Modern Structures），第 81 页。*

高低脚拱或跛拱（Unequal or rampant arch）

一种不对称拱，*拱底座（Imposts）*高度不同。*见拱券（Arches），第 75 页。*

单元组合式玻璃幕墙（Unitized glass curtain wall）

包含一块或更多通过支架固定到结构支撑物上的玻璃窗格的预制镶板。有时镶板还包括上下层窗间*空间镶板（Spandrel panel）*和*百叶窗（Louvres）*。*见墙体和表皮（Walls and Surfaces），第 99 页。*

上翻门（Up-and-over door）

能够借助配重装置升起到门洞顶部；一般用作车库门。*见窗和门（Windows and Doors），第 131 页。*

瓮形尖顶饰（Urn finial）

位于*小尖塔（Pinnacle）*、*尖顶（Spire）*或屋顶上的凸起的花瓶形状的装饰物。见屋顶，第 138 页。*见墙体和表皮（Walls and Surfaces），第 90 页。*

V

V 字式（V-shaped mortaring）

灰缝呈内凹的 V 字形状。

威尼斯窗 / 帕拉迪奥窗 / 塞里欧窗（Venetian/Palladian/Serlian window）

一种三分式窗，中间的采光窗较大，顶部是拱形；两侧窗较小，顶部是平的。特别豪华的威尼斯窗 / 帕拉迪奥窗 / 塞里欧窗有柱子装饰和装饰性*拱顶石（Keystone）*。*见窗和门（Windows and Doors），第 125 页。*

游廊（Veranda）

部分封闭的类似走廊的空间，通常与房屋的底层连接。如果位于上层楼面，则叫作*阳台（Balcony）*。*见墙体和表皮（Walls and Surfaces），第 102 页。*

虫蛀式粗面砌体（Vermiculated rustication）

如其字面意思，石块表面雕刻成被"虫咬过的"样子。

佛伦第尔式桁架（Vierendeel truss）

一种非三角形桁架，所有构件都是水平或垂直的。*见屋顶（Roofs），第 147 页。*

观景台（Viewing platform）

用来观景的被抬高的空间，一般位于建筑物屋顶。

维特鲁威式涡卷饰（Vitruvian scroll）

重复出现的波浪形状构成的线脚。有时也被称为"波形涡卷饰"。*见墙体和表皮（Walls and Surfaces），第 115 页。*

涡卷（Volute）

螺旋展开卷轴形状的装饰，常见于爱奥尼、科林斯和复合柱式。但是也可以作为独立元素出现在主立面。*见圆柱与墩柱（Columns and Piers），第 67 页。*

拱石（Voussoir）

楔形石块，用于构成拱的曲线。这里是指窗户上方的平拱。*见拱券（Arches），第 72 页。*

W

筒形屋顶（Wagon roof）

*在单屋架（Single-framed roof）*或*双屋架屋顶（Double-framed roof）*结构基础上增加了*领梁（Collar beam）*、*拱形加固木（Arched braces）*和*方琢石支撑（Ashlar braces）*的屋顶。*见屋顶（Roofs），第 145 页。*

承椽木（Wall plate）

在*桁架（Truss）*屋顶中，墙体顶部的横梁，用于承载椽条。*见屋顶（Roofs），第 144 页。*

附墙拱肋（Wall rib）

沿着墙壁表面的装饰性纵向拱肋。*见屋顶（Roofs），第 148 页。*

华伦式桁架（Warren truss）

一种平行弦杆桁架，平行弦杆之间的斜向构件构成三角形结构。*见屋顶（Roofs），第 147 页。*

幌菊叶饰（Water-leaf）

一种装饰线脚，由重复出现的叶片形状构成，叶片顶端折成小卷轴的形状，有时与箭褶形交替出现。*见墙体和表皮（Walls and Surfaces），第 115 页。*

抹灰篱笆墙（Wattle-and-daub）

一种原始的建筑方法，把打底、泥土或黏土涂抹在细木条编织的格架（即篱笆）上，然后抹平。抹灰篱笆墙最常用于*填充木构（Timber frames）*，但是有时也用于整面墙壁的建造。*见墙体和表皮（Walls and Surfaces），第 97 页。*

波浪形线脚（Wave）

由三段曲线组成的线脚，上下两段曲线内凹，中间的曲线外凸。*见墙体和表皮（Walls and Surfaces），第 107 页。*

挡风板（Weatherboarding）

使用重叠的长板条或木板制作的建筑物包层，目的是保护内部结构不受风化或者增加审美效果。有时相邻板条之间使用舌榫接合以强化连接。对挡风板可以进行油漆、染色或不抛光等多种处理。近期，有些情况下也可以使用塑料来制作挡风板，达到类似的审美效果。*见墙体和表皮（Walls and Surfaces），第 93 页。*

泄水坡缝（Weathered mortaring）

有角度的灰缝，从下方砖面开始向内倾斜。

风向标（Weather vane）

指示风向的活动装置，一般安装在建筑物最高点。*见公共建筑（Public Buildings），第 46 页。*

腹板（Web）

在*拱肋拱顶（Rib vault）*中，*拱肋（Rib）*之间的填充表面。*见屋顶（Roofs），第 148 页。*

斜踏步楼梯（Winder）

一种曲线形楼梯，全部或部分梯级*踏板（Treads）*的一端比另一端窄。*见楼梯和电梯（Stairs and Lifts），第 151 页。*

窗过梁（Window lintel）

位于窗户顶端的支撑构件，通常是水平的。*见窗和门（Windows and Doors），第 116 页。*

木镶板（Wood panelling）

镶嵌在粗木条框架中的木板，一般是垂直或水平方向，覆盖着一部分内墙面或表面。如果木镶板仅到达*墙裙（Dado）*层的高度，叫作"护墙板"。*见墙体和表皮（Walls and Surfaces），第 105 页。*

Y

Y 形花饰窗格（Y-tracery）

一种简洁的花饰窗格，位于中央的*直棂（Mullion）*将窗孔一分为二，形成 Y 的形状。*见窗和门（Windows and Doors），第 123 页。*